星座の起源

古代エジプト・メソポタミアにたどる
星座の歴史

近藤二郎
KONDO Jiro

誠文堂新光社

目次

古代エジプト編

第2章 黄道一二宮の星座 —— 237

資料

新版化にあたって

本書は、二〇一〇年に刊行した書籍『わかってきた星座神話の起源―エジプト・ナイルの星座』（二〇一〇年五月）、『わかってきた星座神話の起源―古代メソポタミアの星座』（二〇一〇年一二月　いずれも誠文堂新光社刊）の二冊をまとめ、新版とした書籍です。初版『わかってきた星座神話の起源―エジプト・ナイルの星座』を本書の「古代エジプト編」、初版『わかってきた星座神話の起源―古代メソポタミアの星座』を本書の「古代メソポタミア編」として再構成し、一部加筆と改訂を行いました。

★

序章

古代エジプト天文学の世界

古代エジプトの星座の世界

これまで古代の星座としては、一般に「ギリシア神話」として知られるギリシア起源の星座神話が広く紹介され、巷に流布し続けてきました。そのため、古代の星座物語と言えば、古代ギリシアの星座神話という図式が、少なくとも日本では定着してしまっているように思えます。

私たちが現在使用している八八の星座の中で、北半球から見える大部分の星座が、紀元後二世紀に、クラウディオス・プトレマイオスが記した「プトレマイオス(トレミー)の四八星座」に由来しています。このプトレマイオスの四八星座のうち、一八世紀半ばになって、星座の面積が広すぎるという理由から、四つの星座に分割(とも座・らしんばん座・ほ座・りゅうこつ座)されたアルゴ座を除いて、残りの四七の星座を今日でも私たちは使用し続けているのです。そのため、現在、使用されている星座の原型として、二千年以上もの歴史を持つ、古代ギリシアの星座だけが特筆した形で紹介されてきたのでした。古代ギリシアに起源をもつ現在の星座にも、古代ギリシア以前の原型が存在していました。それが古代オリエントの星座なのです。

古代オリエントの科学・技術

「オリエント」とはラテン語で「太陽が昇る方向」を意味し、「東方」を表します。すなわちヨーロッパから東方にある地域で、一般に西南アジア地域を指す名称です。エジプトの位置する北東アフリカ地域も「オリエント地域」に含まれます。西ヨーロッパ地域から距離によって、「近東」、「中東」、「極東」などに分類されます。かつては「オリエント」と言えば、中近東地域を指す名称として欧米でも広く使われていましたが、現在では「オリエント」は、日本や中国などの「極東地域」を指す名称として使用されることの方が多いようです。

古代オリエント地域には、人類史上で最古の文明が誕生したメソポタミアとエジプトが含まれています。古代メソポタミアや古代エジプトにおいて、非常に高水準の科学・技術が存在していたことが知られています。しかしながら、これら古代科学や古代技術の全容については、いまだに不明な点が多く存在しています。粘土板に刻されたメソポタミアの楔形文字や、パピルスの巻物に記されたエジプト神官文字（ヒエラティック）、石碑などに刻されたエジプト聖刻文字（ヒエログリフ）など、古代文字により記された資料の相当数が現在では失われていると思われます。また、現在まで残されていたとしても、資料の形が不完全なものであるために、その実際の意味するところが完全に理解されていないものもあります。つまり、わずかに残されている断片的な資料から、その不完全な全体像を復元しているに過ぎないのです。

紀元後二世紀のクラウディオス・プトレマイオスが著した『天文学大全（アルマゲスト）』には、四八星座と一〇二二個の恒星目録が記されています。著者であるクラウディオス・プトレマイオスは、プトレマイオス王朝（紀元前三〇四～前三〇年）滅亡後のローマ支配時代にエジプトのデルタ西部のアレクサンドリア市やカノープス市を中心として活躍していた人物でした。この

『天文学大全』にある恒星目録などは、紀元前二世紀の天文学者であるヒッパルコスなど、ヘレニズム時代の天文学を集大成したものでありました。

紀元前四世紀に、マケドニア王であるアレクサンドロス大王がギリシア連合軍を率いて東方遠征を行い、短期間にギリシアからインドに至る大帝国を樹立しました。大王は東西融合の理想を実現しようとしましたが、紀元前三二三年に三二歳の若さで、バビロンで病死してしまいました。大王の死後、帝国では部下の将軍たちによる後継者争いが起こり、エジプト（プトレマイオス朝）、シリア（セレウコス朝）、マケドニア（アンティゴノス朝）などに分裂します。この時期に東方に伝播したギリシア文化が、オリエント地域の文化と融合して作られたものがヘレニズム文化でした。そして、東方遠征の開始から、王の死後に分裂した諸国がローマに征服され、滅亡されるまでの約三〇〇年間をヘレニズム時代とよんでいます。

ヘレニズム時代の天文学は、古代ギリシア人により古代メソポタミアと古代エジプトの天文学の知識を融合したものと言えます。現代の私たちが、日常生活で古代エジプト起源の一日二四時間制、そして古代メソポタミア起源の一時間を六〇分とするものを併用していることも、そうしたあらわれと見ることができます。プトレマイオス朝に建造されたエジプトのデンデラ神殿の天体図には、古代メソポタミアの星座とともに古代エジプト固有の星座が描かれています。しかしながら、「プトレマイオスの四八星座」からは、なぜか古代エジプト固有の星座は姿を消しています。

古代エジプトの天文学の特徴

古代エジプト人たちも、毎晩、夜空を見上げながら固有の星座を作っていました。古代メソポタミアの、とりわけバビロニア起源の星座が、「プトレマイオスの四八星座」を経て現在に受け継がれているのに対して、古代エジプト起源の固有の星座は、いつしか忘れられていきました。古代エジプトでは、紀元前三〇〇〇年ごろに統一王朝が樹立し、王朝時代が開始されます。数多くの文字記録が残されていますが、天文関係の記録は古代メソポタミアのものと大きく性格を異にしていました。古代メソポタミアでは、天空上での異変に注意が向けられていました。そのため初期から皆既日食や皆既月食、掩蔽、彗星の出現、惑星の動きなどの観測記録が残されています。

一方、古代エジプトでは、メソポタミアとは反対に、天空上の変化よりも「変化しないこと」に注目していました。そのため不思議なことに、古代エジプト王朝時代には、皆既月食や彗星の出現などの記録がまったく残されていませんでした。エジプト人は天空を三六の「デカン」に分割して、夜空を観測していました。その結果、全天で最も明るい恒星であったシリウスの出現記録から、一年を三六五日とする暦を考案したとされています。さらに、夜空を毎晩観測することで昼と夜とを一二時間ずつに分割する一日二四時間制も作りだしました。

古代エジプトでの天文観測は、宇宙の深淵な秩序と法則性とをそこから見出すために実施していたのでした。古代メソポタミアでは、天空上で起こる変化は、この世における悪い変化に対応しており、そのために天に生じた前兆現象には敏感に反応して、対処することが必要と考えられていました。そのため、古代メソポタミアでは、天空上の変化を長い歳月をかけて見つめることで、地上の社会における悪い前兆を予測しようとしました。こうしたことから、メソポタミア地域では、初期の時期から天文観測と占星術とは切り離すことのできない関係にありました。

古代エジプトの固有の星座

これまで、日本では古代オリエントの星座物語については、非常にわずかしか紹介されていませんでした。第二次世界大戦の前後に野尻抱影氏が書いた数多くの古今東西の星の神話や伝承などの著作において、わずかに紹介されているだけでした。野尻氏の著作は、欧米の二〇世紀初頭までの研究を使って、まとめられたものであり、その当時として一流の研究業績に裏付けられていたものでしたが、古代オリエントの星座の中で、古代エジプトの固有の星座に関しても、一部を除くとほとんど言及されていませんでした。

古代エジプト第一中間期（紀元前二一四五〜前二〇二五年ごろ）から中王国時代（紀元前二〇二五〜前一七九四年ごろ）にかけての時期のミイラを納めた木棺の蓋の裏側には、早くも北天の星座やシリウス、オリオン座の三ツ星を表現した図像とエジプト聖刻文字（ヒエログリフ）が描かれていました。しかしながら、それ以外のエジプト固有の星座の図像は、新王国第一八王朝のハトシェプスト女王時代（紀元前一四六〇年ころ）の高官であるセンエンムウトがテーベ西岸ディール・アル＝バハリに造営した彼の岩窟墓（テーベ岩窟墓三五三号）の天井に描かれた天体図が、古代エジプトの固有の星座を描いた現存する最古の図像資料です。

同様の天体図は、新王国第一九・二〇王朝時代（紀元前一二九二～前一〇七〇年ごろ）の王家の谷の王墓に見ることができます。

これらの王墓天井に描かれた天体図を詳細に検討してみると、描かれた天体図が必ずしも実際の天体の配置と一致しているものではないことが判明してきました。この点が、古代エジプトで描かれた星座を現在の天体と同定する際の大きな障害となっています。

古代エジプトの天体図を同定する際に大きなヒントを与えてくれる資料に、エジプトのデンデラ・ハトホル神殿にあるプトレマイオス朝時代の円形天体図があります。この天体図には、古代エジプトの固有の星座と黄道一二宮をはじめとする古代メソポタミア（バビロニア）起源の星座とが、一緒に描かれている非常に貴重なもので、古代エジプトの固有の星座の同定ばかりではなく、図像資料があまり残されていない古代バビロニアの天体図の同定にとっても重要な資料となっています。

古代エジプトの星座についての研究は、一九六〇年代のオットー・ノイゲバウアーとリチャード・A・パーカーとが著した『エジプト天文学テキスト』三巻（一九六〇～六九年）が代表的な著作となっています。古代エジプトの天文学を網羅的にまとめたもので、非常に重要な文献となっています。近年になり、スイスのクルト・ロヒャーやスペインのファン・アントニオ・ベルモンテらによる古代エジプト固有の星座の同定に関する研究が提示されるようになり、新たな段階を迎えているといえます。

◉エジプト・ナイル川流域地図と主要遺跡

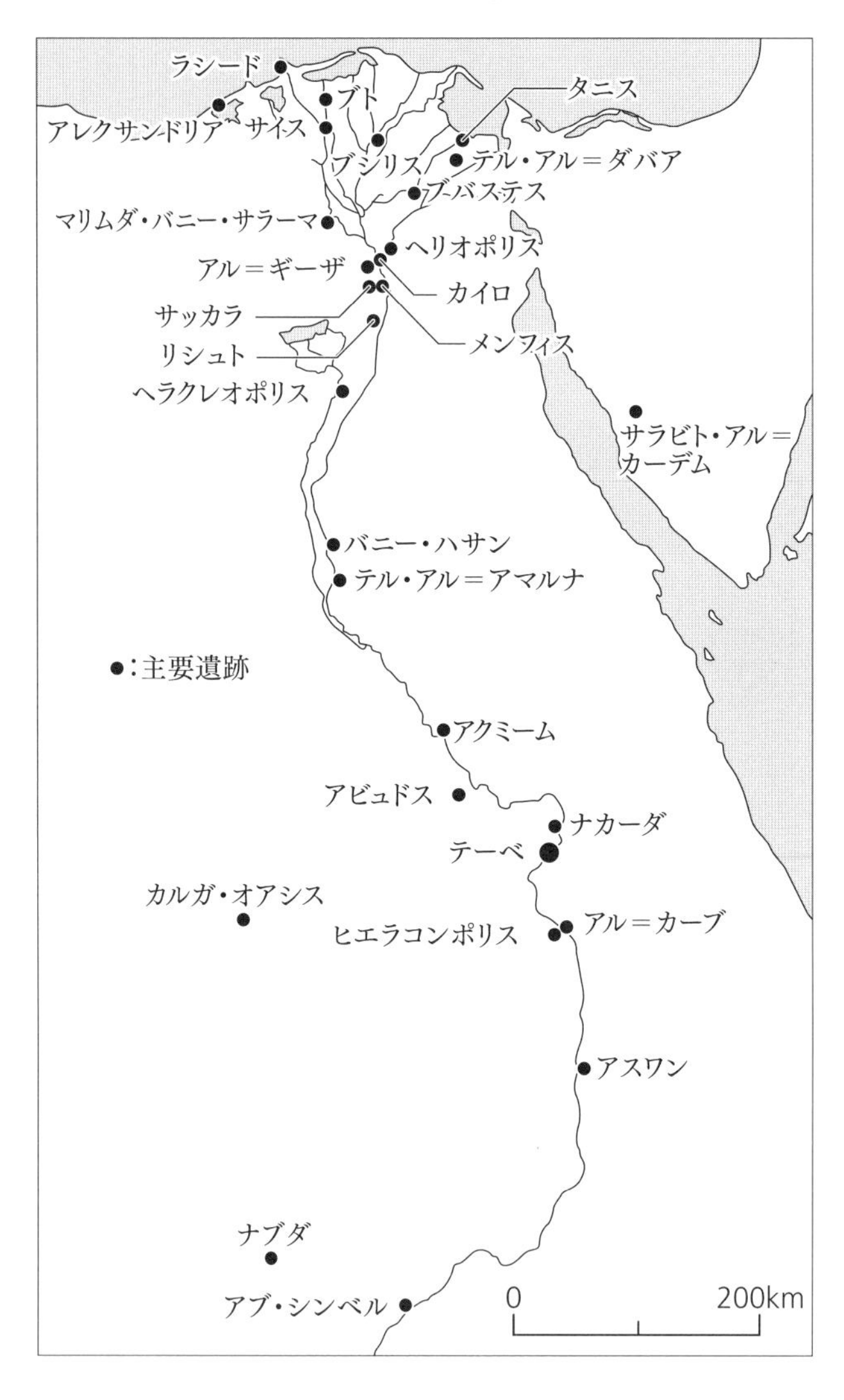

★

第1章

古代エジプトの暦と時

古代エジプト人とシリウス

古代エジプト人にとって最大の関心事は、毎年、夏に定期的に起こるナイル川の増水現象でした。六月ごろにエチオピアのアビシニア高原の夏季モンスーンによる降雨により、ナイル川は徐々に水嵩が増していきました。この現象は、「洪水」あるいは「氾濫」の名でよばれますが、実際には増水というべきものです。

この増水現象は、現在の暦で七月下旬ごろに始まり、やがてナイル川流域の耕地は完全に冠水し、農作業はできなくなります。ピラミッドや大神殿など巨大建造物の建設も、農民の動員や船による石材運搬の便から、この増水季に集中的に実施されたと推測できます。上流から運ばれた肥沃な黒い土壌(ナイル・シルト)が堆積し、エジプトの耕地は毎年、再生されていたのです。しかし、現在では上流に建設されたアスワン・ハイ・ダムのため、ナイル川下流の水位はコントロールされるようになり、増水現象は起きなくなりました。そのため、肥沃な土壌も下流に運ばれなくなり、耕地は痩せてしまいました。

古代エジプト人は、増水の時期と規模とを前もって知るために、ナイル川上流に「ナイロ・メーター」という水位計を設置して、増水の時期と規模とを監視していました。また、増水が始まる時期(七月下旬)が、おおいぬ座のシリウス星が夜明け直前の東天に姿を見せ始める時期とほぼ同じであったことから、古代エジプト人は、シリウス星の出現を注意深く観測することにしました。このシリウスの夜明け直前の出現を「太陽とほぼ同じころに昇ってくる」ことから、英語では「ヘリアカル・ライジング(heliacal rising)」といっています。

古代エジプトで重要視されたシリウス

おおいぬ座のα星・シリウスは、赤経六時四五分九秒、赤緯マイナス一六度四二分五八秒(二〇〇〇年分点)に位置し、光度マイナス一・四七等と全天で最も明るい恒星です。また、オリオン座の三ツ星の延長上にあり、冬の大三角形を構成する星です。中国では「天狼」とよばれ、青白く南天で輝いています。私は、冬の夜更けにエジプトの南の発掘地のルクソール(沖縄本島とほぼ同じ北緯二六度に位置)でシリウスを見上げたことがありますが、とても印象的でした。冬の冷え切った大気の中でシリウスは鋭い光輝を放っています。シリウスを目印として地平線に目を向けると全天第二の明るい恒星であるカノープスを簡単に見つけることができます。

このシリウスは、太陽からの距離が八・七光年と非常に近い場所にある恒星です。そのため、毎年の固有運動は赤経でマイナス〇・五三七秒、赤緯でマイナス一・二一〇秒と極めて大きいものでした。そのため、古代における視位置を考える場合には、歳差運動による影響に固有運動による変化を考えることが必要です。

古代エジプトではシリウスは「セペデト」の名でよばれ、イシス女神の化身と見なされていました。新王国第一八王朝(四九頁 表2-1参照)のセンエンムウトの墓(テーベ岩窟墓三五三号墓)の天井図(前一四六〇年ごろ・次頁 写真1-1)、アメンヘテプ三世(在位：

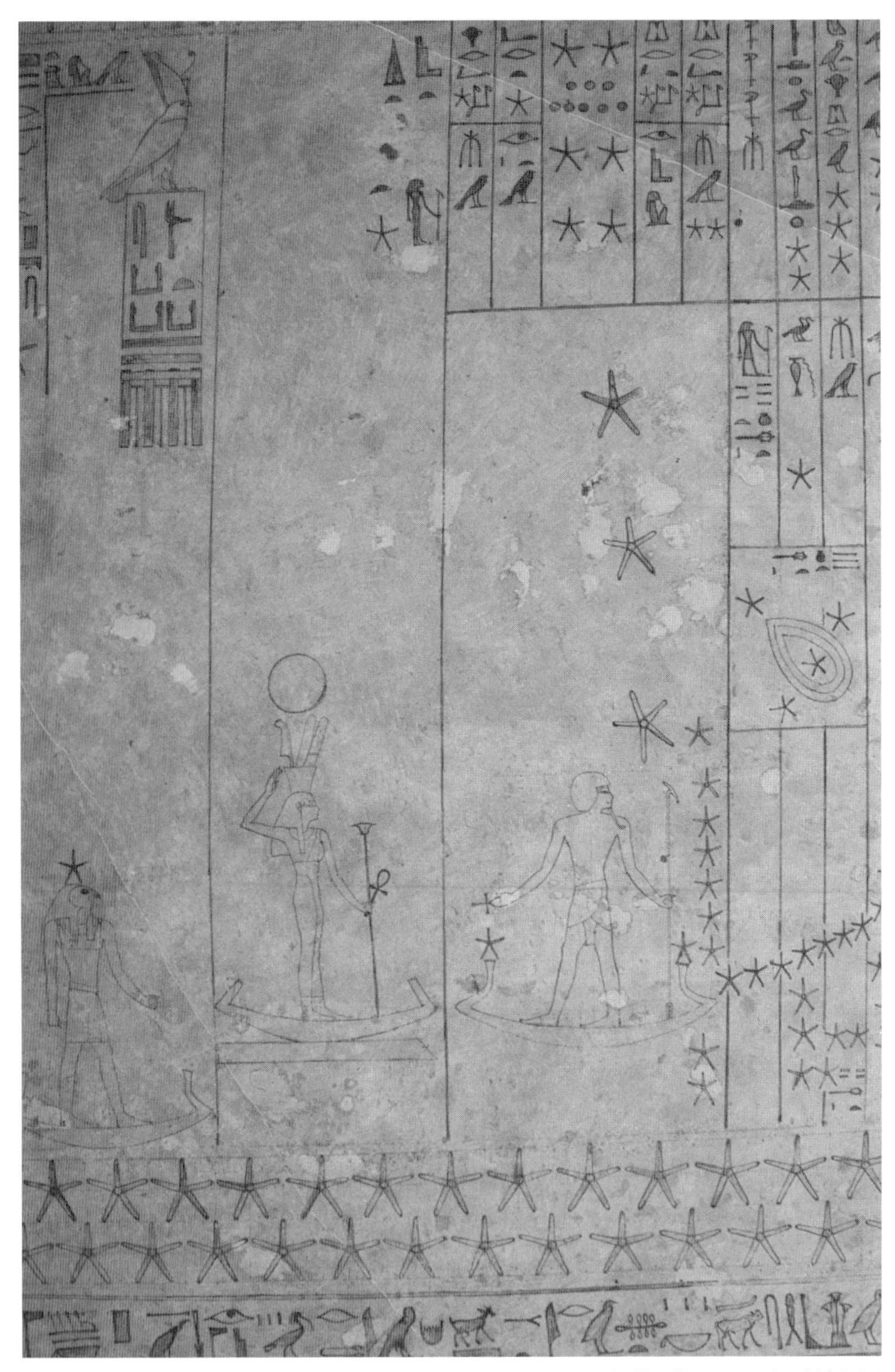

写真1-1　センエンムウト墓に描かれたシリウス（左）とオリオン座の三ツ星（右・エジプトでは「サフ」という星座）。シリウスはイシス女神の化身と見なされ、聖船に乗り、頭上に2枚羽根とマアトの羽根飾りを組み合わせた冠を被った姿で描かれている（写真資料 115ページ参照）。

前一三八八～一三五〇年ごろ）の水時計（カイロ・エジプト博物館蔵、JE27525）、第一九王朝のセティ一世（在位：前一二九〇～一二七九年ごろ）王墓玄室天井図などには、聖船に乗り、頭上に二枚羽根とマアトの羽飾りを組み合わせた独特の冠を被った姿で描かれています。こうした表現は、末期王朝時代を通じても行われ、前三世紀のプトレマイオス朝時代のハレンドテスの木棺の蓋内側にも見られます。

プトレマイオス朝後期になると、牝牛の角の間に日輪を戴く姿のサティス女神との関連から、聖船の中にうずくまり、角の間に星を戴く牝牛として表現されるようになりました。シリウスのギリシア語名である「ソティス」の名もサティス女神に由来するとされます。また、英語ではドッグ・スター（Dog Star）とよばれています。エジプトでもシリウスを犬の星とし、犬の頭をしたアヌビス神の化身であるとした文章をいくつも見ますが、これはまったく根拠のないものです。

シリウスの観測から作られた古代エジプトの民衆暦

古代エジプト人は、シリウスの夜明け直前の出現を「ペレト・セペデト」（「シリウス星の出現」の意）とよんで、シリウス星の出現を祝い、それが民衆暦の何月何日に起こったのか、古くから記録していました。ペレト・セペデトが、民衆暦のアケト（増水）季の第一月（トト月）の一日に見られる年は、実際の季節と民衆暦とが一致するために、「真の正月」と見なされていました。古代ギリシア人は、この現象を「アポカスタシス」とよんでいました。

それでは、ここで古代エジプトで使われていた暦について簡単に紹介してみましょう。

古代エジプト人は、二種類の暦を使っていました。一般に太陽暦とされる「民衆暦」と太陰暦の二つです。図1-1に示したものが民衆暦です。一年はそれぞれ四ヵ月ずつからなるアケト(増水季)、ペレト(播種季または冬)、シェムウ(収穫季または夏)の三つの季節に分けられていました。一ヵ月は三〇日からなり、一二ヵ月で、すなわち三六〇日、そして、年と年との間に五日が置かれていました。この五日は、それぞれの神を祀る特別な祭礼の日として使用されていました。古代ギリシア人は、この五日を「エパゴメン」(付加日)とよんでいましたが、古代エジプト人にとっては、概念的な一年は、あくまでも三六〇日であったのです。古代エジプト人は、閏年を使わなかったために、一平均太陽年(一回帰年)三六五・二四二二日との差で、四年に一日の割合で実際の季節と民衆暦との間にずれが生じるようになっていきました。プトレマイオス朝三世のときに一時的に閏年が使われましたが、本格的に閏年が使われはじめたのは、ローマのユリウス・カエサル(ジュリアス・シーザー)のときからでした。彼は、エジプト暦に四年に一度の閏年を導入することでユリウス暦を採用したのでした。

このことから、古代エジプトでは、実際の季節と民衆暦とのずれは年毎に大きくなり、約七三〇年で半年、そして約一四六〇年で元の季節に再びもどることになります。このずれを利用して計算したのが、「ソティス周期」による年代決定法です。古代エジプトの民衆暦は、シリウスの観測から作られたものであり、正確には太陽暦ではなく、恒星暦というべきものでした。また、この一年を三六五日とする民衆暦とともに、二年または三年に一度の割合で閏月を設ける一年が三五四日の太陰暦も古代エジプトで使用されていたことが

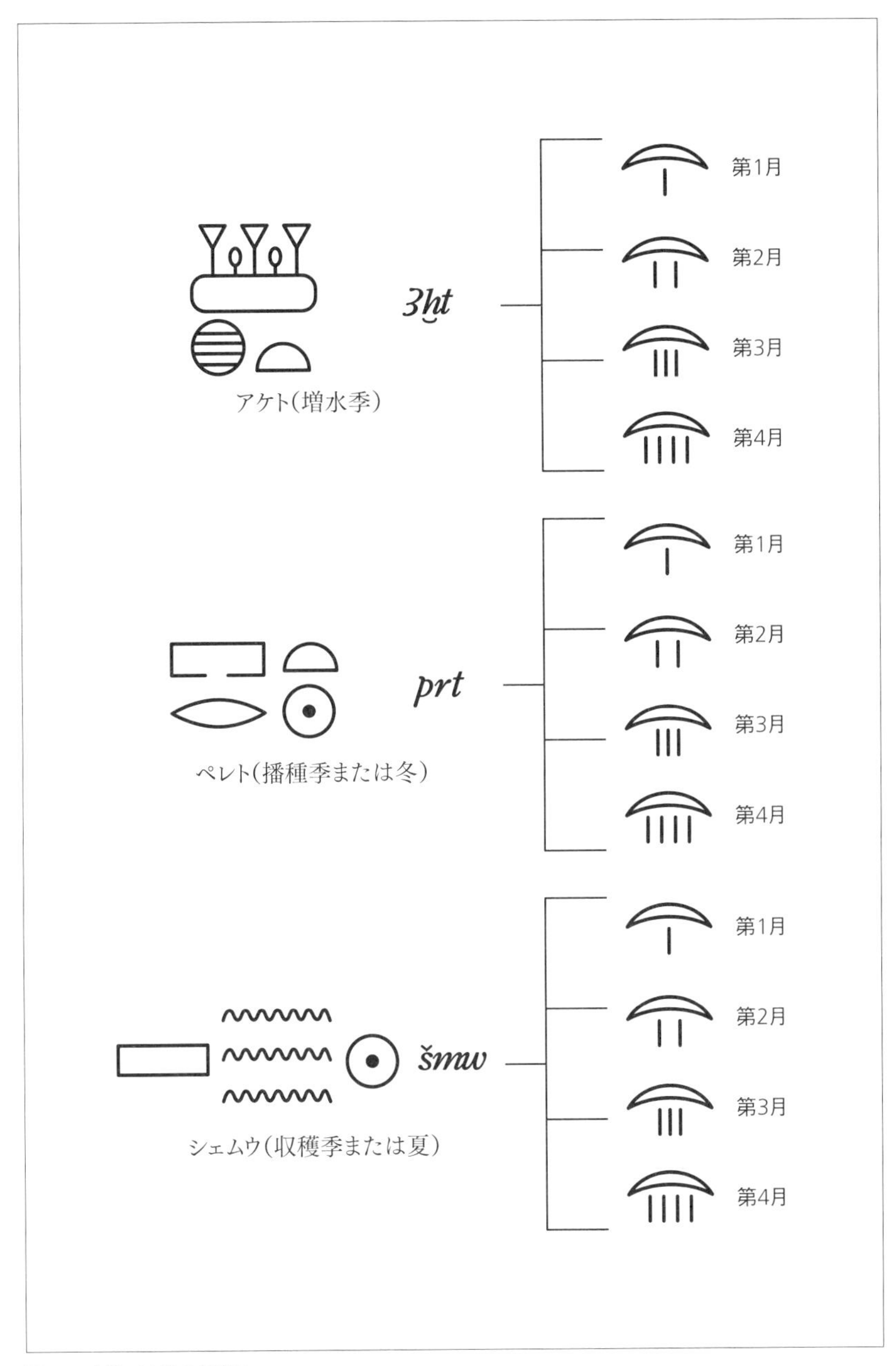

図1-1　古代エジプトの民衆暦。1年は3つの季節からなり、ひとつの季節がそれぞれ4ヵ月に分かれる。1ヵ月は30日で1年は360日で構成されていた。

知られています。

シリウスの出現記録

現在までに残されているシリウスの主な出現の記録は表1－1にあるものです。現存する最古の記録は、中王国第一二王朝のセンウセレト三世のもので、アル＝ラフーン遺跡から一九世紀末に発見されたパピルスの断片に記されていたものです。注目すべきことは、この「イルラフン・パピルス」には、シリウスの出現を祝う祭礼の準備が、出現の二〇日以上も前から行われている記録がある点です。このことは、シリウスが東天に姿を見せることを盛大に祝ったのは、その出現が民衆暦のアケト季の一月一日にあたるとき（アポカスタシス）だけではなかったことを示しています。中王国第一二王朝時代には、毎年恒例の祭礼となっていたことが想像されます。そして、その祭礼のために前もって準備期間が設けられていることから、シリウスの出現が予報されており、この時代には実際の観測は二次的なものであったと思われます。このイルラフン・パピルスの記述から、中王国時代の年代が計算によって割出されているのです。同様に、新王国第一八王朝二代目の王であるアメンヘテプ一世の治世九年の記録が、新王国第一八王朝の年代を決める根拠の一つとして使われているのです。具体的な年代算出法については後でのべます。表1－1の3の「エレファンティネ島」は、エジプト南部アスワンの中洲の島ですが、そこの新王国時代の神殿址から発見された石碑にある記録で、シェムウ季三月二八日にシリウスの出現を祝う祭礼が行われたことが刻されています。トトメス三世時代のものと思われますが、残念な

表1-1　シリウスの夜明け直前の出現記録

シリウス出現の記録	王名（治世年）月日	算出年代
1 イルラフン・パピルス	センウセレト3世治世 7年ペレト季4月16日	前1871±3年 前2680 ～前2145年ごろ
2 エーベルス・パピルス	アメンヘテプ1世治世 9年シェムウ季3月9日	前1540±3年 前2025 ～前1795年ごろ
3 エレファンティネ島	トトメス3世治世年不詳 シェムウ季3月28日	前1464±3年 前1550 ～前1070年ごろ
4 カノポス勅令	プトレマイオス3世治世 9年シェムウ季2月1日	前239±3年 （前238年）
5 ケンソリヌスの記述	アントニヌス・ピヌス帝治世 2年アケト季1月1日	後139年

がら王の治世年は残されていません。

前二三八年に、アレクサンドリア市の北東のカノープスでエジプト全土から参集した神官たちが決議した宣言である「カノポス勅令」の中には、シリウスの出現を祝う祭礼がシェムウ季の二月一日に行われたことが記されており、実年代と古代エジプトの民衆暦とが互いに確認しあえる貴重な資料となっています。表1－1の5のケンソリヌスは、後三世紀のローマの作家で、彼が二三八年に著した書物の中で、エジプトの民衆暦とシリウスの関係について記しています。それによると紀元後一三九年に民衆暦のアケト季一月一日にシリウスのアポカスタシスが起こったことが書かれています。このケンソリヌスの記述は非常に重要であり、紀元後一三九年のアポカスタシスを起点として、過去へ遡り、計算することで、その他の出現記録の年代を算出することが可能となっています。

ソティス周期の長さと実年代の計算

シリウスを観測して得られる一年（一ソティス年という）は、三六五・二五日であり、一年が三六五日である民衆暦との間に毎年四分の一日ほど差を生じていきます。四年で一日の割合でずれていくため、一年ずれるためには、四年の三六五倍、つまり一四六〇年かかるわけです。一四六〇ソティス年が、一四六一民衆年にあたることから、この一四六〇年を一般に一ソティス周期としています。

しかし、この一四六〇年という値は、あくまでも概数であり、正確なものではありません。まず、地球の歳差運動を考慮する必要があります。歳差運動によって、春分点が黄道上を太陽の年周運動とは反対方向に毎年約五〇秒の割合で移動していきます。そのため春分点を基準とする一太陽年は毎年短くなっていきますが、反対に恒星を基準とする一恒星年は毎年長くなっていくのです。

そのほか、シリウスの固有運動などを加味して計算することで正確な一ソティス周期の長さが求められます。紀元後一三九年の前のアポカスタシスの起こった年は、一四五二年前の前一三一四年となり、さらにその前のアポカスタシスの年は前二七六八年となることが算出されています。この数値を使ってシリウス出現の記録のある年を計算して、実年代を求めていくのです。

アポカスタシスが起きた前二七六八年には、シリウスの夜明け直前の出現は、アケト季一月一日にあったことになります。この数値を使って、第一二王朝のセンウセレト三世の出現記録を検証してみましょう。センウセレト三世の記録では、ペレト季四月一六日となり、アケト季一月一日から

二二五日経過した日であることがわかります。つまり、約四年で一日ずれることから、二二五日ずれるためには、二二五の四倍の約九〇〇年かかるわけです。前二七六八年の九〇〇年後の前一八六八年となるのですが、実際には一日ずれるのが四年よりもわずかに短いので厳密に計算すると八九七年後の前一八七一年となります。そして連続する四日間は同じ現象が起こる可能性があるので±三年と表しています。このようにして算出した年代が二六頁 表1－1に記されています。

ここまで古代エジプトの年代が、シリウスの出現記録を使って、天文学的に計算されていることを紹介しましたが、ここで問題になるのは当時の観測精度です。シリウスの夜明け直前の出現が見られるためには、太陽が地平線下九度以下でなくてはならないとされています。しかし、このような薄明中の観測は非常に困難をともなうために、観測日が数日ずれる可能性があります。また現在、観測地がメンフィスであったと仮定しているのですが、これもテーベなど他の場所で行われた場合には数値が異なってきます。観測者による精度のばらつきなど、今後、明らかにしなければならない問題が数多く残されています。

古代エジプトの時刻と時計
——なぜ一日は二四時間になったのか？

古代エジプト人は、日の出から日没までの昼を一二等分し、そして日没から翌朝の日の出までの夜を一二等分しました。日の出や日没の時刻は、季節によって違っているので、

▶ナイル川の耕地（奥）と砂漠（手前）のコントラスト。現在の耕地にあたる場所が、かつてのナイル川が氾濫した地帯とほぼ一致する。正面、向かって右には新王国第19王朝のラメセス2世記念神殿。

一時間の長さも絶えず変化しています。昼の一時間と夜の一時間とが等しくなる日は、必ずしも春分と秋分のときだけではありません。ちなみに二〇二〇年は、春分は三月二〇日で、秋分は九月二二日ですが、同様に昼と夜の長さが等しいのは三月一六日と九月二六日になります。どうして、古代エジプト人は昼と夜とをそれぞれ一二等分したのでしょうか？一般に一年が一二ヵ月であることに関係があるといわれていますが、実際には古代エジプトの「デカン」とよばれるものと関連しているとみられます。

天空上で太陽が一年間に動いていくコースが黄道です。古代エジプト人は、一年を概念上三六〇日と考えていたので、季節によって変化していく星空の動きを知る目安として、黄道の南側にある星を三六のグループに分けたのでした。一〇日ごとに変化していく星空を一つのグループと見なし、このグループを「デカン」と称したのでした。ギリシア語で一〇を表す「デカ(deca)」に由来する言葉です。

昼と夜の長さが等しい春や秋の季節では、夜には三六のデカンの半分の一八のデカンが見られるはずですが、実際には日没直後や日の出直前の天文薄明のために、それぞれ約一時間ずつは星がはっきりとは見えません。そのため、夜間には一八のデカンよりも三つ少ない一五のデカンしか見えないことになります。一方、シリウスの日の出前の出現は毎年夏季に起こった天文現象であったことから、古代エジプト人は夏の夜間に天体観測をすることを重要なことと考えていたようです。夏季には日没時刻が遅くなり、日の出が早くなるために、天文薄明の時間を除くと、夜の時間は八時間と短くなります。そのため、夜間に見えるデカンは全体の三分の一にあたる一二のデカンしか見えません。このことが夜を一二等分する契機となったと考えられています。その後、昼間も一二等分されるようになっていきました。私たちが現在も使っている一日二四時間制はこうしてエジプトで生まれたのです。

古代エジプト人の時計

時間を計るために、古代エジプト人は、「日時計」、「星時計」、「水時計」という三種類の時計を使っていました。古代エジプトでは、季節によって一時間の長さが変化するので、これらの時計の精度は必ずしも高いものではありませんでした。

◉日時計

太陽の影の長さや向きを測って時刻を知る日時計は、雨の少ないエジプトでは非常に有効な道具でした。古代エジプトの日時計には、「影の長さ」を測るL字形をした日時計と、中央に「グノモン」（英語では「gnomon」と書き「ノウモン」と発音します）という棒を立てて、「影の向き」を測って時刻を知る日時計の二種類が存在しています。どちらの日時計も現存する最古のものは新王国時代（紀元前一五五〇～前一〇七〇年ころ）のものですが、構造から考えて、明らかにL字形の日時計が古い時代から使われていたと思われます。L字形の日時計（図1－2）は木製のもので、L字の短辺を垂直に太陽の方向に向け、影が水平の長辺部分にくるように置く場所を移動させて使われました。つまり、朝と夕方では日時計を置く向きが反対になっていました。垂直な棒の上に水平の棒が翼のように載せられた形の日時計もありました。

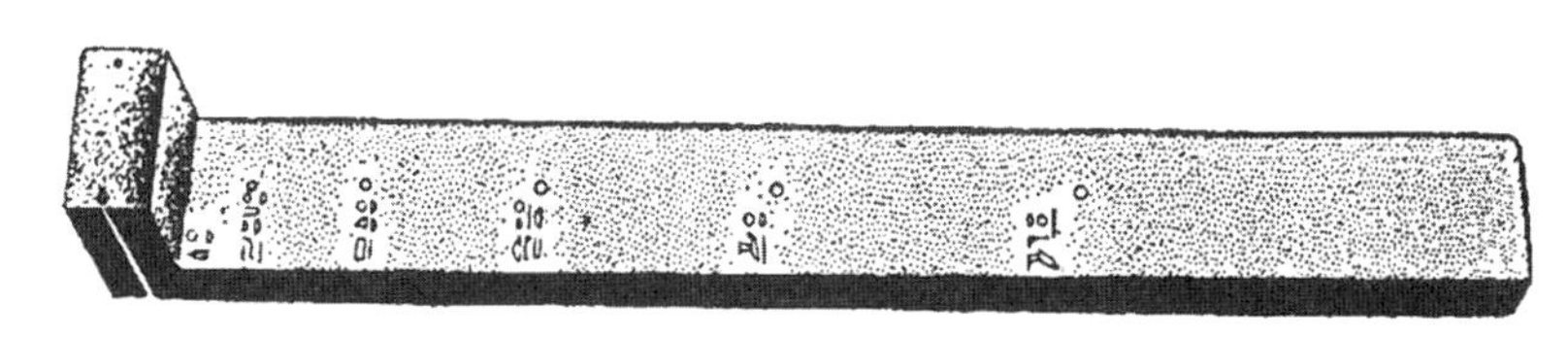

図1-2　古代エジプトのL字形をした日時計。太陽の方向にL字の短辺を向け、その影の長さで時間を計る。その都度、太陽の方向に動かして使用された。

写真1-2　新王国第20王朝ラメセス6世王墓に描かれた観測の様子を表したとされる壁画。観測者は北天の特定の星が助手の肩や耳、頭などを動いていく様子を記録し、時刻を測定した。

また、中央にグノモンを立て、中心から放射状に目盛のある日時計は、今日でもなじみのある形です。新王国第一九王朝のメルエンプタハ王(治世：紀元前一二一三～前一二〇三年ころ)の名前が刻されたこの形の日時計が、パレスチナのゲルゼ(Gerze)遺跡で発見されています(図1－3)。同様な形の日時計は、プトレマイオス朝時代からローマ支配時代にかけても作られていました。

◉星時計

日時計は、太陽の影を使って時刻を測定するとても便利な道具です。しかし当然のことですが、日没後に使うことはできません。そのため、夜間の時間を計る道具として、「星時計」と「水時計」とがありました。古代エジプトで星時計とよばれているものは、簡単な子午儀ともいえるもので、ナツメヤシの茎から作られた「メレケト(merekhet)」(図1－4)という測定器具でした。これを使って夜間に天体を観測し、時刻を測定したのでした。

星の観測は、神殿の屋上などで、子午線上に向かい合って座った観測者と助手の二人一組で行われました。北天の特定の星が、座らせた助手の肩や耳、頭などを動いていく

図1-3　メルエンプタハ王の日時計。中央に「グノモン」とよばれる棒を立て、その影のできる向きにより時刻を計測した。

様子を記録し、時刻を計測していたようです。王家の谷のラメセス六世墓やラメセス七世墓、ラメセス九世墓などの新王国第二〇王朝時代の王墓には、座った助手の頭や肩などに星が描かれ、観測された星の視位置と時刻を表していると思われる壁画（写真1－2）が残されていますが、その詳細は残念ながら不明です。

◉水時計

夜間の時刻を計測した別の種類の時計に「水時計」があります。古代エジプトの水時計には、容器に水を徐々に貯めていく「流入型」と容器に貯めた水を徐々に排出する「流出型」の二つの種類の水時計が存在していました。これまでに発見された古代エジプトの水時計は非常に数が少なく、流入型水時計が二例、流出型水時計が一三例の合計一五例しか知られていません。また、現存するほとんどすべての水時計が神殿から発見されたものでした。

このことからも、古代エジプトにおいては、水時計は神殿で夜間に行われた儀式の際に

図1-4　古代エジプトの星時計「メルケト」。ナツメヤシの茎でできた、この測定器具を使って星の視位置の変化を記録し、時刻を計測したようだが、詳細は不明。

写真1-3　アメンヘテプ3世の水時計。徐々に水が流れ出すことで時刻を計る流出型の水時計。水時計は、神殿で夜間に行われる儀式の際に時間を計る道具として使われた（写真資料113ページ参照）。

図1-5　アメンヘテプ3世の水時計の外側に描かれた図像（3方向からのスケッチ）。

上段に36のデカンと惑星、中段に北天の星座、下段に12ヵ月の月名と王と神々の図像が描かれている。

（Depuydt,Leo Civil Calendar and Lunar Calendar in Ancient Egypt,Leven.1997）

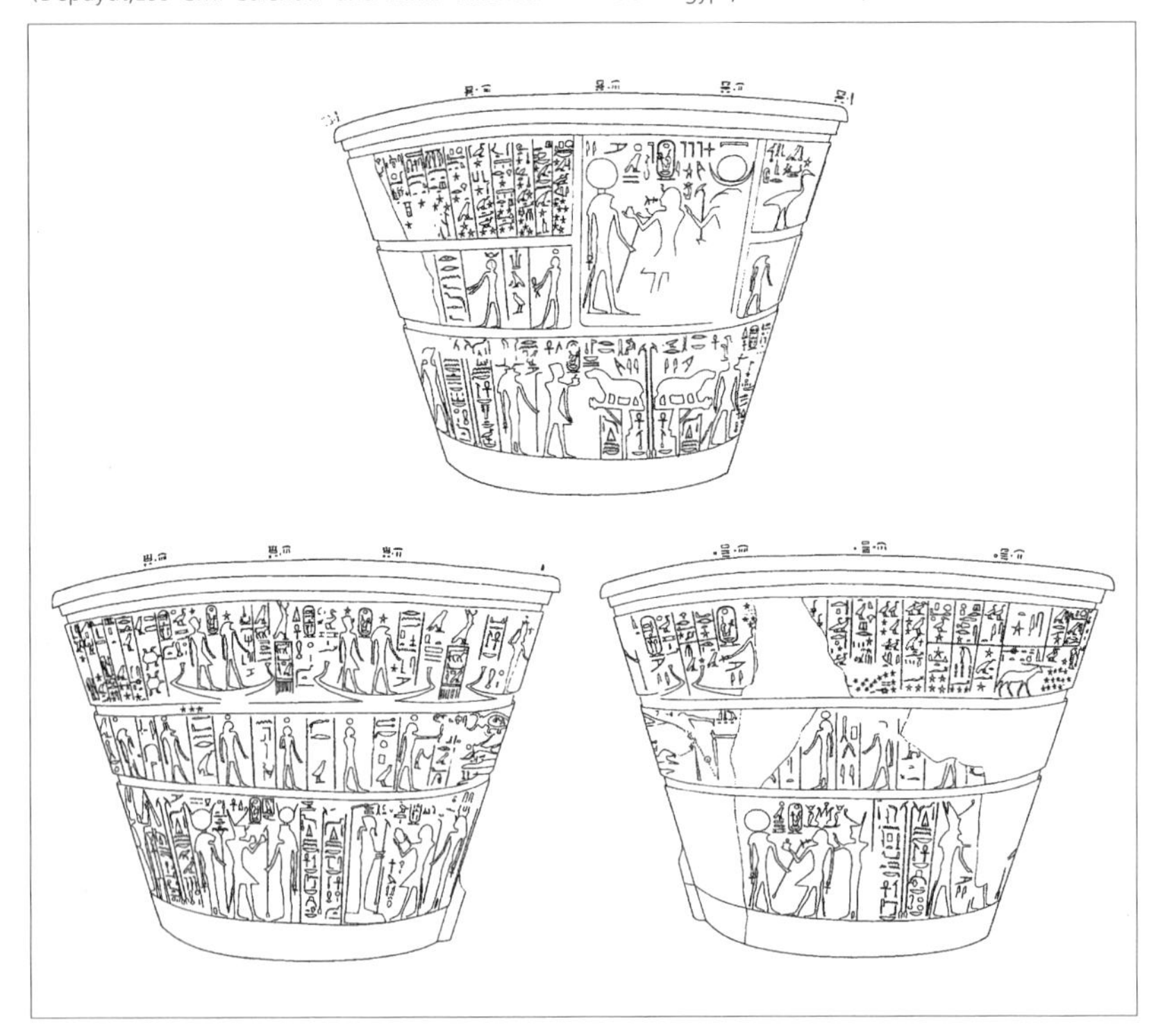

時間を計る道具として使われたことを意味しているようです。現存する古代エジプトの水時計でもっとも有名なものに新王国第一八王朝のアメンヘテプ三世（在位：紀元前一三八八〜前一三五一年ころ）の水時計があります。この水時計は一九〇四年にテーベ（現在のルクソール）のカルナク神殿で発見されました。アラバスター（雪花石膏）製で多数の破片で出土したものを接合したところ、高さ三四・六センチメートル、口縁部径四八センチメートル、底部径二六センチメートルの流出型の水時計が復元されました（写真1－3）。この水時計の外側には、三段の図像が刻まれており（図1－5）、現在は失われていますが、かつては色ガラスがはめ込まれていました。中に入れられた水は、底部中央に開けられた穴から徐々に流れ出すようになっていました。

図像は、上段には三六デカンと惑星が描かれ、中段には北天の星座が、そして下段には一二ヵ月のそれぞれの月の名と王と神々の図像が刻されていました。容器上部の縁に、一二ヵ月の名前が記されており、内側に時刻を測るための目盛が、それぞれの月名の下に付けられていました（次頁 図1－6・1－7）。夏の夜の一時間と冬の夜の一時間では長さが異なっていたので、夏の時期は短く、冬の時期は長く目盛られていました。それでは、古代エジプト人は、夏季の夜の一時間と冬季の夜の一時間との長さの比をどのようなものとして考えていたのでしょうか？　新王国第一八王朝初期のアメンヘテプ一世時代のアメンエムハトという人物の墓に記された碑文から、その長さの比が12対14であったことが判明しています。アメンヘテプ三世の水時計の内部の目盛も季節によって目盛の長さには長短がありますが、必ずしも12対14にはなっていませんでした。

1 2 3 4 5 6 7 8 9 10 11 12

0 5 10 15 20 cm

図1-6　水時計内部に記された時刻目盛の図。容器の縁に12ヵ月の月名が記され、内部にそれぞれの目盛が刻まれている。季節によって違う夜の長さにあわせて、各月の目盛のスケールは異なっている。

図1-7　水時計の内部模式図。時刻を計るための目盛が刻まれている。

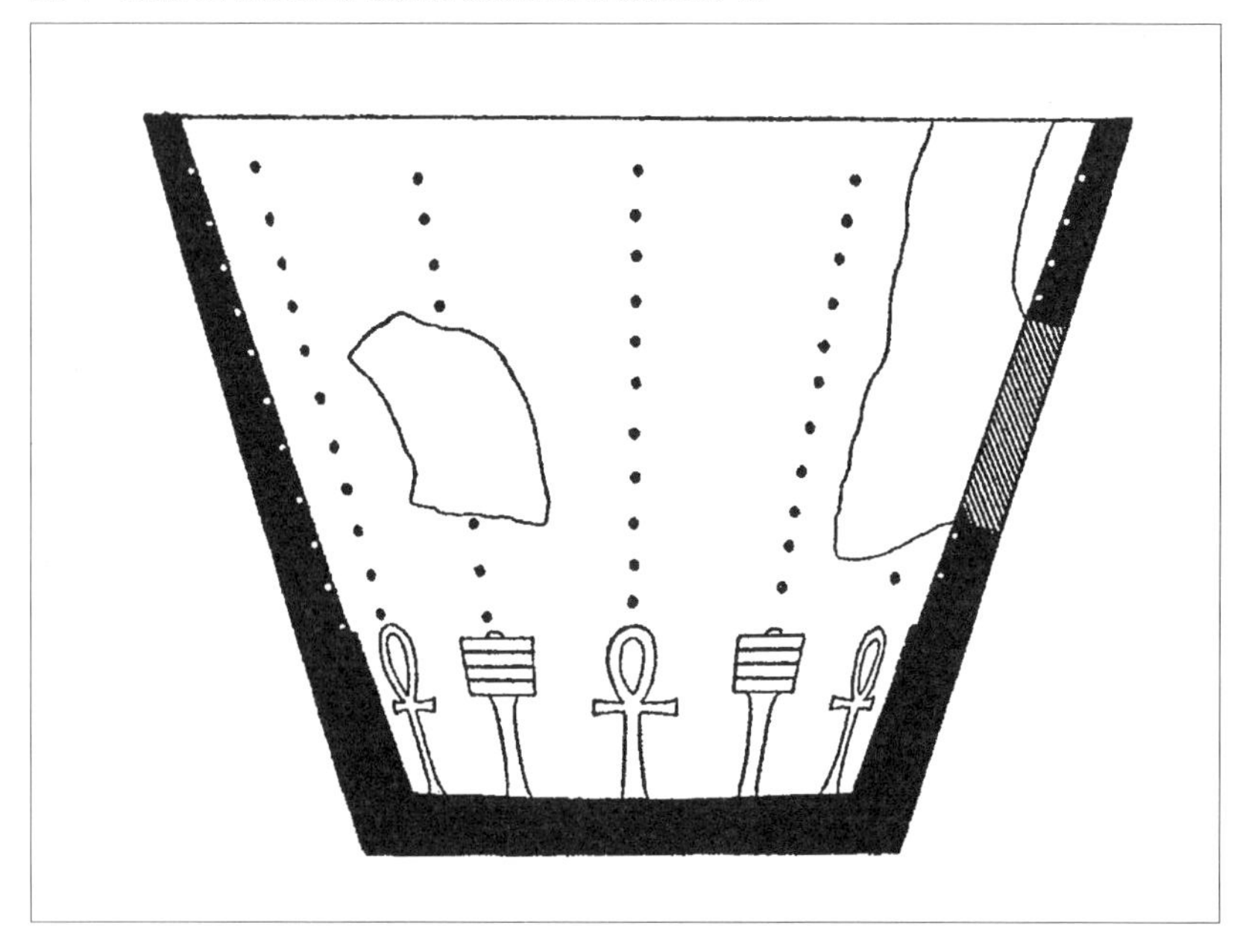

★

第2章

古代エジプト人の宇宙観

古代エジプト人の宇宙観

古代エジプト人にとって、世界の中心は彼らが生活の拠点としたナイル川流域でした。南から北に流れるナイル川の両岸に人々が集まり、そして国家が誕生しました。ナイル川は毎年、夏に増水現象が起こり両岸の耕地は冠水してしまいます。その後、水が徐々に引くことによって、耕地は上流から運ばれた肥沃な土壌で再生したのでした。こうしたナイル川流域の自然環境やナイル川の増水サイクルの中から、古代エジプトの宇宙観が生まれたのです。

ヘリオポリスの天地創造神話

多神教世界であったエジプトでは、複数の宗教センターが存在していました。その中でもヘリオポリス、メンフィス、ヘルモポリス、テーベの四都市の天地創造神話が有名です。古代のヘリオポリスは、太陽神信仰の中心地でした。ヘリオポリスでは、太陽神ラーが、初期の神であるアトゥム神の力をしのぎ、その信仰を確立しました。ラー神は、アトゥム神の性格や特徴の一部を取り入れ、創造神ラー・アトゥム神として崇拝されたのでした。

ラー・アトゥム神は、ケプリ神と同一視され、天空上を太陽を押して運搬するスカラベ(タマオシコガネ)として表現されました。ケプリ神は、再生の象徴として、東天に出現する太陽神と見なされ、アトゥム神やラー・ホルアクティ神などの姿でも描かれました。

古代ヘリオポリスは、古代エジプト語では「イウヌウ(*iwnw*)」と称し、『旧約聖書』で「オン(On)」とよばれています。カイロ市内のアル＝マタリーヤ(al-Matariya)地区が古代のヘリオポリスであり、現在、カイロの北東部にある高級住宅地のヘリオポリスと異なっていました。

このアル＝マタリーヤには、現在、中王国第一二王朝二代目の王であるセンウセレト一世のオベリスクが一本だけ残されています(図2-1)。この近くには、アイン・シャムス(Ain Shams：「太陽の泉」の意)という地名も残り、エジプトの有名な大学であるアイン・シャムス大学の名前にもなっています。また、幼いイエス・キリストを抱いて聖母マリアが、ヘロデ王の圧政からエジプトに逃れた際に休息をとったと伝えられている「マリアの木」もこの地に残っています。

ヘリオポリスの天地創造神話によると、最初この世界は、天も地もなく、まったくの暗闇であり、「ヌン」とよばれる混沌とした海だけが存在していたのでした。そして、その大海の中からアトゥム神(完全にラー神と同一化されており、ラー・アトゥム神とよばれる存在である)が、自力で出現したとされています。最初、このアトゥム神は、大海の中を漂

図2-1　古代のヘリオポリスは現在のカイロ市のアル＝マタリーヤ地区にあたる。中王国第12王朝の王センウセレト1世のオベリスクが残されている。(Rappoport, A. S. History of Egypt, London, 1904の挿絵より)

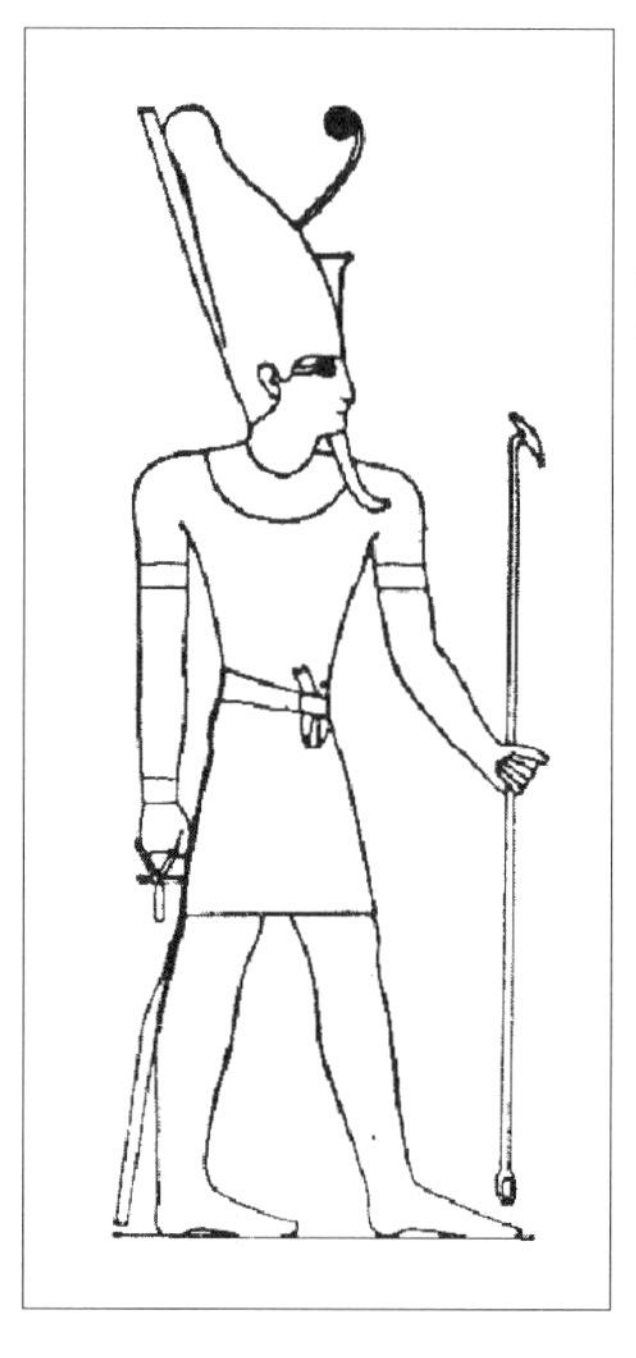

図2-2　アトゥム神。アトゥム神はラー神よりも古い太陽神と考えられており、アトゥム神からこの世界を構成するさまざまな神が生まれたと考えられた。（R・デイヴィッド、近藤二郎訳『古代エジプト人』筑摩書房、1986年）

図2-3　大地の神ゲブ（下）と天の女神ヌウト（上）、中央には両手をあげた大気の女神シュウが描かれている。天の神ヌウトの身体を太陽や星ぼしが移動していくと考えられた。

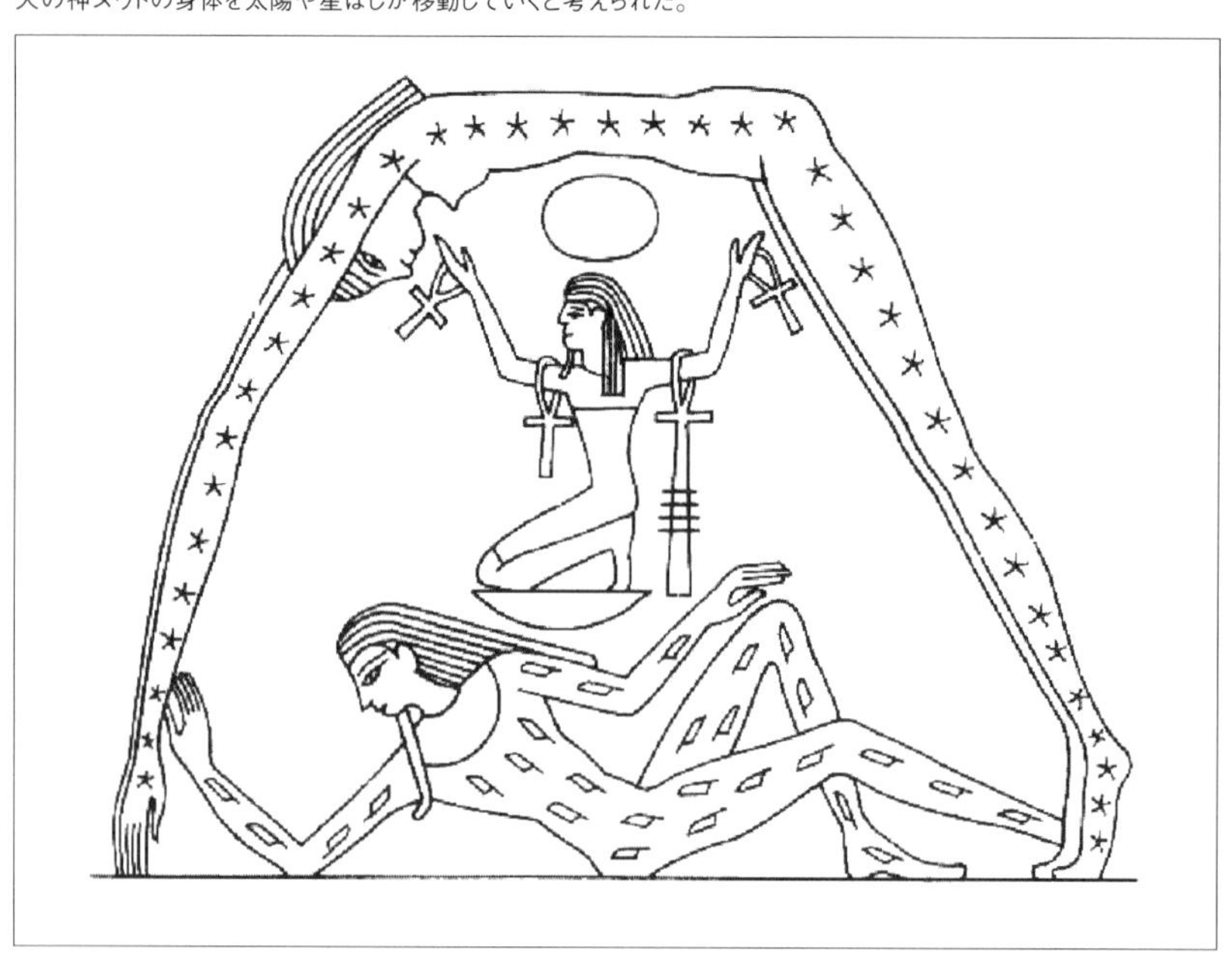

っていたのですが、やがて海の中から「原初の丘」とよばれる小高い丘が出現します。この「原初の丘」こそが、古代エジプトでは重要なものであり、ピラミッドの原型ともいわれています。古代のヘリオポリスでは、「ベンベン」という石が崇拝されており、「原初の丘」を表現したものと信じられています。オベリスクの形自体も、このベンベンという石の形に由来しているとされています。

アトゥム神(図2-2)は、ラー神よりも古い太陽神と見られている神です。アトゥム神は、唾を吐くことで大気の神・シュウと湿気の女神・テフヌウトを次々と生み出しました。大気の神・シュウの名前は、空気の入った風船の口を緩めたときに、空気の漏れる「シュー」という音のように、空気の音を表わしたものと推測されます。大気の神・シュウと湿気の女神・テフヌウトから、大地の神・ゲブと天の女神・ヌウト(図2-3)が誕生します。天の女神であるヌウトは、両手と両足を踏ん張り、四つん這いになって、天蓋を構成しています。彼女の身体を昼は太陽が、そして夜は星ぼしが移動しながら輝いていたのでした。

そして、この大地の神・ゲブと天の女神・ヌウトからオシリス神とイシス女神、ネフティス女神とセト神の四神が誕生したのでした。

このように、オシリス神とセト神、イシス女神、ネフティス女神の四柱の神々は、兄弟姉妹であり、二組の夫婦(オシリス神とイシス女神、セト神とネフティス女神)でもあったのです。このようにアトゥム神と彼から生み出されたシュウ神、テフヌウト女神、ゲブ神、ヌウト女神、オシリス神、イシス女神、セト神、ネフティス女神の九柱の神々が「ヘリオポリスの大九柱神」とよばれるものです。

メンフィスの天地創造神話

ヘリオポリスと対抗する宗教センターは、第一王朝以来のエジプトの王都で、行政上の中心地でもあったメンフィス(古代名メンネフェル)でした。プタハ神(図2-4)が、メンフィスの主神であり、メンフィスの神官たちは、プタハ神がアトゥム神よりも古い存在である必要があると考えました。そのために、プタハ神を原初の海・ヌンと同一視したのでした。その結果、プタハ神はヌンとなり、そこから娘であるナウネト女神が生まれ、そしてプタハ神とナウネト女神との間にヘリオポリスの太陽神アトゥムが誕生したとする神話を作りだしたのです。このことにより、メンフィスのプタハ神が、ヘリオポリスのアトゥム神よりも、優位に立つことができると考えたのでした。この神話によって、プタハ神こそが真の宇宙の創造神の地位を獲得するとしたのでした。

しかしながら、プタハ神を中心とする天地創造神話は、ヘリオポリスのラー・アトゥム神による創造神話の上に作られたものであったので、それほど普及することはありませんでした。ただ、メンフィスのプタハ大神殿は、南のテーベのアメン大神殿と匹敵する規模を持つ古代エジプトを代表する大神殿でしたが、残念なことに今日では廃墟となってしまい、当時の繁栄を偲ぶことさえも困難になってしまっています。

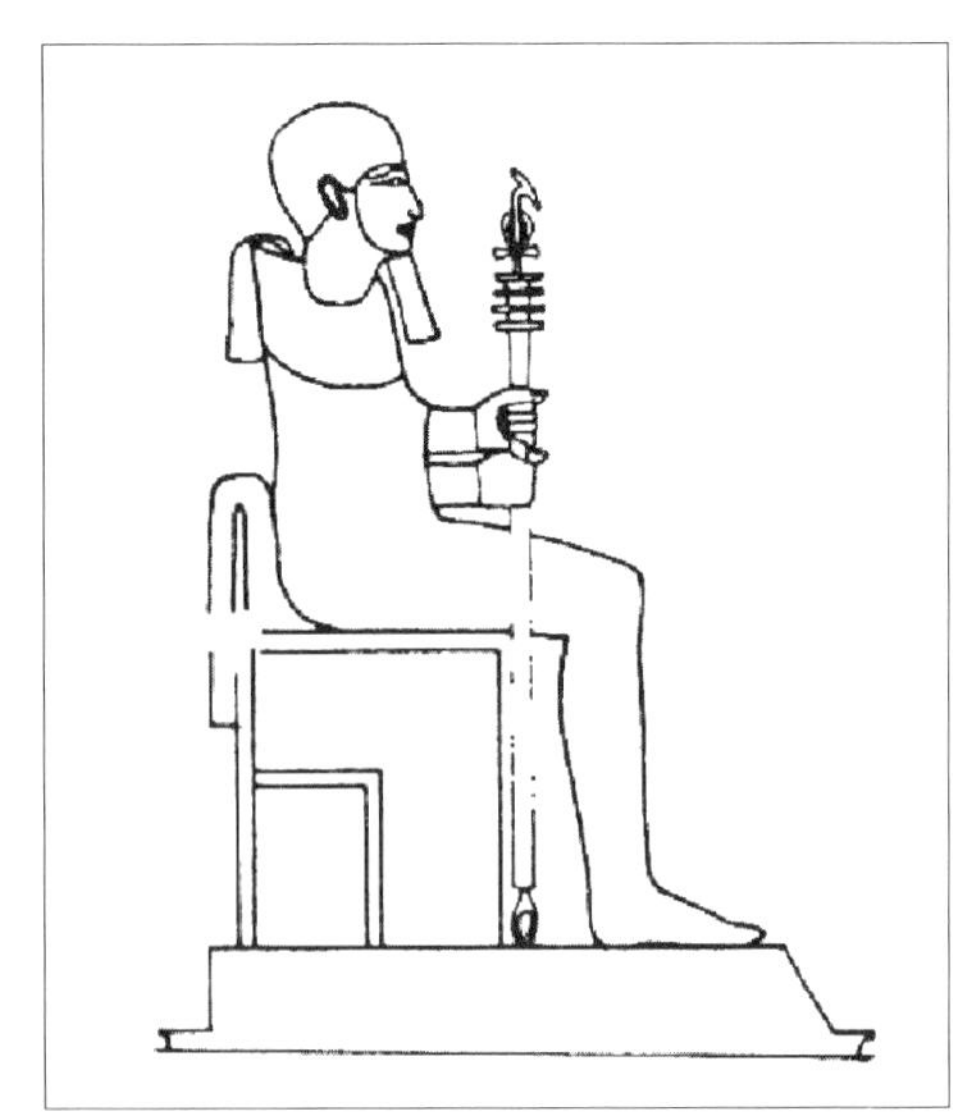

図2-4　第1王朝以来のエジプトの王都メンフィスの主神、プタハ神。プタハ神がヘリオポリスの太陽神アトゥムの父であるという神話を作ることでメンフィスはヘリオポリスに対抗した。(R・デイヴィッド、近藤二郎訳『古代エジプト人』筑摩書房、1986年)

ヘルモポリスの天地創造神話

中部エジプトにある上エジプト第一五ノモスの中心地であるヘルモポリスが、ヘリオポリスとメンフィスに次ぐ第三の宗教センターとして機能していました。この地で誕生した天地創造神話は、男女それぞれ四柱ずつの八柱の神々を中心として作り出された、非常にユニークなものです。この八柱神とは、ヌン（原初の水）、フフ（あるいはヘフ、永遠）、クク（暗闇）、そしてアメン（大気、あるいは「隠れたるもの」）の四神と、彼らの妻たち、ナウネト、ハウヘト、カウケト、アマウネト（アメネト）の四女神から成っていました。非常に興味深いことに、これらの神々で男の神々がカエルの頭を持っているのに対して、女神たちはヘビの頭をしていたとされています。そして、彼ら八柱神が、「最初の時」とよばれる天地創造の時点から、世界を創造し、支配していました。

ヘルモポリスには、もう一つきわめてユニークな生命誕生の神話が存在しています。「宇宙の卵」というものです。「クウァッ、クウァッと鳴く偉大なるもの」という名のガチョウ、またはヘルモポリスの神である「トト神」の象徴であるトキによって島の上に産み落とされたものでした。この〝宇宙の卵〟の中には、生命が誕生するのに必要な大気と、天地を創造するために出現した鳥の姿をしたラー神が入っていたとされています。さらに、ヘルモポリスの別の神話では、八柱神が神殿の聖なる池でロータス（睡蓮）の花を作り、その花弁を開くことで天地を創造したとするものもあります。

古代ヘルモポリスの遺跡であるアシュムネインは、カイロの南二八〇キロメートルほどにあり、古王国時代から中王国、新王国、末期王朝、ギリシア・ローマ時代に至る長期間にわたって使用された多くの古代の遺跡が残されています。また、キリスト教時代の教会の跡も残存しています。ヘルモポリスのトト神の聖獣であるトキ（アフリカクロトキ）とマントヒヒを埋葬した地下墓地があるトゥーナ・アル＝ジャバル（Tuna al-Jabal）遺跡も六キロメートルほど西に位置しています。新王国第一八王朝末にアクエンアテン王（アメンヘテプ四世）によって行われた太陽神アテンを唯一神とする宗教改革の舞台であったアマルナ遺跡も、ヘルモポリスの東南のナイル川東岸にあります。

テーベの天地創造神話

中王国時代以降に、上エジプト第四ノモスのテーベ（古代名ウアセト）は、エジプトにおける南の重要な拠点となっていきました。そして、テーベの神であるアメン（図2－5）は、目に見えない大気の神と見なされ、人類の創造主であるとされたのです。テーベのアメン神の神官たちは、ヌンの海から誕生した原初の島がテーベにあり、この地でアメン神が人類を創造したと主張しました。

非常に興味深いことに最近実施されたテーベ東岸のボーリング調査の結果から、中王国時代には、アメン神の聖地であるカルナク（写真2－1）は、島であったことが明らかになっています。かつては島であった場所が、原初の島としてアメン神の聖地となったようです。アメン神は、神々の王であり、またほかのすべての神々は、アメン神の化身と考えられていました。アメン神の聖なる獣は、牡羊（写真2－2）でしたが、この牡羊の角の曲が

写真2-2　アメン神の聖獣である牡羊。特徴的な角の曲がり方の形状が「アンモナイト」の語源となった（写真資料 116ページ参照）。

図2-5　アメン神は、通常、2枚羽根の飾りの付いた冠を戴く姿で表現される。

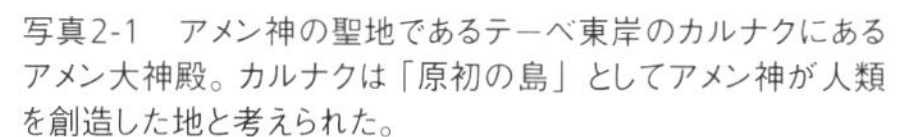

写真2-1　アメン神の聖地であるテーベ東岸のカルナクにあるアメン大神殿。カルナクは「原初の島」としてアメン神が人類を創造した地と考えられた。

りが特徴的であったことから、化石で有名な「アンモナイト」の名の由来となりました。アメン神は、ヘロドトスの『歴史』では「アンモン神」の名で記されています。すなわちアンモンの羊の角から、形の似ている石としてアンモナイトが生まれたのでした。アメン神はガチョウの姿でも表されました。

古代エジプト人の考えた宇宙の姿

古代エジプトの主要な宗教センターであった四つの都市の天地創造神話は、いずれも混沌とした世界から神々の手によって、この世が創造されたことを説明しています。

それでは、具体的に古代エジプト人は、この世界をどのような姿として見ていたのでしょうか。エジプトがあるナイル川の下流域は、一年を通じてほとんど雨が降ることのない乾燥した自然環境でした。そのため、毎朝、東天から昇る日の出の太陽を見ることができました。そして、夕方になると西方かなたの地平線に太陽は没していきます。しかし、翌朝

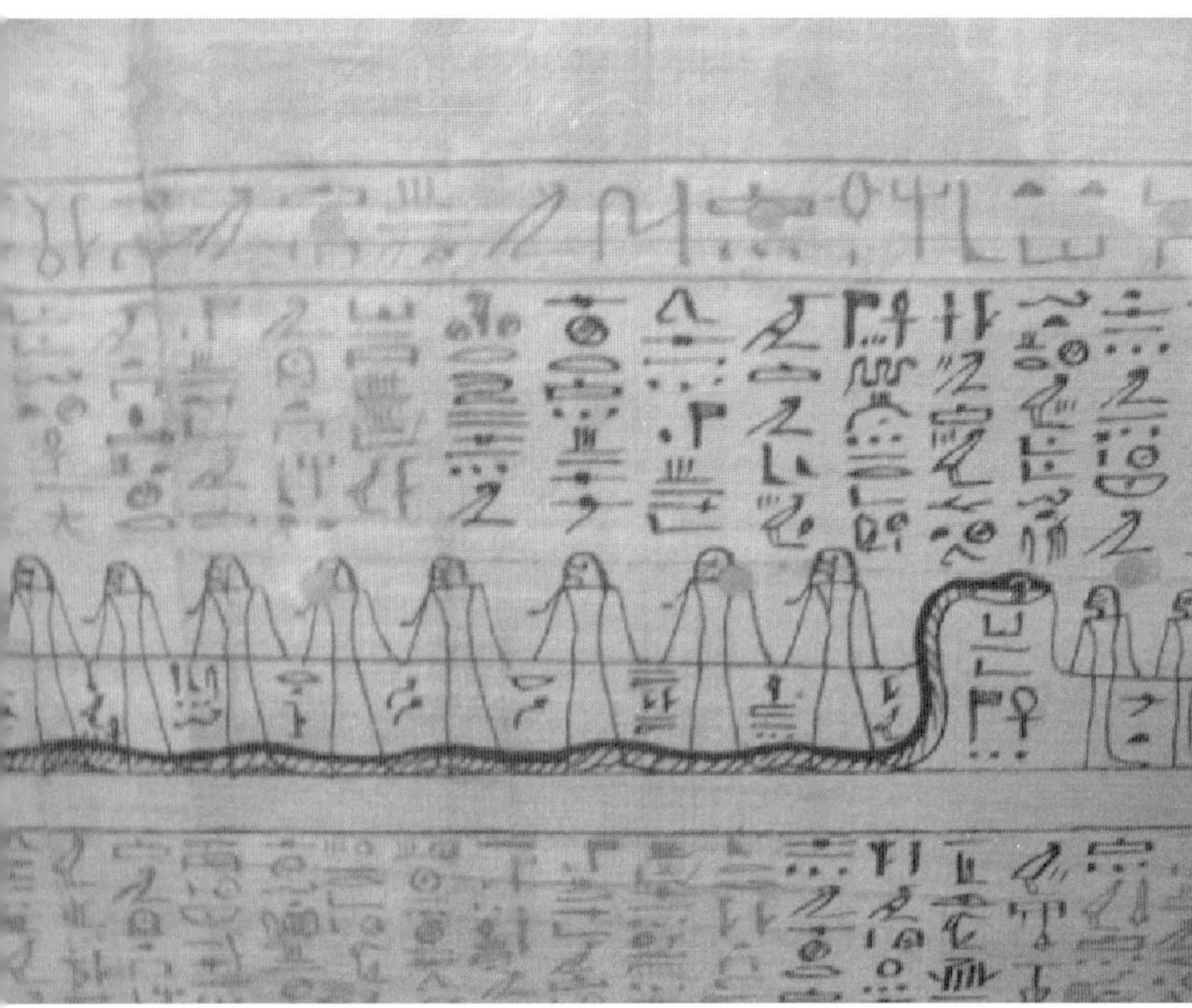

になれば、必ず日没とは反対の東の地平線から昇ってきました。この毎日の太陽の運行は、変わることなく繰り返されてきました。ヘロドトスの『歴史』では、エジプト人の祭司たちが、初代の王から最後に王位に就いたものまで三四一世代を数え、合計が一一三四〇年になる、とヘロドトスはのべています。そして、この期間中、太陽が、現在沈んでいる方角(西)から昇ったのが二回、昇っている方角(東)へ沈んだのが二回あったとのべています(ヘロドトス『歴史』巻二、一四二)。もちろん、これは事実ではありません。エジプトの祭司がヘロドトスに対して、いかにエジプトの歴史が長かったかを強調するために嘘をついたのでした。

古代エジプト人は、西に没した太陽が、翌朝は東に移動するためには、地面の下に「下天」という上天と対照的な天があると考えていました。そして、頭上にある上天が、日の出から日の入りまでの昼間の天空を表したものであるのに対し、下天は日没から翌朝までの夜間の天空を表していました。この下天は、暗闇の世界であり、「夜の一二時間」にあたっています。

日没後、下天では暗闇の支配者の大蛇「アポピス」(古代エジプト語のアアペプ)が太陽の運行を邪魔しようとします。しかし、太陽神ラーは、数多くの神々の協力を得て、夜の一二時(すなわち夜明け)に東天に日の出として復活したのでした。テーベ西岸にある王家の谷に造営された新王国時代の王墓の壁面に挿絵とともに記された「アムドゥアト書」(写真2-3)は、太陽神ラーが、夜の一二時間に下天で起きたできごとを描いた宗教テキストであり、太陽神が幾多の困難を克服して復活することを表現したものでした。

▶写真2-3　パピルスに描かれた「アムドゥアト書」の大蛇アポピス(カイロ、エジプト博物館　写真資料 116ページ参照)

ナイル川を基準とした世界

古代エジプト人は、自らが生活したナイル川流域の自然を基準として世界を考えていました。ナイル川から離れると切り立った河岸段丘があることから、世界は、周囲を山に囲まれたものであるとしていました。そのため外国を表す地名には、山を表す記号(限定符号とよばれる発音されない文字記号)が付加されました。また、古代エジプト人は、太陽が、規則正しく天空上を運行しているのと同じように、天空の星ぼしも季節の中で規則的に運航していることに気付いていました。そしてシリウスをはじめ、明るい星ぼしの観測から固有の星座も形作られたのでした。また、そうした恒星の中で、動きが不規則な星、つまり惑星が存在することも知っていました。古代エジプト人は、こうした惑星をハヤブサの頭をした「ホルス神」であると見なしていました。

古代エジプトのピラミッド

ここで古代エジプト史の流れを大まかに把握してみましょう(表2-1)。ナイル川流域が一人の王のもとで統一され、第一王朝が樹立されたのは、メソポタミア地域よりも遅れた紀元前三〇〇〇年ごろのことです。古代エジプト史で現在でも使用されている「王朝」区分は、前三世紀初頭のプトレマイオス朝時代の神官マネトンがギリシア語で著した『エジプト史(Aegyptiaca)』の中で使われているものです。前三〇〇〇年に誕生した第一王朝から、前三三二年にアレクサンドロス大王が、エジプトに侵入するまでの二七〇〇年間に三一の王朝が交替したとされていますが、それらの王朝の時代区分や実年代は研究者の間でもずれがあります。ここではドイツ人のエジプト学者ベッケラート(Beckerath, J. von)の時代区分と実年代を参考にし、細部の年代は、誤差を考慮して筆者が修正したものを掲げます。

この年表で、第一一王朝が第一中間期と中王国時代の両方に登場するのは、第一一王朝五代目のメンチュヘテプ二世が国内を再統一した後を中王国時代でよんでいるからです。さらに、第三中間期が終わり末期王朝時代が始まる前七世紀以降の年代は非常に信頼性が高いものです。これは、当時のアッシリアでは、皆既日食の記録が残されていたために、前七世紀以降の古代オリエントの年代には「〇〇年ごろ」という記述をする必要がなくなるのです。

階段ピラミッドと星辰信仰

エジプトで最古のピラミッドは、古王国第三王朝二代目のネチェリケト王(在位：前二六六五～二六四五年ごろ、後世にジェセル王の名でよばれた)が、サッカーラに建造した「階段ピラミッド」(次頁 図2-6)です。このピラミッドは、幾度かの設計変更を経て、現在ある階段ピラミッドになりました(写真2-4)。その工程は以下のようなものです。

①石灰岩の切石を使い六三メートル四方の正方形のプランを持つ、高さが一〇メートル

表2-1　古代エジプト王朝の王朝区分と年代

時代区分	王朝	年代
初期王朝時代	第1～2王朝	前3000～前2682年ごろ
古王国時代	第3～8王朝	前2680～前2145年ごろ
第1中間期	第9～11王朝	前2145～前2025年ごろ
中王国時代	第11～12王朝	前2025～前1794年ごろ
第2中間期	第13～17王朝	前1795～前1550年ごろ
新王国時代	第18～20王朝	前1550～前1070年ごろ
第3中間期	第21～25王朝	前1070～前664年
末期王朝時代	第26～31王朝	前664～前332年
ギリシア・ローマ時代	前332～後395年 プトレマイオス朝	 （前304～前30年）

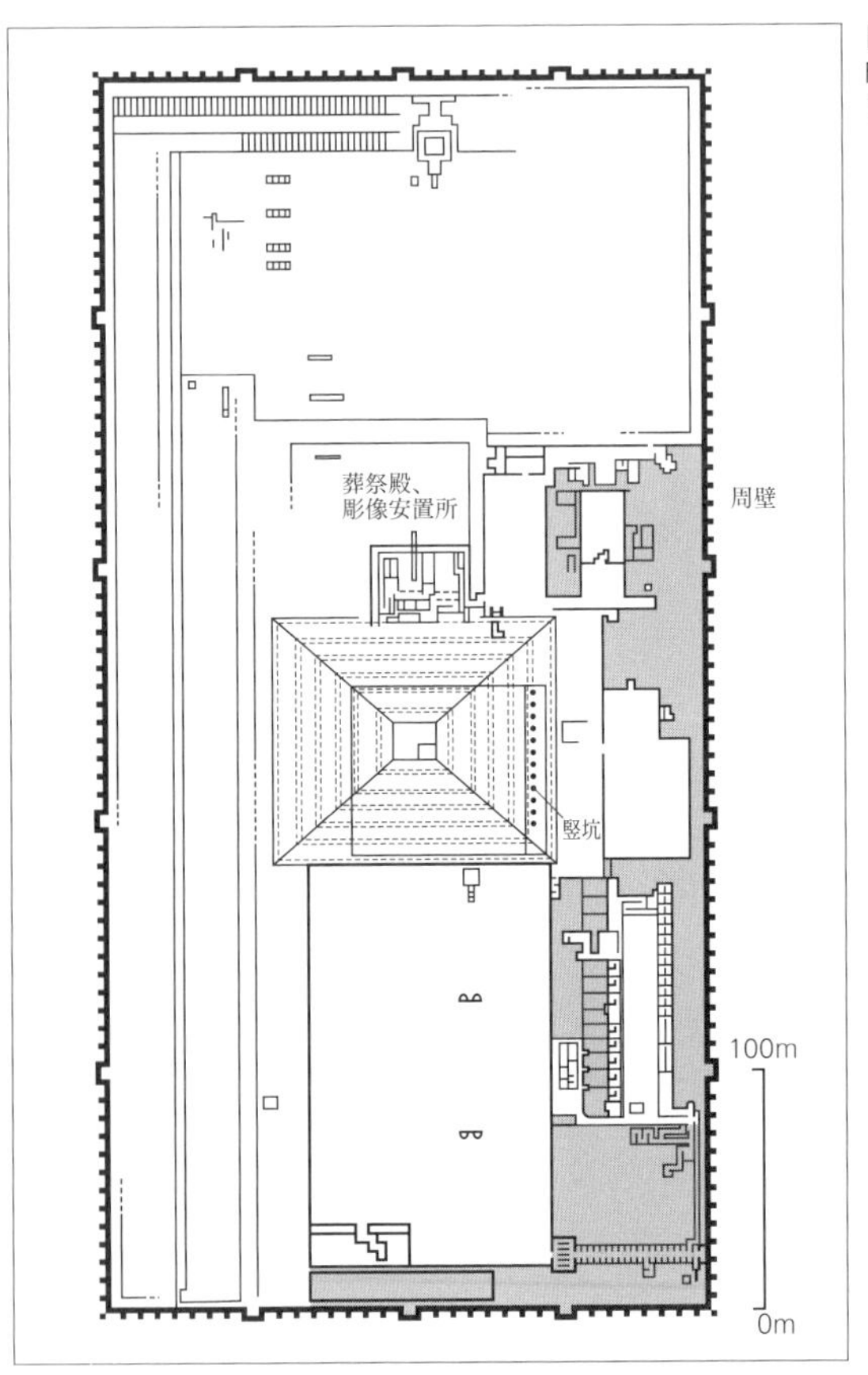

図2-6　ネチェリケト王の階段ピラミッド平面図。方位は上が北(Stadelmann 1985:Fig.12、筆者一部加筆)

写真2-4　ネチェリケト王の階段ピラミッド。

の石造マスタバ墓を建造。

②正方形のマスタバ墓の四辺をそれぞれ四メートルほど拡張、拡張部の高さが、中央のマスタバよりも六〇センチメートル低く、周辺部が低い、二段の階段マスタバ墓となる（写真2-5）。

③マスタバ墓の東側に一一基の竪坑が穿たれ、それらを覆うようにマスタバの東側だけを八・五メートル拡張。

④東側を拡張したマスタバの四辺を三メートルずつ拡張。

⑤四段の階段ピラミッドが誕生。

⑥階段ピラミッドは、さらに北側と西側に拡張され、現在の六段の階段ピラミッドが完成する。最終的な階段ピラミッドの規模は、基底部の長さが東西一四〇メートル、南北一一八メートルで、高さ六三メートル。六段の階段ピラミッド周囲に石灰岩製の凹凸のパネルが南北五四五メートル、東西二七七メートルもの巨大周壁として囲む。

階段ピラミッドは、ネチェリケト王の宰相であり、建設責任者であったイムヘテプにより造営されたと考えられています。最古のピラミッドを設計・建設した偉業により、イムヘテプは、彼の死後二〇〇〇年以上が経過した末期王朝からプトレマイオス朝時代にかけて神格化され、青銅製小像が多数作られ、崇拝されていました。また、ギリシア神話で医学の祖とされるアスクレピウスと同一視されていました。

さて、階段ピラミッドは、何のために造営されたのでしょうか。図2-6を見てわかるように、南北に長軸がある建造物で、ピラミッド本体の北側に葬祭殿とよばれる神殿が位

写真2-5　設計変更と拡張の痕跡。左側の丁寧な石積みが最初の石造マスタバ墓。何回かの試行錯誤を経て、階段ピラミッドが完成した。

写真2-6　階段ピラミッドの北側にある葬祭殿。写真中央の床面が傾斜している部分が王像安置所。王像が北（写真右方向）の空を見上げるような設計になっている。

置していました(前頁 写真2－6)。この神殿に隣接して王の彫像安置所が付属していました。王の彫像が、安置所に開けられた丸い窓から北の空を見上げるような設計になっており、また、彫像の納められた建物の床面も北側に傾斜し、地平線より上の天の北極の方向を向くような構造になっています(写真2－7)。

階段ピラミッドは、王が死んで天に昇る階段を象徴した施設であり、北天の周極星を意識した構造をとっているのです。地平線の下に決して没することのない周極星は、永遠なる生命の象徴として崇拝されました。階段ピラミッドの造営されたサッカラ遺跡は、北緯二九度五一分にあり、日本では鹿児島県の屋久島の南西のトカラ列島付近の緯度にあたります。

階段ピラミッドが建造された今から四六五〇年前には、天の北極の星は、現在とは大きく異なっていました。歳差運動(図2－7)により天の北極は約二五八〇〇年かかって円を描きながら一周するように移動したのです。古代エジプトの時代には、天の北極は、りゅう座のα星トゥバーン付近にあったのです。そのため比較的低緯度にあるエジプトでも北斗七星が周極星として一晩中輝いていたのでした。

真正ピラミッドと太陽信仰

一九五三年に、サッカラで発見されたセケムケト王のピラミッドは、基底部の一辺の長さが一二〇メートル、高さが七〇メートルで、七段の階段ピラミッドとして計画されましたが、実際には七メートルの高さしか残されておらず、未完成のピラミッドです。ネチェ

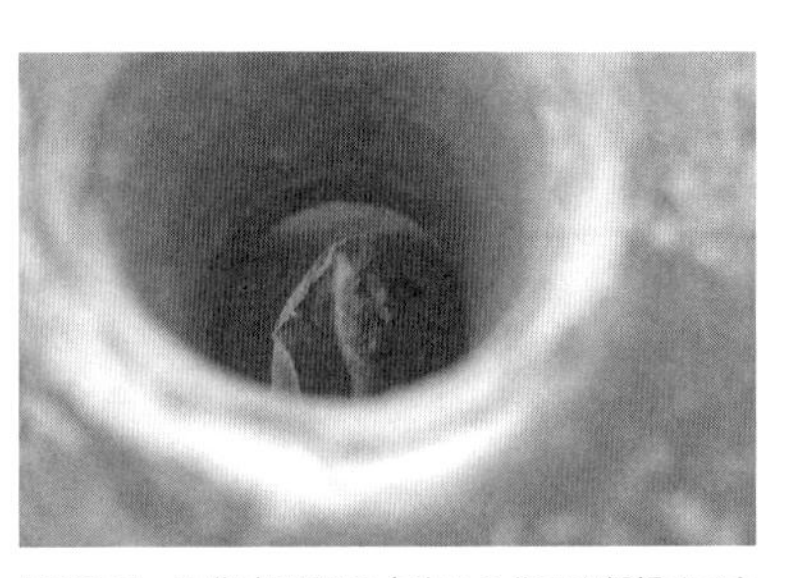

写真2-7　王像安置所の丸穴から北天を凝視するネチェリケト王像(王像はレプリカ)。

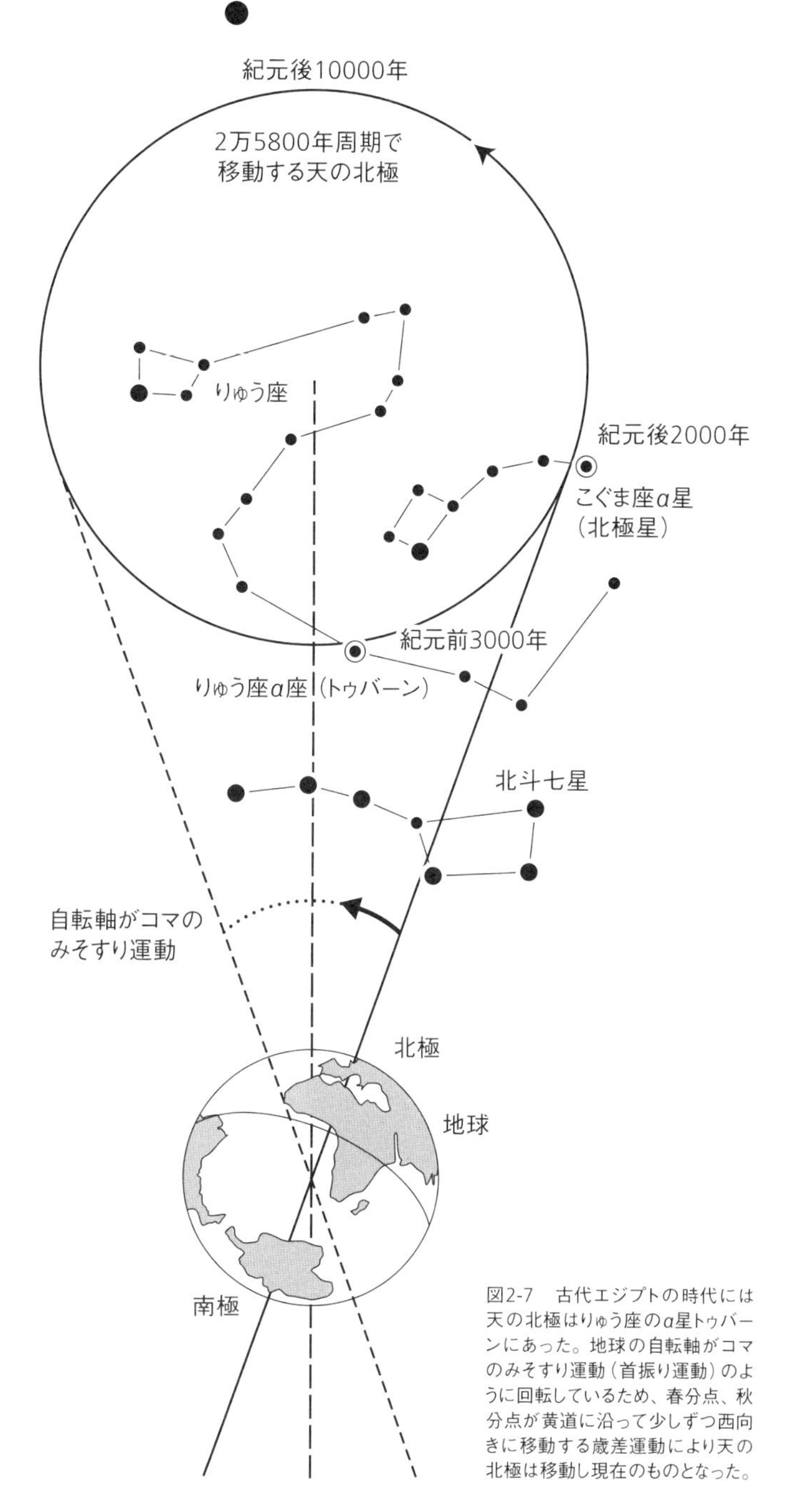

図2-7　古代エジプトの時代には天の北極はりゅう座のα星トゥバーンにあった。地球の自転軸がコマのみそすり運動（首振り運動）のように回転しているため、春分点、秋分点が黄道に沿って少しずつ西向きに移動する歳差運動により天の北極は移動し現在のものとなった。

リケト王のピラミッドだけが、唯一の完成したピラミッドです。

　第四王朝初代のスネフェル王（在位：前二六一四〜二五七九年ごろ）は、ダハシュールに二基、そしてマイドゥームに一基の計三基の巨大ピラミッドを造営したとされています。これら三基のピラミッドの建設された順序は、ダハシュールの南にある屈折ピラミッド（写真2-8）、次がダハシュールの北にある赤ピラミッド、最後にマイドゥームのピラミッドと考えられています。

　屈折ピラミッドは、傾斜角が途中で変更されていることからこの名がついています。外装石が良好に保存されており、平面プランや内部構造などから幾度かの設計変更があったと推定されています。基底部の一辺の長さは一八八・六メートル、創建時の高さが一〇五メートル（現在は一〇一メートル）の規模です。基底から高さ四九メートルまでの傾斜は五四度三一分と急であり、それより上部は、四三度二〇分と緩やかな角度に変更されています。

　北の赤ピラミッドは一辺の長さが二二〇メートルで、創建時の高さが一〇五メートル（現在は九九メートル）の規模、傾斜角は四三度四〇分で、屈折ピラミッドの上部とほぼ同じ緩やかな傾斜を持っています。屈折ピラミッドと同じ高さを緩やかな傾斜で得るように設計したと推定されています。赤ピラミッドが最古の真正ピラミッド（写真2-9）です。真正ピラミッドの断面が、二等辺三角形をしているのは、太陽光線を象徴したものです。エジプトの砂漠では、雲間から射し込む太陽の光をよく目にすることがあります。新王国第一八王朝末期のアマルナ時代の太陽神アテンの姿も、この太陽光線をかたどったものです。

写真2-8　ダハシュールにある屈折ピラミッド。四角錐の真正ピラミッドに対し、傾斜角が途中で変更されていることから「屈折」の名がついている。

スネフェル王の王子の一人であるラーヘテプは、ヘリオポリス（現在のカイロのマタリーヤ地区にあった太陽信仰の中心地）の太陽神殿の大司祭という高い地位にあったことが知られています。スネフェル王と太陽信仰との密接な関係を示しています。

ピラミッドでも階段ピラミッドと真正ピラミッドとでは、かなり違いがあることを説明しました。ここでまとめてみましょう。

①葬祭殿の位置
階段ピラミッドでは北側に位置（北向きの建造物）。真正ピラミッドでは東側に位置（東向きの建造物）。

②構造
階段ピラミッドでは広大な周壁で囲まれるが、真正ピラミッドでは、東側に参道、河岸神殿が位置。

③信仰対象と形状
階段ピラミッドは、北天の周極星を対象（星辰信仰）とし、天に昇る階段の形。真正ピラミッドは、太陽を対象（太陽信仰）とし、太陽光線の形を象徴する。

アル＝ギーザの三大ピラミッドと「オリオン・ミステリー」

エジプトの首都カイロの南西にあるアル＝ギーザの台地上には、クフ王、カフラー王、メンカウラー王の三基のピラミ

写真2-9　最古の真正ピラミッド「赤ピラミッド」。2等辺三角形の形は、太陽光線を象徴したものといわれる。

ッドが存在しています(写真2－10・図2－8)。最も北東に位置する第一ピラミッドは、スネフェル王の息子で後継者のクフ王(在位：前二五七九～二五五六年ごろ)によって建造され、「大ピラミッド」の名でも知られているように最大の規模を誇っています。また、内部構造が他のピラミッドと大きく異なり、内部に巨大な空間を持っていることも特徴となっています。基底部の一辺の長さは二三〇メートル、創建時の高さが一四六・五メートル(現在は一三六メートル)の規模で、傾斜角は五一度五〇分です。

クフ王の第一ピラミッド、カフラー王(在位：前二五四七～二五二一年ごろ)の第二ピラミッド、メンカウラー王(在位：前二五一四～二四八六年ごろ)の第三ピラミッドと三基のピラミッドが北東から南西に向かって並んでいます。第二ピラミッドは頂部の外装石がよく残り、基底部の一辺の長さは二一五・五メートルで創建時の高さ一四四メートル(現在は一四一メートル。現存する最も高いピラミッド)、傾斜角は五三度一〇分と第一ピラミッドに匹敵する巨大な規模を持ちます。しかし南西に位置する第三ピラミッドは、基底部の一辺の長さが一〇八・五メートル、創建時の高さが六六・五メートル(現在は六二メートル)で、傾斜角五一度と他の二基のピラミッドに比べると規模が極端に小さいものです。

ところで、これら三基のピラミッドの配置は、直線上に位置せず、第三ピラミッドが東にわずかにずれています。その配置がオリオン座の三ツ星に似てい

写真2-10　カイロの南西、アル＝ギーザにある三大ピラミッド。右奥から手前へ第1、第2、第3ピラミッドが並ぶ。

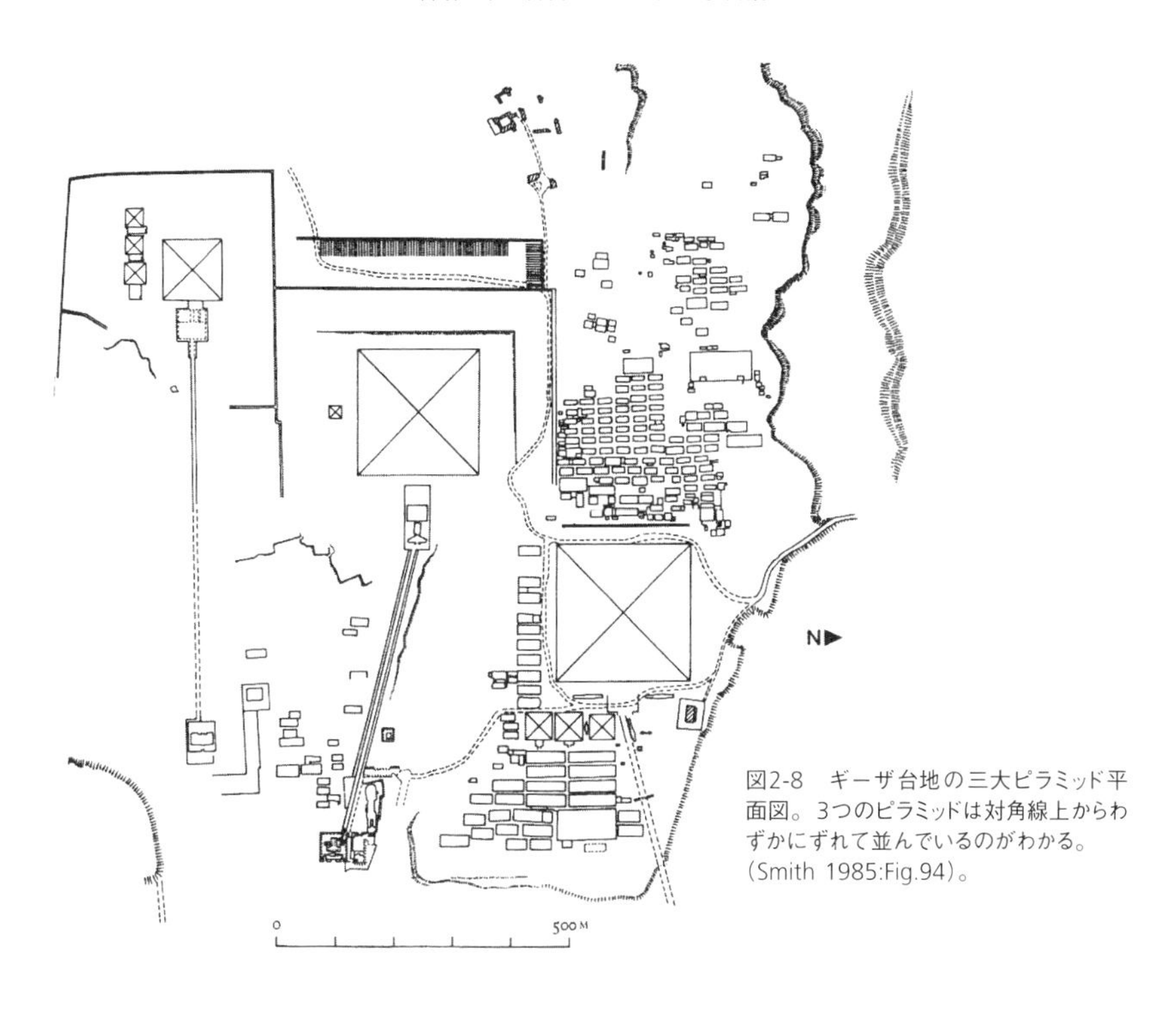

図2-8　ギーザ台地の三大ピラミッド平面図。3つのピラミッドは対角線上からわずかにずれて並んでいるのがわかる。(Smith 1985:Fig.94)。

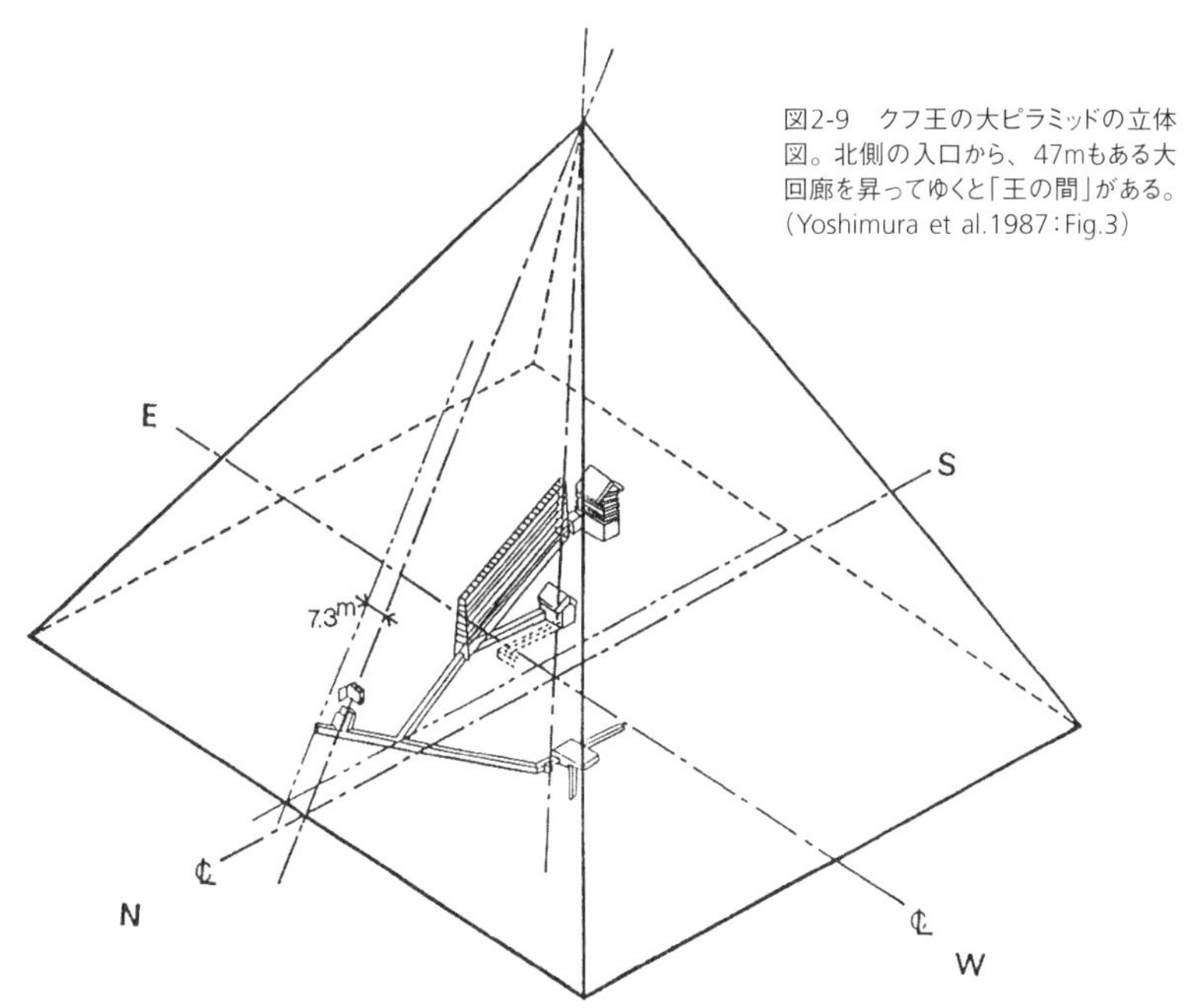

図2-9　クフ王の大ピラミッドの立体図。北側の入口から、47mもある大回廊を昇ってゆくと「王の間」がある。(Yoshimura et al.1987：Fig.3)

ることから「オリオン・ミステリー」という説が出されました。第一、二、三ピラミッドに対応するオリオン座の三ツ星は、それぞれ順にζ星、ε星、δ星となり、それらの星の光度は、一・七六等、一・七〇等、二・二二等です。しかし、ピラミッドの規模とくらべてみると、最も規模の小さな第三ピラミッドに対応するδ星が、それほど暗くないのが気になります。

古代エジプトでは、オリオン座の三ツ星は「サフ」という名の星座で、シリウスを指し示す役割を果たしていました。もし三大ピラミッドがオリオン座の三ツ星、つまりサフの星座を地上に表現したものであれば、シリウスに対応する場所に、重要な記念物が存在しているはずですが、そうした事実もありません。三ツ星の光度と三大ピラミッドの規模の不一致などからも、オリオン・ミステリーの仮説を受け入れることはできません。[※1]

オリオン・ミステリーの仮説の根拠となっている三大ピラミッドの配置に関して、第一ピラミッドと第二ピラミッドは、二つの対角線がほぼ直線になるように建設されていますが、第三ピラミッドの中心は南東にずれています。しかし、三基のピラミッドの南東のコーナーは、ほぼ直線上に位置しています。このことから、当初、第三ピラミッドも第一、二ピラミッドと同じ規模として計画されたとも推定できます。実際には、何らかの状況で第三ピラミッドは、極端に規模の小さいものとなってしまいました。それでは、アル＝ギーザの三大ピラミッドは、何のために北東から南西に向けて直線になるように、配置されようとしていたのでしょうか？　答えは、非常にシンプルなものです。第一ピラミッドと第二ピラミッドの頂点を結び、北東方向へと延長していくと、古代エジプトの太陽信仰の崇拝の中心地であるヘリオポリス(古代名イウヌウまたはオン)の方向にあたっています。このことは、アル＝ギーザの三大ピラミッドと太陽信仰の中心地ヘリオポリスとの強い結び付きを示しているのです。

余談ですがクフ王の大ピラミッドの建設責任者は、宰相のヘムオンという人物でしたが、彼の名のヘムオンとは、直訳すると「ヘリオポリス(オン)の下僕」という意味を持つことから、太陽神官だった可能性があり、ヘリオポリスとの強い関係を感じさせます。

クフ王の大ピラミッド(五七頁 図2-9)の内部には、「地下の間」、「王妃の間」、「王の間」と三つの埋葬室がありますが、王の埋葬の痕跡を示すものは、現在までのところ発見されていません。これら三つの部屋と「大回廊」とよばれる高さ八・五メートル、幅二メートル、長さ四七メートルもある巨大な空間は、エジプトのピラミッドでは、唯一の例外的な構造となっており、王の埋葬場所というよりは、王の葬送儀礼のための象徴的空間であると考えられます。

また、ピラミッドの北側にある建造当初の入口が、中心線よりも七・三メートルも東に寄っていることは、注目すべきことです。なぜ中央ではなく東に寄せて作られたのか、その理由は不明です。王の間と王妃の間からは、それぞれ二本ずつ、合計四本の「通気孔」と称される小さな通路が存在していますが、これらの小通路はピラミッドの外部には通じておらず、途中に小さな扉があることが、近年の調査によって判明しています。

ピラミッドは、古代エジプトの象徴的な建造物です。そして、時代とともに、その用途も変化しています。古王国第五王朝最後の支配者であるウニス王(ウナスともよばれる。

在位：前二三四二～二三二二年ごろ）のピラミッドの内部には、初めてヒエログリフによるピラミッド・テキストが刻されていました。また、第六王朝のピラミッドからは、王の遺体を埋葬した痕跡と考えられるものも発見されています。

エジプトの五芒星は天に輝くヒトデ

古代の人々は夜空に輝く星ぼしを見上げながら何を思っていたのでしょうか？　現在では、私たちは夜空の星を「☆」の形で表すことが多いと思います。なぜ、星をこの形で描くのでしょうか？　このことに関して、これまで多くの人々が疑問を提示してきました。

一般に「☆」の形は、五つの尖端があることから「五芒星」の名でよばれ、英語では「ペンタグラム（pentagram）」といわれています。星を「☆」の形で表すようになった理由について、残念ながら、これまで、明快な答えは示されてきませんでした。「人間の瞳の虹彩の形がギザギザしているため、星をギザギザしたものとして認識するから」とか、あるいは、「星を見るときに、まつ毛を通して目視するので、星が光の線を放って認識されるから」とか、さまざまな意見が出されています。しかしながら、こうした意見は、星が「☆」の形のように見える理由についてのべているだけで、「☆」の形が何に由来しているかを説明しているものではありません。古代エジプトにおける「☆」の形の起源と展開について例をあげながら説明してみましょう。

最古の星を表すヒエログリフ

古代エジプトでは、紀元前三〇〇〇年ころに統一王朝が樹立されましたが、それより少し前の、前三一〇〇年ころのものと思われる最古のヒエログリフ(聖刻文字)が、アビュドス遺跡から発見されています。

一般的には象形文字として紹介されることが多い古代エジプト独自の文字体系は、動物(鳥や獣)や植物、人や建物、道具などを表現したものですが、それぞれの文字記号には音価があり、表音文字としての働きがありました。文字の総数も、中王国時代から新王国時代にかけて、普通に使われていた中エジプト語において、約七〇〇種類ほどあり、これは、日本の義務教育で学ぶ当用漢字よりも、やや少ない数になります。

星を表す最古のヒエログリフの例は、アビュドス遺跡から発見されたもの(図2−10)で、第一王朝のアジュイブ王(在位：前二八六五〜二八六〇年ごろ)のワイン壺に封をするための粘土に押された印章にあります。

粘土の表面には、ハヤブサの形で表されるホルス神をいただく王名(ホルス名：ホルス神の化身である王の名)と、周囲が波形で囲まれた楕円形の中に文字の記されたものが交互に並んでいます。上部にホルス神(ハヤブサ)がとまる四角い枠は、古代エジプトでセレク(王名枠)とよばれるもので、宮殿の正面を図案化したものとされています。四角の中には、王の名前(アジュイブ)が書かれています。左から二番目にある楕円の枠の中にある文字は地名を表すとされており、壷の中に入れられたワインを生産した果樹園の名前(ある

図2-10　アビュドス遺跡で発見された、粘土に押された印。
左より2番目のヒエログリフの「☆」形の記号が、星を表す最古のヒエログリフである。

写真2-11　ウニス王のピラミッド内部。壁面には「ピラミッド・テキスト」とよばれる約800の呪文が記されている。天井には一面に星が描かれ、夜空、および冥界を表している。

◀写真2-12　サッカラにある第6王朝ペピ1世（前2300年ころ）のピラミッドに描かれたヒトデ形の星。ピラミッド本体と河岸神殿を結ぶ参道の天井一面にこのような星が描かれている（写真資料 118ページ参照）。

いは果樹園のある土地の地名)と考えられています。この地名は未だ不明です。

この果樹園のヒエログリフは、「ホル・セバ・ケ(ト)」と読むことができますが、この真ん中の文字記号が「☆」となっています。おそらく最も古い時期に属する星を表す文字です。中央に丸い円があり、五本の腕の出た記号となっています。

古王国時代の星の表現

古代エジプトでは、古王国第三王朝時代にピラミッドが誕生しました。初期には、ピラミッドの内部に碑文や壁画などはまったく描かれていませんでしたが、第五王朝の最後の王であるウニス王のとき(在位：前二三四二～二三二二年ころ)に「ピラミッド・テキスト」とよばれる碑文が初めて記されるようになりました(写真2－11)。

ピラミッド内部の玄室とよばれる王の巨大な石棺が置かれた部屋の壁面に、テキストが刻まれています。ピラミッド・テキストは、約八〇〇にのぼる呪

文が集められたもので、冥界で死んだ王を助けるために記されているとされています。部屋の天井には、一面に星が記されています。多数の星を配置することで、夜空を表現するとともに、冥界を象徴しているのです。

ピラミッド・テキストが記されるようになる古王国第五・六王朝時代には、ピラミッド本体と河岸神殿とを結ぶ参道の天井には、一面に星が記されていました(前頁 写真2−12)。これらの星を詳しく見ると、中央に小さい円が描かれ、また、腕の部分には三本ほどのシワが描かれているものも存在しています。これは、中央の円がヒトデの口で、腕の端のシワが触手を表現していると考えられています。つまり、古代エジプトの星を表した「☆」の形は、ヒトデを描いたものと見られているのです。

海に棲むヒトデは、通常、五本の指があることから「人手」と漢字で書かれます。ヒトデは、刺のある皮をもった動物という意味で、刺皮動物とよばれています。ウニやナマコも同じ仲間です。ヒトデは、漢字では「海星」とも書かれます。英語でも「starfish」、あるいは「sea star」とよばれています。フランス語でも同じく「étoile de mer」(海の星)と表現されています。古代エジプト人は、紅海に棲むヒトデを見て、星を表す文字(ヒエログリフ)として、この形を採用したと考えられます。

新王国時代の星、王家の谷の星

第一章のシリウスの話の中でも紹介した、新王国第一八王朝時代のセンエンムウト(前一四六〇年ころ)墓に描かれたオリオンの三ツ星のように古王国時代のヒトデ形に類似し

写真2-13　新王国時代の神殿や王墓の天井には、夜空を表現した濃紺色の天井に黄色い星が一面に描かれている。写真は第18王朝ホルエムヘブ王墓。

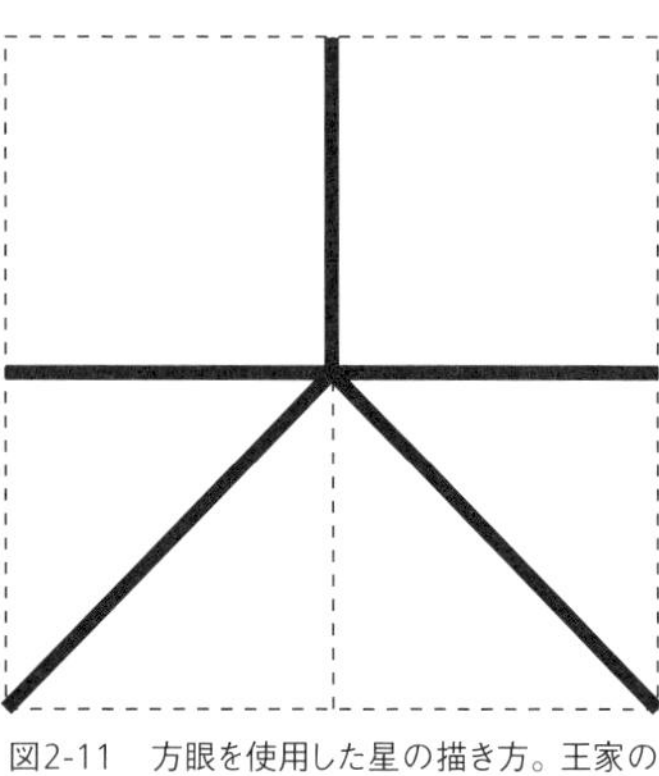

図2-11　方眼を使用した星の描き方。王家の谷の王墓の天井一面に整然と並べて星を描くために、このような方眼を使って描かれた。

た表現も見ることができます。

新王国時代の神殿の天井や王家の谷に造営された王の墓の天井にも、一面に星が描かれています。夜空を表現した濃紺の背景に黄色い星が並んでいます(前頁 写真2-13)。この星は、漢字の「大」の字によく似た形で描かれています。この形を天井一面に整然と描くためには方眼が利用されました(図2-11)。方眼を天井一面に引き、それをもとに「大」の字の星を描いていったのです。これは、ヒトデ形の星を効率よく描くための古代エジプト人の知恵です。

一方、同じ王家の谷にある新王国第一九王朝時代のセティ一世(在位:前一二九〇〜一二七九年ころ)王墓の天井に描かれた天体図(写真2-14)では、星は赤い丸で表現されています。こうした表現方法は、セティ一世王墓だけではなく、古代エジプトの天体表現で使用されています(写真2-15)。古代エジプト人は、夜空を冥界の象徴とも考えていました。無数の星ぼしを墓の天井に描くことで、暗い世界を照らすもの、という意味を込めたのです。ピラミッド・テキストには「王は死んで天に昇り、星となって永遠の生命を得た」という内容も記されています。また、新王国時代の王墓の内部には、王の死は「西の空に沈む太陽」にもなぞらえられました。夜の世界で西から東へと移動して、翌朝に東の空から再生して日の出をする、そうした物語も描かれました。これらのことからもわかる

写真2-14　セティ1世王墓の天体図（新王国第19王朝時代）。星座の中に記された丸印が星を表している。古代エジプトでは、このように丸印（赤色）で星を描いていることも多い。

写真2-15　王家の谷の王墓の天井の星。星は漢字の「大」の字に似た形で描かれている。

ように、王墓の天井に描かれた星とは、夜の世界を表わしていたのです。海に住むヒトデの形を星を表すものとして使った古代エジプト人の想像力に思いを馳せてみることも楽しいことです。

※1　オリオン・ミステリーに関する論評は、「巨大ピラミッドとオリオン信仰の謎」、『謎の超古代文明と宇宙考古学』、別冊歴史読本三三号、新人物往来社、一九九六年　近藤二郎に詳しい。

★

第3章

古代エジプトの星座

――北天の星座

北天の星座——不滅の星ぼし

私たちが、現在使用している星座は、紀元後二世紀にエジプトのアレクサンドリアで活躍したギリシア人の天文学者、クラウディオス・プトレマイオス（紀元後九〇年ころ〜後一六八年ころ）が、古代ギリシアの星座をまとめた「プトレマイオス（トレミーは英語読み）の四八星座」に由来しています。

これらの星座は、メソポタミアや古代ギリシア起源のものでしたが、現在では、古代エジプト人も固有の星座を作っていたことがわかっています。そうした古代エジプト固有の星座の中で北天の星座について紹介してみましょう。

新王国時代の王の墓や神殿の天井には、北天の星座が描かれています。これらの星ぼしは、古代エジプト語で「イケムウ・セク」とよばれ、その意味は「死なない星ぼし」、「不滅の星ぼし」と翻訳されるものです。そのため、これまで、この語が地平線下に没することのない「北天の周極星」を表すものと一般に考えられています。北天の星座が墓に描かれたものとしては、新王国第一八王朝のハトシェプスト時代（紀元前一四六〇年ころ）のセンエンムウトの墓が現存する最古のものです（図３－１）。彼の岩窟墓は、テーベ西岸のデイール・アル＝バハリのハトシェプスト女王葬祭殿の地下に墓が位置するように長い通路を持つ構造で穿たれています。

◀図3-1　センエンムウト墓の北天図。中央のポールの先端にある牛が北斗七星を表す「メスケティウ」である。現存するものでは最古の北天の星座を基に描いた図。（Dorman,Peter F.The Tombs of Senenmut：The Architecture and Decoration of Tombs71 and 353,New York.1991）

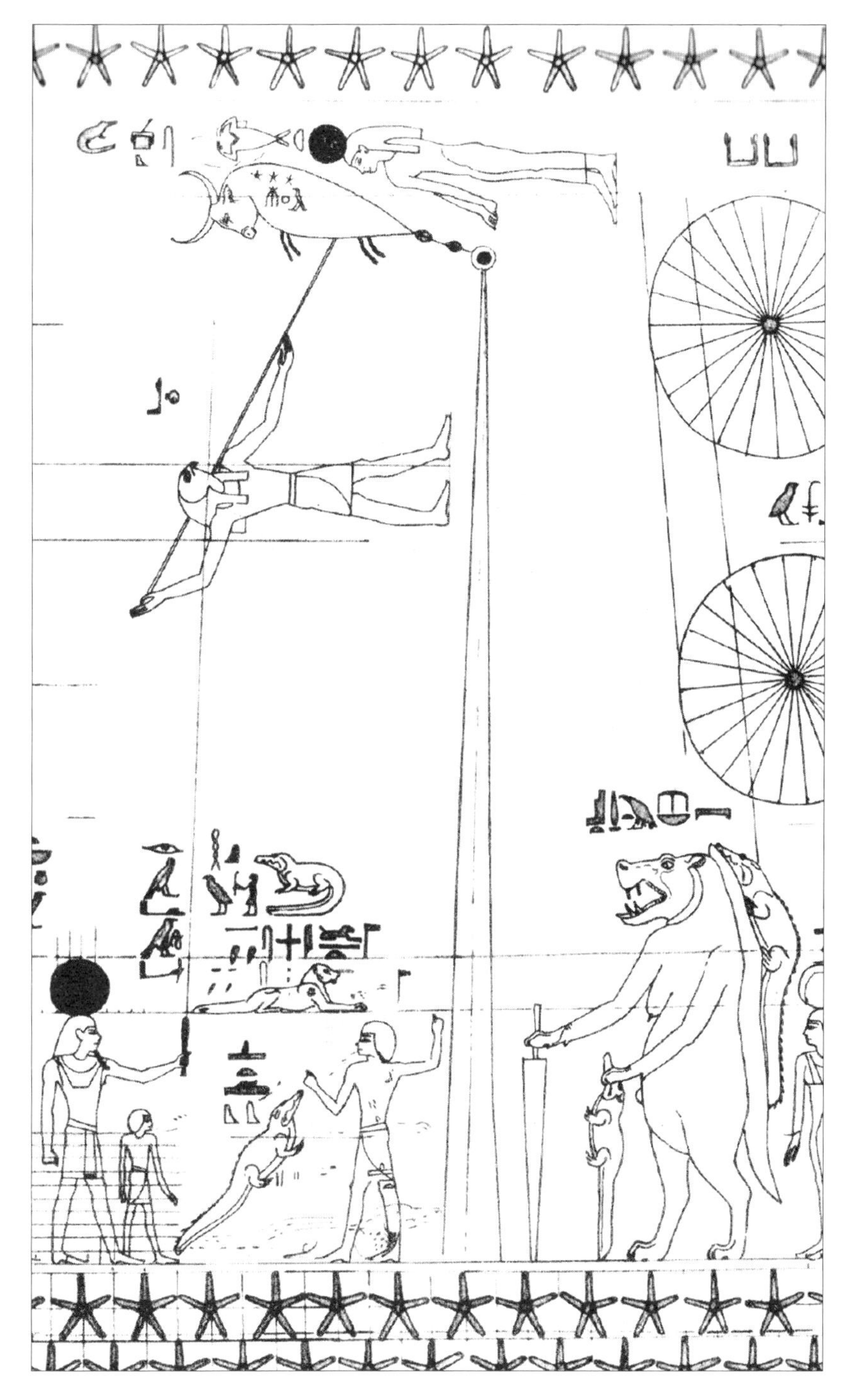

さて、センエンムウト墓の北天図を見ると、中央にあるポールの先端に足が短い牡牛が描かれています。この牡牛の背後には、日輪を頭にのせたセレケト女神が、下にはハヤブサの頭をして牛を刺す姿勢の人物が位置しています。頭部の横に書かれたヒエログリフから「アヌウ」という名の星座であることがわかります。そして、ポールの右には、ワニを背負い、「メレケト」(第一章 図1-4参照)という天文観測道具とワニを手に持って立つ牝のカバがおり、ポールの左には寝そべるライオンやワニ、人物像などが描かれています。

こうした北天図は、その後、王家の谷の王墓の天井に描かれていきました。中でも、第一九王朝のセティ一世王墓の玄室天井のもの(第二章 写真2-14参照)が有名です。図3-1と第二章 写真2-14の北天図をくらべてみると、ほぼ同じ図像が描かれていることはわかりますが、その位置関係は必ずしも正確に一致していません。つまり、セティ一世墓の北天図の星をたどって現在の星座と同定する作業をしても、あまり意味のないことなのです。こうしたことが、古代エジプト固有の星座が現在の私たちのどの星座にあたるかを見きわめることを困難にしています。

さらに問題を複雑にしているものに、第一九王朝セティ二世の王妃で第一九王朝最後の支配者となったタウセレト女王(在位:前一一九四年~一一八六年ころ)の墓の天井に描かれた北天図(図3-2)の存在があります。

このタウセレト女王墓の北天図は、セティ一世王墓のものと左右裏返しに描かれています。しかし、なぜ裏返しに描かれているのでしょうか?

王家の谷では、その後も第二〇王朝の王墓にも北天図は描かれ続けます。写真3-1の第二〇王朝ラメセス六世王墓の北天図は、中央の牛がセンエンムウト墓の牛とよく似ていますが、全体の構図は、セティ一世王墓の北天図とほぼ同じです。では、タウセレト女王墓の北天図は間違って描かれたものなのでしょうか？　じつは、どうもタウセレト女王墓の北天図が正しいと思われているのです。

　現在、パリのルーヴル美術館に展示されている、エジプトのデンデラにあったハトホル神殿の天体図は、プトレマイオス朝最後の支配者クレオパトラ女王（七世）の治世下（紀元前五〇年ころ）に作られたもので、古代エジプトの固

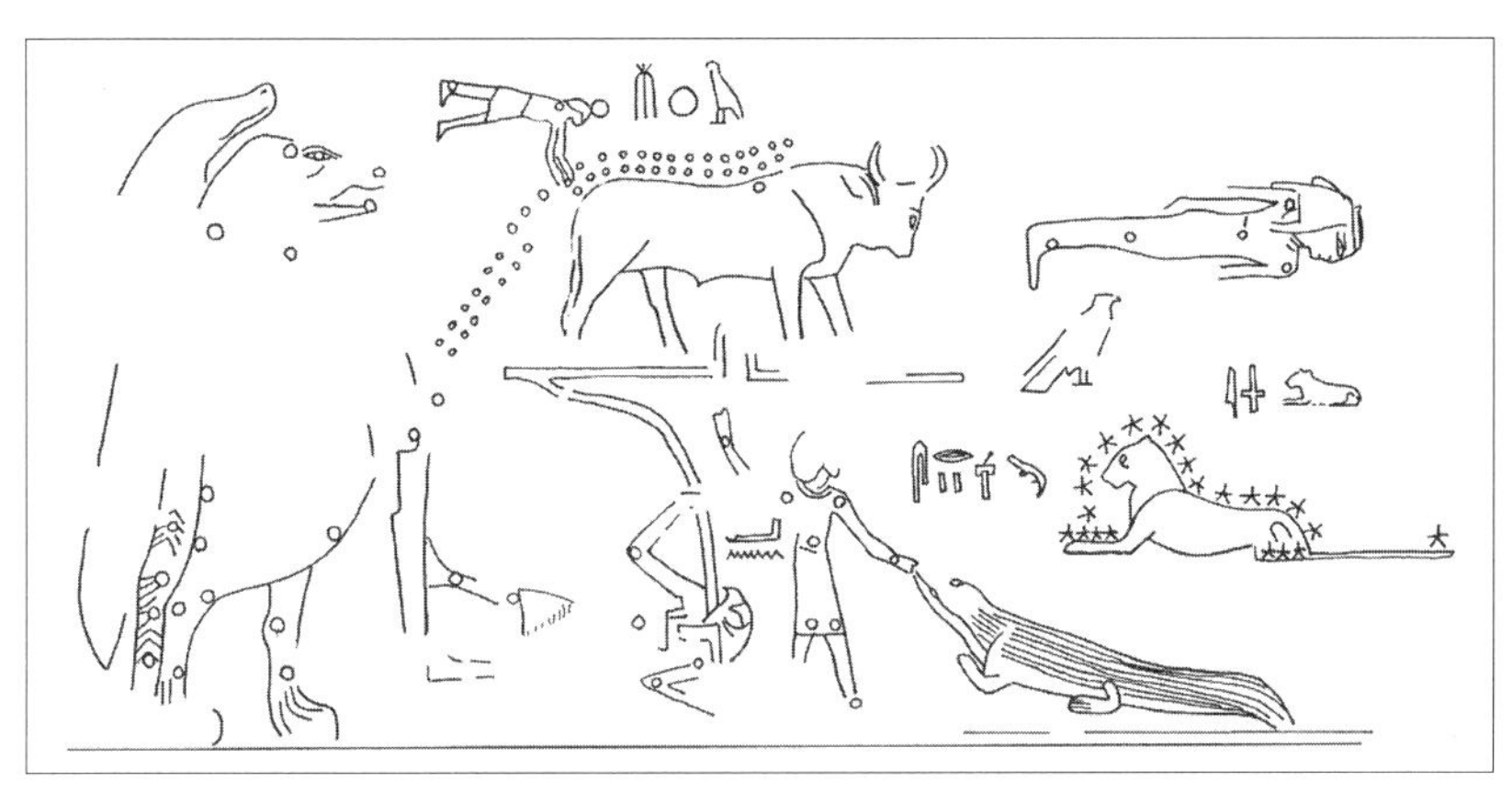

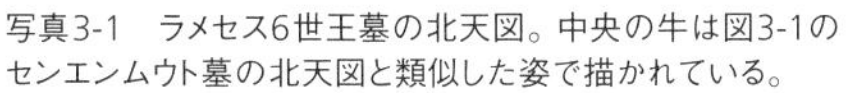

図3-2　タウセレト女王墓の北天図。第2章写真2-14のセティ１世王墓の北天図とは、鏡に映したように左右逆転した姿で描かれている。

写真3-1　ラメセス6世王墓の北天図。中央の牛は図3-1のセンエンムウト墓の北天図と類似した姿で描かれている。

有の星座と、私たちが現在も使用しているメソポタミア起源の黄道一二宮(獣帯)が、一緒に描かれているヘレニズム時代の貴重な天文資料です。

この天体図については、あらためて後述します。デンデラの天体図の中央(天の北極)付近には北天の星座が描かれています(図3-3)。これを見るとカバの図像は、タウセレト女王墓の北天図と同じ向きに描かれています。デンデラの天体図に描かれた星座の位置は、ほぼ正確と考えられており、カバの前の牛の前脚が、他の北天図の牡牛の星座にあたる現在の北斗七星(古代名「メスケティウ」)とよばれる星座であるとされています。

北斗七星を表すメスケティウ

北天の星座の中で、現在までのところ確実に同定できる星座が「メスケティウ」です。メスケティウは北斗七星を表しているとされています。

第一中間期(紀元前二一四五年〜二〇二五年ころ)の木棺の蓋に描かれたものが現存する最古の資料です。写真3-2はアシュート出土の「ケティ」という人物の木棺で第一中間期から中王国時代に属するものと考えられています。そこに描かれたメスケティウはデンデラの天体図と同じように牛の前脚の姿をとっています。古代エジプトでは、牡牛の前脚は最上の供物でした。前脚の左側には図3-4のような縦書きのヒエログリフで「メスケティウ・エム・ペト・メヘテト(北天のメスケティウ)」と記されています。

このようにメスケティウは、第一中間期や中王国時代には牛の前脚として、その後、新王国時代には牡牛の姿で、最後のプトレマイオス朝時代には再び牛の前脚として表されて

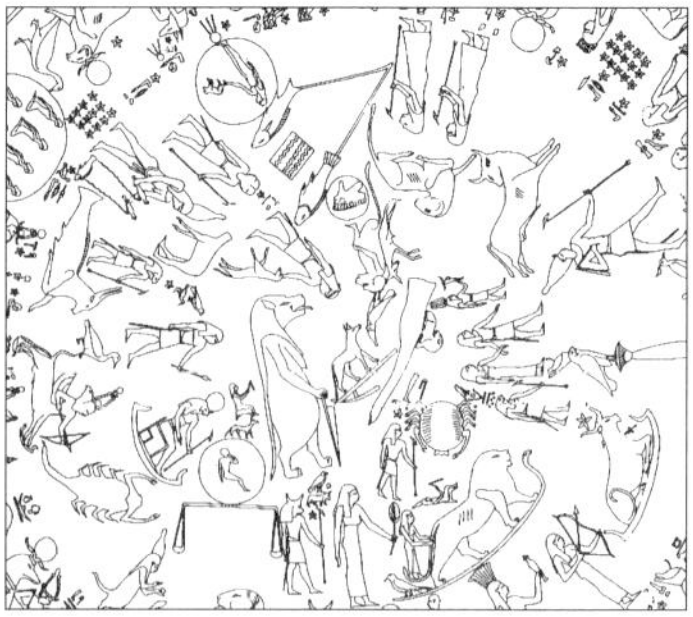

図3-3 デンデラのハトホル神殿の天体図。古代エジプト固有の星座と、現在の私たちにもなじみのあるメソポタミア起源の黄道12宮が一緒に描かれている。中央に北天図のカバと牛の前脚が見られる。その右には、おうし座、ふたご座、かに座、しし座などの黄道12宮を見ることができる。

写真3-2　第1中間期～中王国時代のケティの木棺の蓋。北斗七星を表すとされる「メスケティウ」が牛の前脚として描かれている。

図3-4　図3-4の木棺の蓋の中央に描かれたヒエログリフ。「北天のメスケティウ」と読める。

写真3-3　センエンムウト墓の天井に描かれた北天図。メスケティウ（北斗七星）を表す牡牛の前脚は極端に短く描かれている。古代エジプトでは、歳差運動の影響で、北斗七星が周極星として一晩中見えていた（写真資料 114ページ参照）。

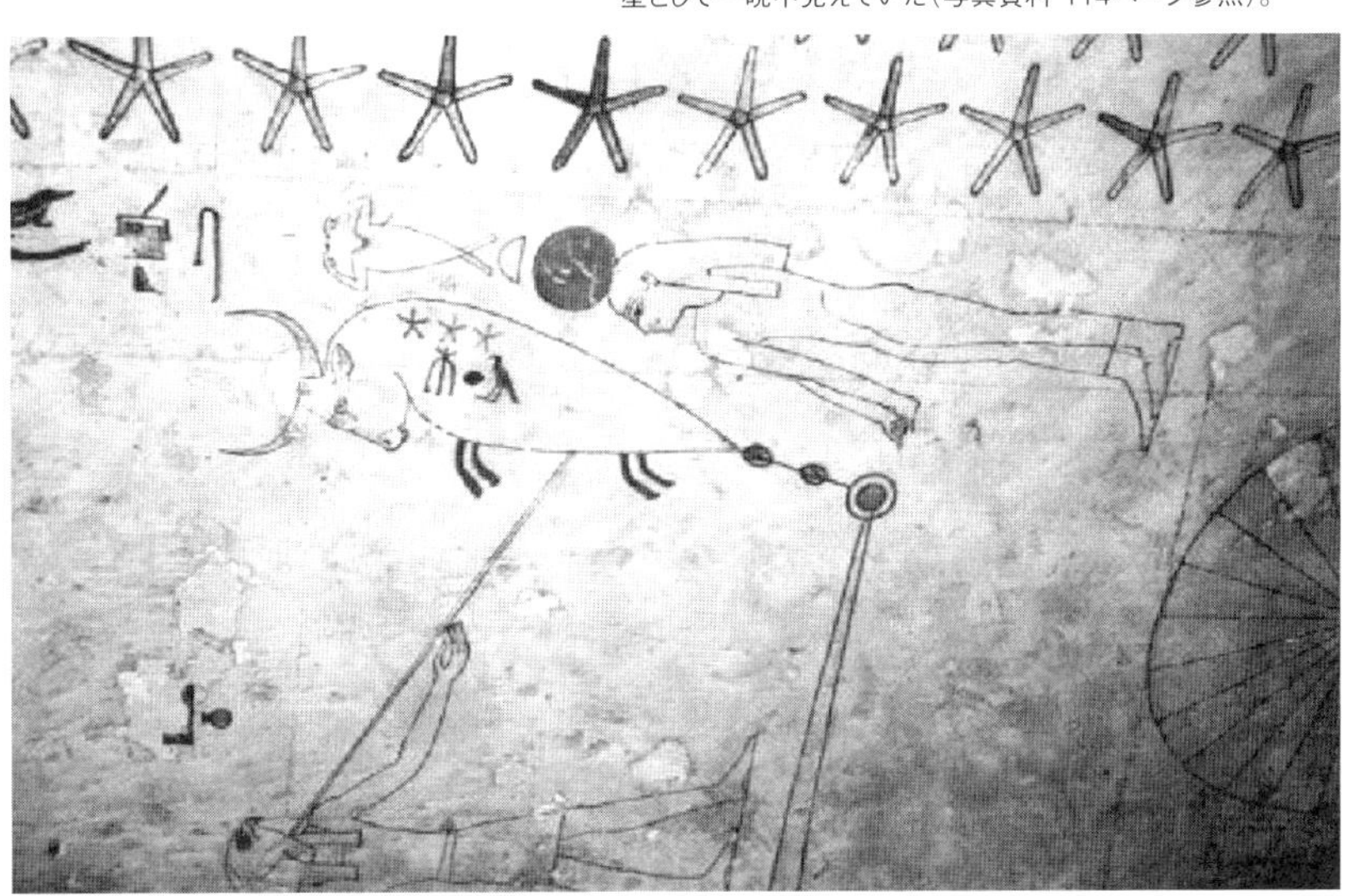

おり、古代エジプトの星座の中でも特別に重要なものでした。
前頁 写真3-3は、センエンムウト墓の天井に描かれたメスケティウです。足が極端に短く表現された牡牛は、一般に「発育不全の牡牛」とよばれています。古代エジプトでは、歳差運動の影響で、北斗七星が北の空に周極星として一晩中見えていたのでした。

古代エジプトの星座の同定

古代エジプト人が考案した固有の星座の中で、これまでに現在の星座と確実に同定されているものとしては、北斗七星を表すメスケティウなど、わずかな星座があるだけです。北天図に描かれたカバやワニ、ライオンなど特徴的な図像を持つ星座が、どの星ぼしと対応するかについては、これまで多くの研究者たちによってさまざまな説が提示されてきました。
「エジプト考古学の父」とよばれた有名なイギリス人の研究者であるフリンダース・ピートリ(Flinders Petrie)による星座の同定(図3-5)では、メスケティウを北斗七星としながらも、カバの星座を非常に巨大なものと考え、天文観測道具の「メレケト」(ピートリはMENAT＝メナトと記している)をおさえている手の部分にうしかい座α星のアルクトゥルス、そしてメレケト棒の下端部におとめ座α星のスピカ、カバの尻尾の先にさそり座α星のアンタレス、カバに背負われたワニの眼をこと座α星のベガとしています。

◀図3-5 ピートリの描いた古代エジプトの北天図。カバの姿で表される星座を広大なものと考えていた。
(Petrie, F. Wisdom of the Egyptians, London, 1940, Fig.IVを筆者改変)

しかし、一等星を結んで考えた、このピートリによる同定は、無理がありすぎるように思えてなりません。おそらく、ピートリ自身は、星空を実際に眺めたことがなかったのでしょう。こと座からさそり座まで天の川にそって広がる巨大な星座の存在などを考えることは、とても困難なことです。

ピートリによる星座の同定は、相当無理があるものでしたが、最近でもさまざまな同定が行われています。一九九七年にアメリカのドナルド・エッツ（Donald M. Etz）は、古代エジプトの王墓や貴族の墓に描かれた多くの北天図を詳細に検討することで、新たな説を発表しています。エッツは、とくにセンエンムウト墓の北天図をメスケティウの端の星、すなわち、おおぐま座μ星がもっとも高い位置にあるとき（真北に達したとき）を描いていると説明しています。そして、カバの星座をぎょしゃ座（Auriga）にあたるものとしており、墓の天井に描かれた北天図の星座を周極星だけに限定する考え方には反対しています。はたしてそうなのでしょうか？

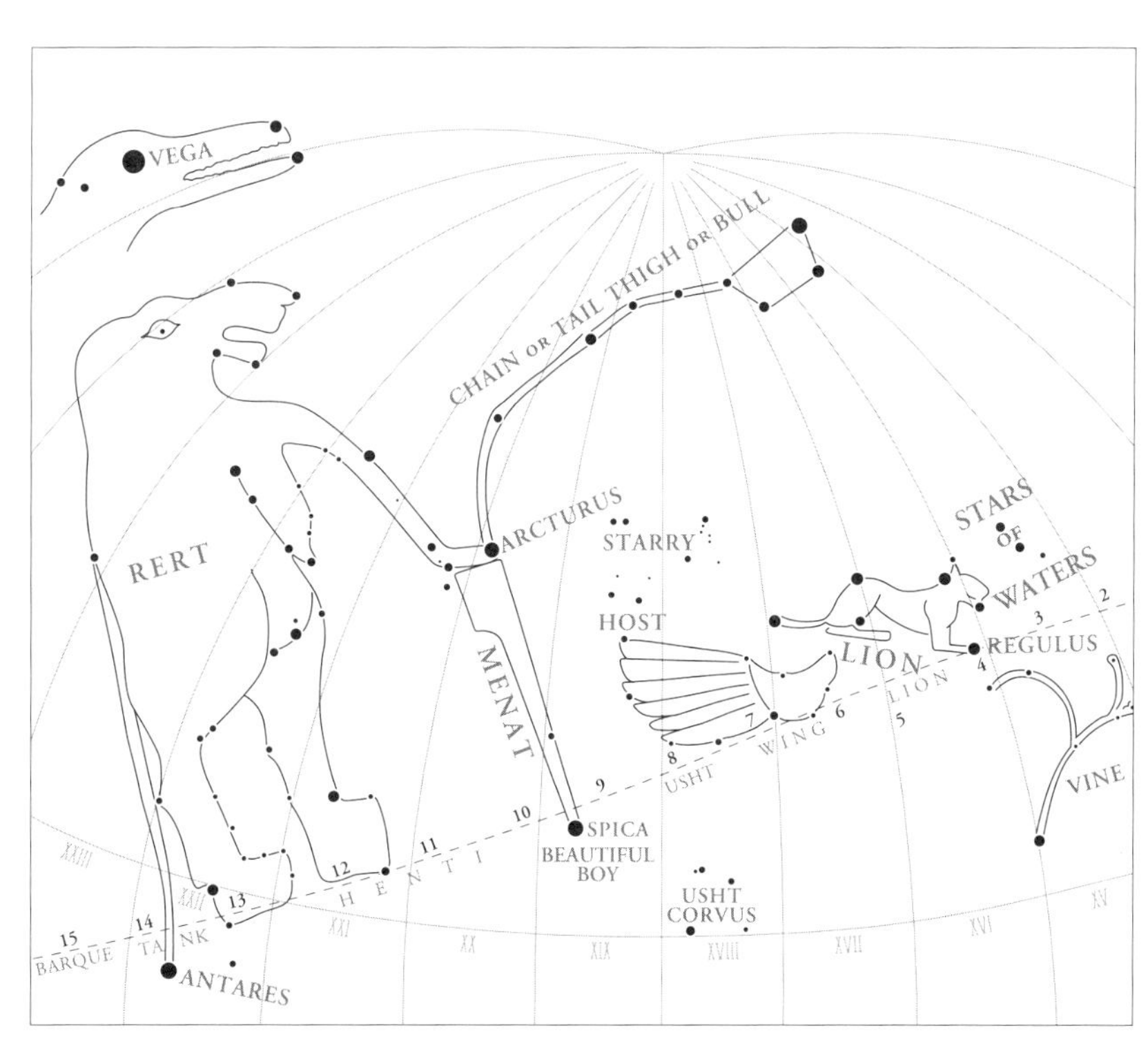

左右反対の北天図の謎

前節の北天図の説明で、新王国第一九王朝最後の支配者であったタウセレト女王墓（王家の谷・第一四号墓）の北天図（七三頁 図3－2）が、第一八王朝のセンエンムウト墓や第一九王朝のセティ一世墓（第二章 写真2－14・王家の谷・第一七号墓）などのよく知られた北天図とは左右が反対の図像で描かれていることを紹介しました。しかし、なぜ、左右が反転した北天図が存在するのでしょうか？ 実際に目に見える星空を表現した星座はどちらのものなのでしょうか？

星座の位置が左右反転する北天図が存在する理由としては、これらの星座が天の北極を中心に回転することから、一八〇度位置を変えた姿を写した結果であると考えています。北天で位置関係が一八〇度異なって見ることができれば、必ずしも周極星に限定する必要はありませんが、北の空を見たときに視野に充分入るような高位度の星ぼしが候補になることはいうまでもありません。そして、このことからも前にのべたピートリの同定はあてはまらないといえます。

さらに、古代エジプト美術の表現として、逆立ちした姿で描くことを避ける傾向があった、ということも考慮しなければなりません。

これらのことからも、私たちは古代エジプト人の考えた星座を、これまで以上に慎重に同定していく必要があります。実際に見えたままの姿で描かれているのか、あるいは、古代エジプト美術の表現として実際の姿と異なって描かれているのか、こうした問題が、古代エジプト固有の星座が、私たちの知っているどの星座にあたるのかをこれまでなかなか定めることができなかった原因の一つだと思います。

ロヒャーの推定した北天図

アメリカの古代エジプトの天文学の研究家、アレクサンダー・ポゴ(Alexander Pogo)は、早くも一九三四年にはセンエンムウト墓の北天図に関する論文の中で、カバの星座を「りゅう座の星ぼし」と同定しています。また、近年になって、スイス人の研究者、クルト・ロヒャー（Kurt Locher）は、より具体的な形で古代エジプトの北天の星座の同定を行っています。ロヒャーの同定は、これまでの中でもっとも説得力があるように見えますが、まだ確実なものではありません。

次頁図3-7にロヒャーによる北天図の同定を示しました。前項で紹介したメスケティウは、現在の北斗七星で図の一番下に位置しています。前節で牛の前脚や牡牛の姿として描かれていることを紹介しましたが、この「メスケティウ」という言葉は、死後にミイラに対して行われた「口開けの儀式」の際に使われた手斧という大工道具(八一頁写真3-4)の名前でもありました。この道具と形が似ていることから、星座の名前としても使われるようになったのかもしれません。

図の上から二番目のカバの星座では、カバが手にしたメレケト棒は、こぐま座のβ星、γ星と、りゅう座のα星の三つを結ぶもので、その尖端部がりゅう座のα星トゥバーンとしています。古代エジプト時代には、歳差運動の影響でこの星が、天の北極に一番近い位

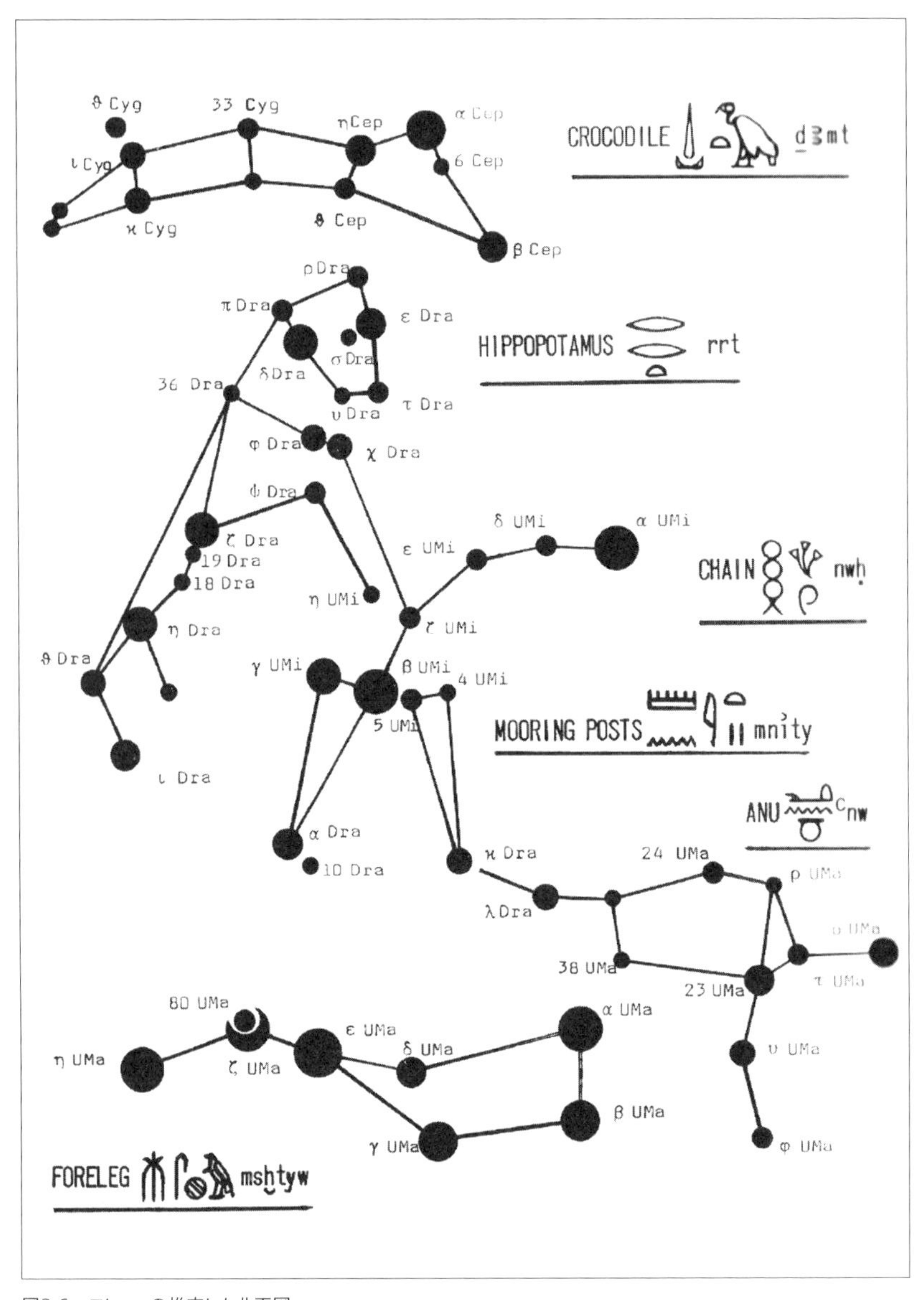

図3-6　ロヒャーの推定した北天図。
＊Cyg＝はくちょう座、Cep＝ケフェウス座、Dra＝りゅう座、UMi＝こぐま座、UMa＝おおぐま座
（Locher, K. Archaeoastronomy, No.9（JHA XVI）, 1985, p.152, Fig.Iを筆者改変）

置にあった当時の「北極星」でした。メレケト棒をこぐま座β星から上へ延長し、ζ星、ε星、δ星とたどり、こぐま座のα星である現在の北極星へと伸びる星ぼしは、ロヒャーはヌウフと書いている鎖(ヘヌウ)とよばれる星座でした。

ロヒャーが推定したカバの星座の頭部は、りゅう座のπ星、ρ星、ε星、τ星、υ星、δ星を結んだものです。そして、りゅう座のζ星、η星、θ星、ι星と続いていく星ぼしでカバの姿が描かれています。北天のカバの星座は、「レレト(rrt)」とよばれていたとされていますが、この名前については異論もあります。星を結んだ姿はまるでクマのように見えますが、古代エジプトには、クマはいませんでした。ナイル川流域には、少なくとも新王国時代まではカバが生息しており、カバの像やカバの女神が崇拝されていました。

エジプトのカバの女神である「タウレト女神」(図3-8)は、ギリシア語で「トゥエリス」とよばれる女神です。妊娠した牝のカバで、ライオン

写真3-4　現在の北斗七星にあたる古代エジプトの星座「メスケティウ」はミイラの「口開けの儀式」に使われる道具を指す言葉でもあった。写真は王家の谷の第18王朝ツタンカーメン王墓の壁画。ヒョウの毛皮をまとい手に持った手斧をツタンカーメン王のミイラ(左)に差し出し「口開けの儀式」をするアイ王(右)。手斧(ちょうな)の形は北斗のひしゃくの形に似ている(写真資料 119ページ参照)。

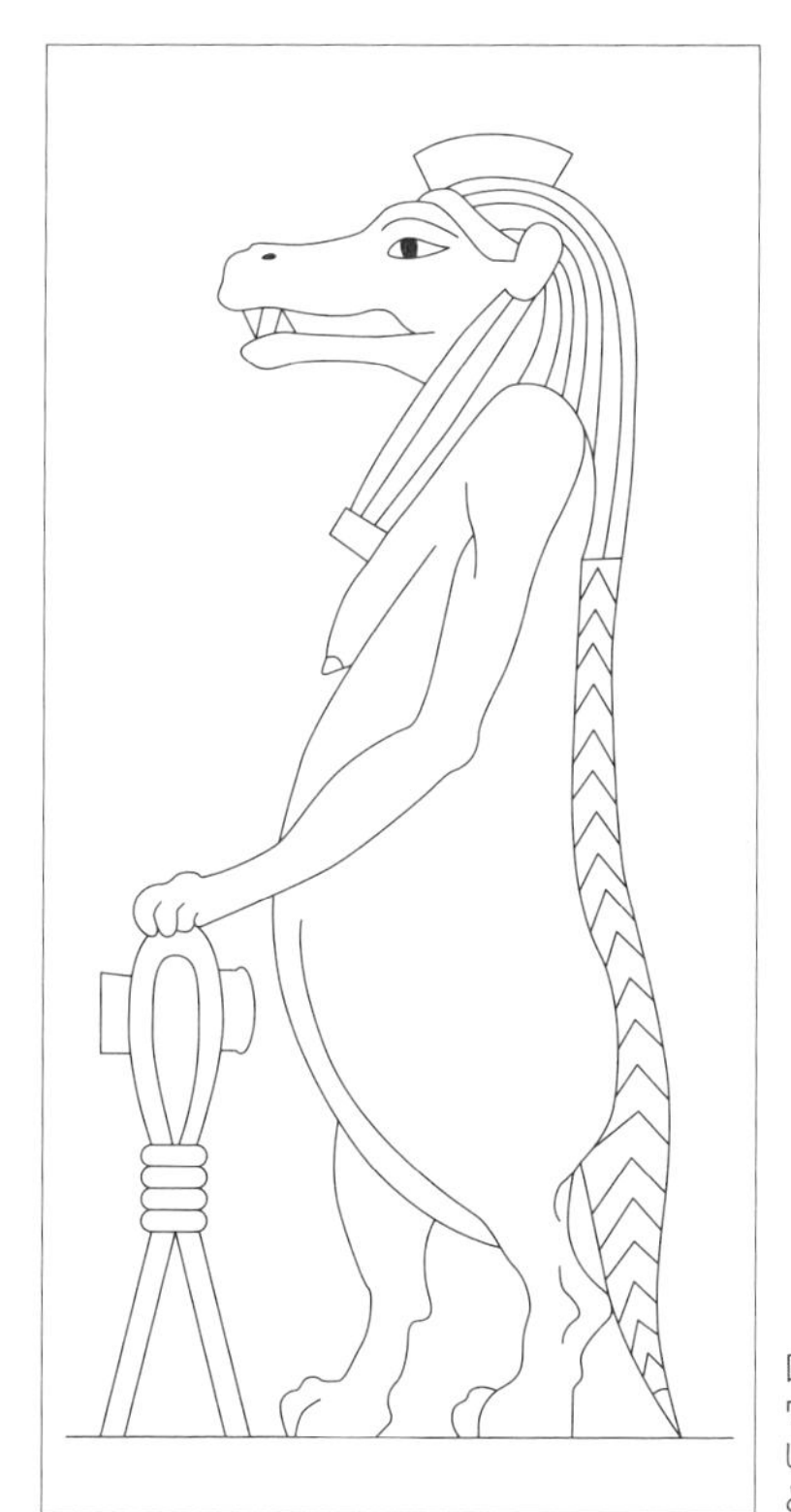

図3-7　タウレト女神(トゥエリス女神)。ワニの尻尾とライオンの後脚をした妊娠したカバの姿で描かれる。手には「サ」とよばれる保護の象徴を持つ。

の後脚とワニの尻尾を持つ姿で描かれており、「サ」とよばれる保護の象徴を手にしています。「タウレト」の名はエジプト語で「偉大なるもの(古代エジプト語でタ・ウレト)」の意味を持つ母なる女神で、妊娠と出産の保護女神として広く信仰されていました。とくに末期王朝時代には、この女神の姿を形どった数多くの彫像や護符が作られました。

また、カバの星座の上に位置する星座は、ワニを形どった星座で、ケフェウス座(CEPHEUS)と、はくちょう座(CYGNUS)の星ぼしからなっています。ワニの眼の部分の星が、ケフェウス座のα星で、ワニの口先部分にケフェウス座のβ星をあてています。ワニは、ナイル川流域に広く生息するナイルワニという種類の体長が五メートルを超える大型のワニで、エジプトでは一九世紀の初めまでは全土で普通に見られており、古代エジプトでは、セベク神という神として崇拝されていました。ワニの胴体は、はくちょう座の三三番星、ι星、κ星などを結んでいます。

メレケト棒の隣のこぐま座四番星と五番星、りゅう座κ星の三つで作られる小さな三角形の星座は、「メニティ」とよばれる星座で、船などをつなぐ「係留柱」を意味しています。この星座から伸びる位置にロヒャーは、「アヌウ」という名の星座を推定しています。「アヌウ」あるいは「アン」とよばれる星座は、ハヤブサの頭をした人物の姿をしたものです。センエンムウト墓のもの七一頁図3-1では、メスケティウの胴部に銛(もり)をかまえた姿で描かれています。係留柱(メニティ)から、りゅう座λ星へと伸びています。そして、おおぐま座二四番星、ρ星、三八番星と結び、おおぐま座のο星、τ星、二三番星、υ星、φ星によって構成されています。

ただし、このアヌウという星座に関してもロヒャーの同定とは異なるいくつかの説があります。一つはアヌウをやまねこ座（Lynx）とするものです。やまねこ座は三等星のα星以外はすべて四等星以下の暗い星座です。さらには、エッツのようにアヌウは星座ではなく、天体と関連する神を表したものではないかとする意見まで出されています。

古代エジプト固有の星座として描かれた動物やものなどは、ナイル川流域の環境や信仰などと強く結び付いているのです。

中王国時代の木棺の蓋に描かれた左右反転の星座

次頁の写真3－5は、アシュート遺跡出土の中王国時代の木棺の蓋の内側に描かれた図像です。木棺はイディという人物のもので、現在、ドイツのチュービンゲン大学博物館(Museum der Universität Tübingen)に所蔵されています。木棺の蓋の裏には、中央に北天と南天の星座が描かれており、向かって左手には、天の女神ヌウトと牛の前脚を象ったメスケティウ(北斗七星)が描かれ、一方、右手には、南天の星座であるオリオン座の三ツ星(サフ)とシリウス星が描かれています。

左右反転して描かれた北斗七星（メスケティウ）

まず、牛の前脚のメスケティウを見ていきましょう(八五頁 写真3－6)。イディの棺の

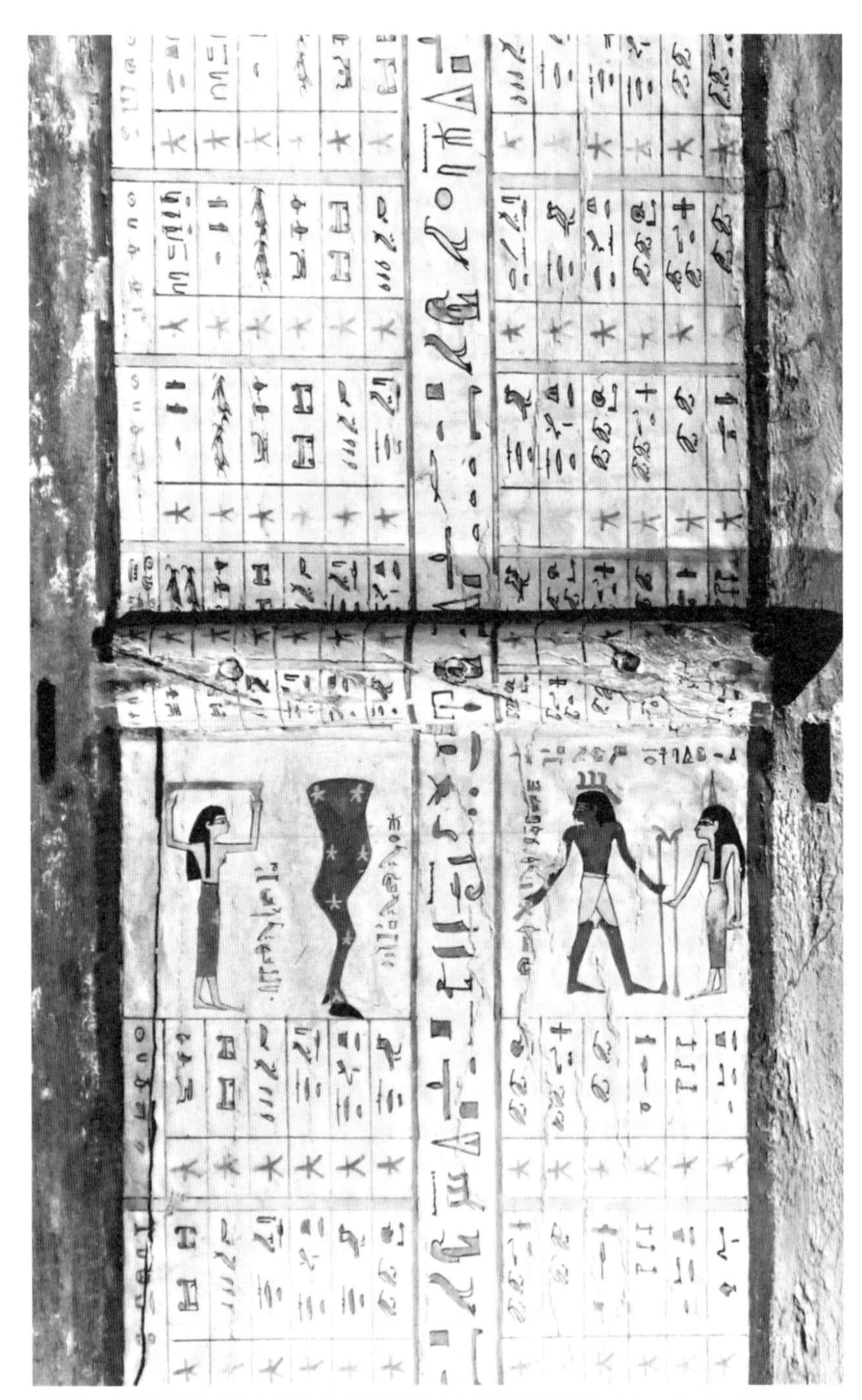

写真3-5　中王国時代のイディの木棺の蓋の裏側に描かれた北天と南天の星座。（チュービンゲン大学博物館蔵）

蓋には、牛の前脚が描かれており、内部に七つの星が示されています。これは北斗七星を表していますが、よく見ると、柄杓の柄の部分にあたる下から二番目の星(ミザール)が右側に飛び出しています。しかし、地上から見た実際の星空での並びは、ミザールは、柄杓の柄の部分を下にした場合、左側に飛び出した並びです。つまり、この木棺の蓋の裏側に描かれた図像は、写真3−6の左の写真を反転したように描かれているわけです。既に七八頁「左右反対の北天図の謎」で左右が反転した北天図の存在について取り上げましたが、イディの木棺に描かれた図像でも、メスケティウ(北斗七星)は、明らかに左右反転した姿で描かれています。天球儀では星座が左右反転して描かれますが、イディの木棺に描かれたメスケティウの描き方は、天球儀での描かれ方と共通しています。なぜ、このような描き方をしたのでしょうか。

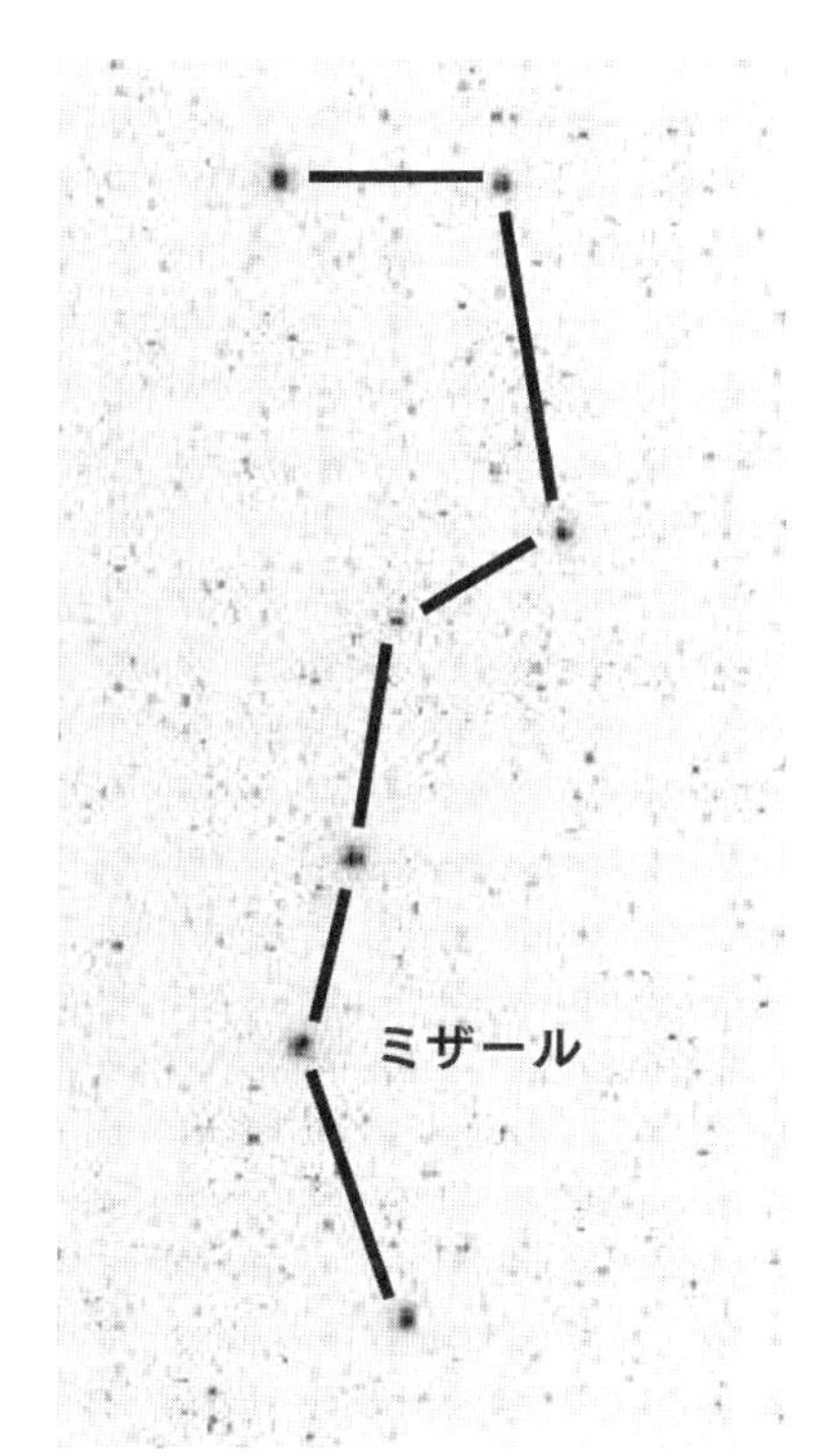

写真3-6　右はイディの木棺の蓋に描かれたメスケティウ(北斗七星)。左は実際の星空の北斗七星の写真をわかりやすいように白黒反転して示した画像。図像のメスケティウは実際の星空の並びと左右反転して描かれているのがわかる。

左右反転して描かれた南天の星座

こうした描き方は、北天の星座だけにあてはまるものではありません。イディの木棺の蓋に描かれた南天の星座であるオリオン座の三ツ星(サフ)とシリウス星(セプデト)の描き方からも、左右反転した姿であることがわかります。頭に三つの突起の頭飾りをつけた、向かって左側の人物が、オリオン座の三ツ星で表されたサフという星座です(写真3－7)。

古代エジプトでは、「セプデト(セペデト)」と言われたシリウス星は、女神として表現されています。この図像をよく見ると、頭に三角形が載せられています。この三角形は、ヒエログリフ(聖刻文字)で「セペド」と読み、「刺(とげ)」を意味します。シリウス星の明るい輝きを刺で表したのでしょう。シリウス星がオリオンの三ツ星の右側に位置しています。写真3－8は、オリオン座とシリウス星の画像と、それを左右反転したものです。中王国時代の木棺のサフ(オリオン座の三ツ星)とセプデト(シリウス)が左右反転した描き方であるのがわかります。

古代エジプト人が、左右反転した星座を描いた真の意味は、まだよくわかりませんが、おそらく、天球儀の星座と同じように、星座を地上から見るのではなく、天から見る、いわゆる「神の眼」のように、死者がいる来世(冥界)から見た星座の姿であったかもしれません。

写真3-7　イディの木棺の蓋に描かれたサフ（左）とセプデト（右）

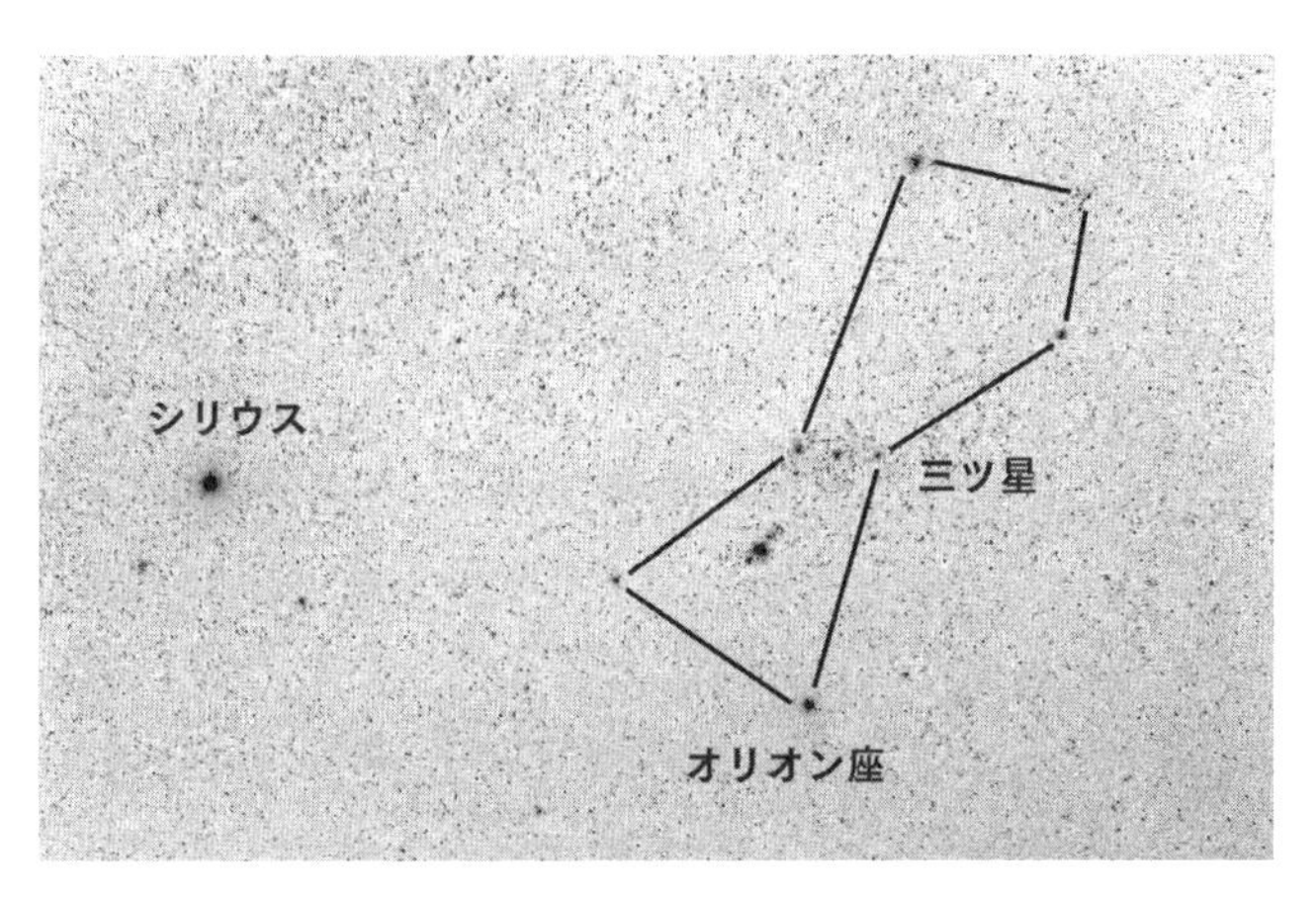

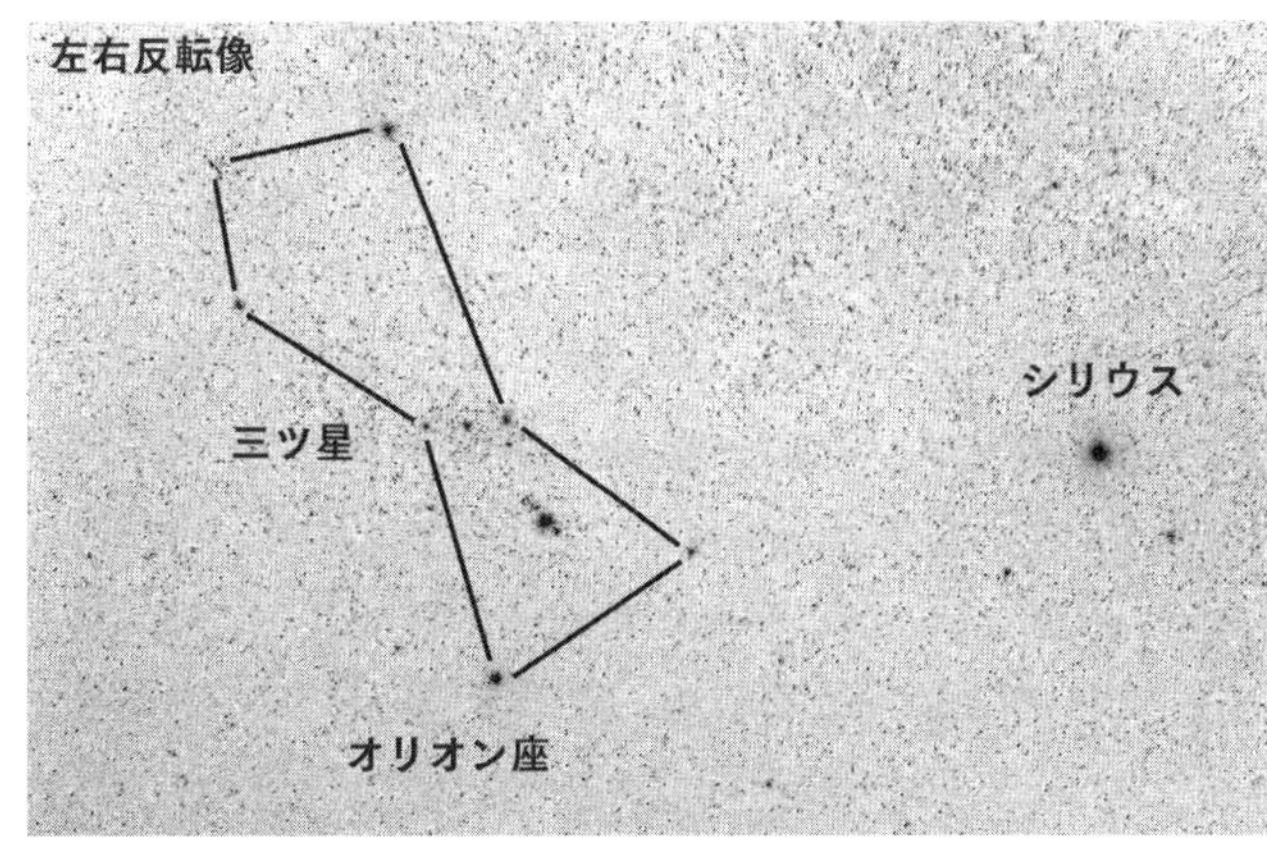

写真3-8　上は実際の星空のオリオン座とシリウスの写真（白黒反転）。下は同じ写真を左右反転して示した画像。

星を表すヒエログリフ

イケムウ・セク（北天の星ぼし）
イケムウ・ウレジュ（南天の星ぼし）

ヒエログリフ（エジプト聖刻文字）は、その文字の形から一般に「象形文字」といわれていますが、ほとんどの文字には「音価」があり、「表音文字」としての機能を持っています。

ヒエログリフは、紀元前3100年ころにエジプトで使われ始め、紀元後4世紀までじつに3500年間にわたって使用され続けました。ヒエログリフは時代とともに文法や文字の種類に変化があらわれますが、主に中王国時代から新王国時代にかけて使われた「中エジプト語」では、ヒエログリフの文字の種類が700ほどになります。

本章で紹介した「イケムウ・セク」という語は、北天の星ぼしを示す語でしたが、一方の南天の星に対しては、「イケムウ・ウレジュ」という語が使われました。この語は「疲れを知らない星ぼし」という意味です。また、現在の北斗七星に相当するとされる「メスケティウ」もそうですが、これらのヒエログリフによる表記には、複数の形が存在しています。

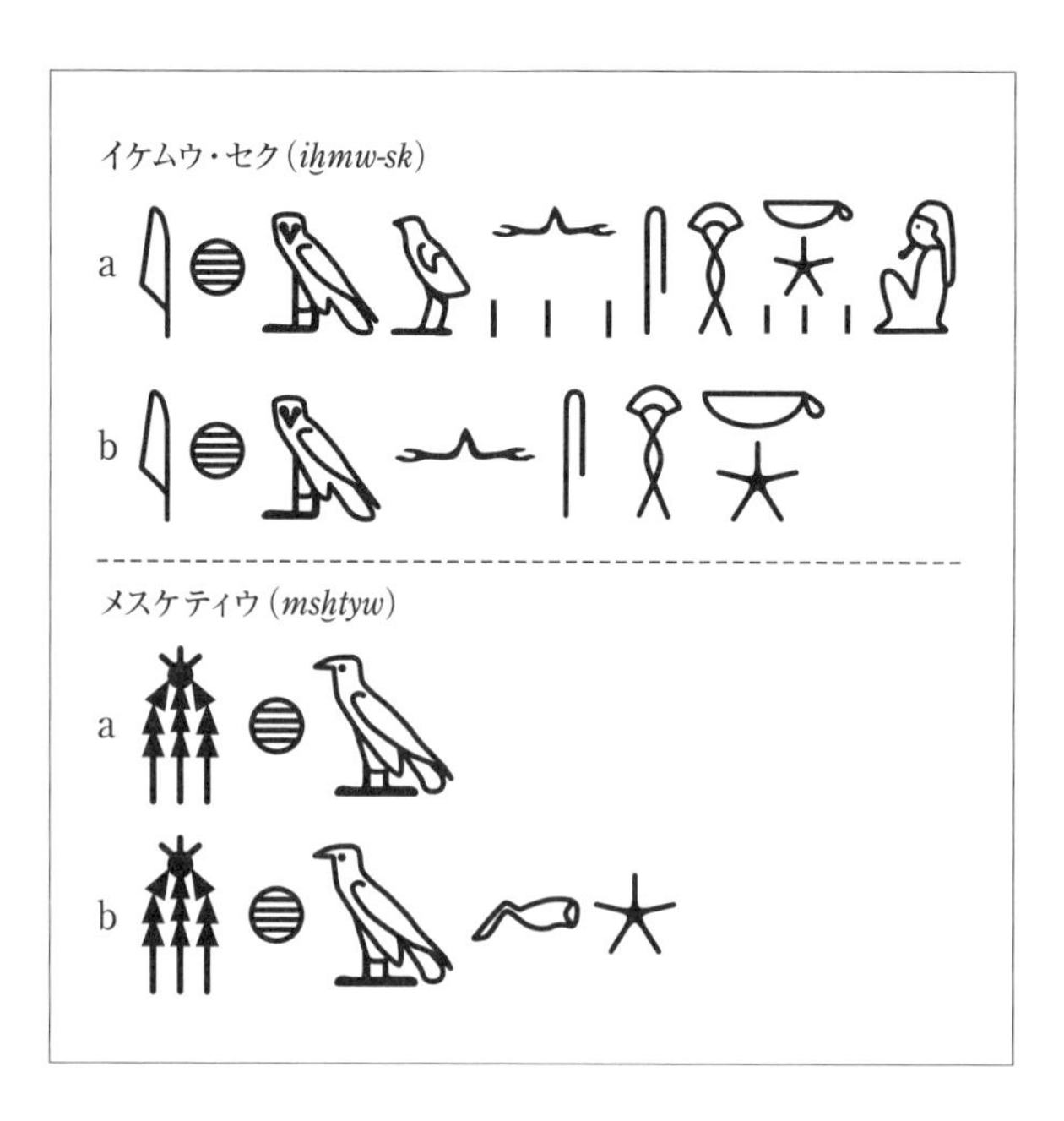

★

第4章

古代エジプトの星座

——南天の星座

古代エジプトの南天の星座

古代エジプト人は周極星を中心とする北天の星ぼしを「イケムウ・セク（滅びない星ぼし）」とよんでいましたが、これに対して、南天の星ぼしは「イケムウ・ウレジュ（疲れを知らない星ぼし）」とよんでいました。北天の星ぼしが、天の北極を中心として反時計回りに円を描くように移動していくのに対して、天の赤道付近の星ぼしは、東の地平線に姿を見せてから西の地平線に沈むまでの間に、非常に長い距離を移動していくことから、この名前「疲れを知らない星ぼし」でよばれるようになったものと思われます。

デカンのしくみ

第一章で紹介しましたが、古代エジプト人は、一年を象徴的に三六〇日と考えていました。また、一年の季節にしたがって変化していく星空の動きを知る目安として、天の黄道の南側を三六に分割しました。つまり、一〇日ごとに姿を変える星座を一つのグループとしたのです。このグループをデカン（decan）とよんでいます（図4－1）。私たちがよく知るシリウスを表す「セプデト」やオリオン座の三ツ星を表す「サフ」とよばれる星座も、このデカンの一つでした。

残念なことに、三六あったとされる古代エジプトのデカンが、現在のどの星座（あるい

◀図4-1　古代エジプトのデカンの図。古代エジプトでは、天の黄道の南側を36に分割した。これが「36デカン」である。それぞれのデカンには、星座や明るい恒星が対応しているが、その同定は研究者により異なっている。サフやセプデトもデカンの一つである。（Parker, R. P., Ancient Egyptian Astronomy, in The Palace of Astronomy in the Ancient World, London, 1974, Fig.3より筆者一部改変）。

はどの星）にあたるのかは、セプデトとサフとを除くと研究者間では一致していません。ただし、最近になって、スペイン人のフアン・アントニオ・ベルモンテ（Juan A. Belmonte）やスイス人のクルト・ロヒャー（Kurt Locher）などの研究により、デカンに属すると思われる複数の星座を同定する試みが行われています。

サフとセプデト

南天の星ぼしの中で最も有名なものが、現在のオリオン座の三ツ星の位置にあたる「サフ」という星座と「セプデト」とよばれたシリウスでした。

サフという名は、古王国第五王朝の最後の王ウニス（在位：前二三四〇～二三二〇年ころ）のピラミッド内部に刻された「ピラミッド・テキスト」の中に早くも登場しています。それには、以下のように記されています。「神々の父であるサフにより、ウニス王が偉大なる力となることが保証される」。

従来、エジプト学者はサフという語を「オリオン座」あるいはオリオン座のβ星のリゲルであるとしていました。もちろん、古代エジプトのサフとオリオン座が完全に一致するものではないことは明らかなことです。また、「ピラミッド・テキスト」の中で、サフを「神々の父」と称していることは非常に興味深いことです。

サフの図像の変遷

第一中間期から中王国時代にかけての木棺の蓋には、現在の北斗七星である「メスケテ

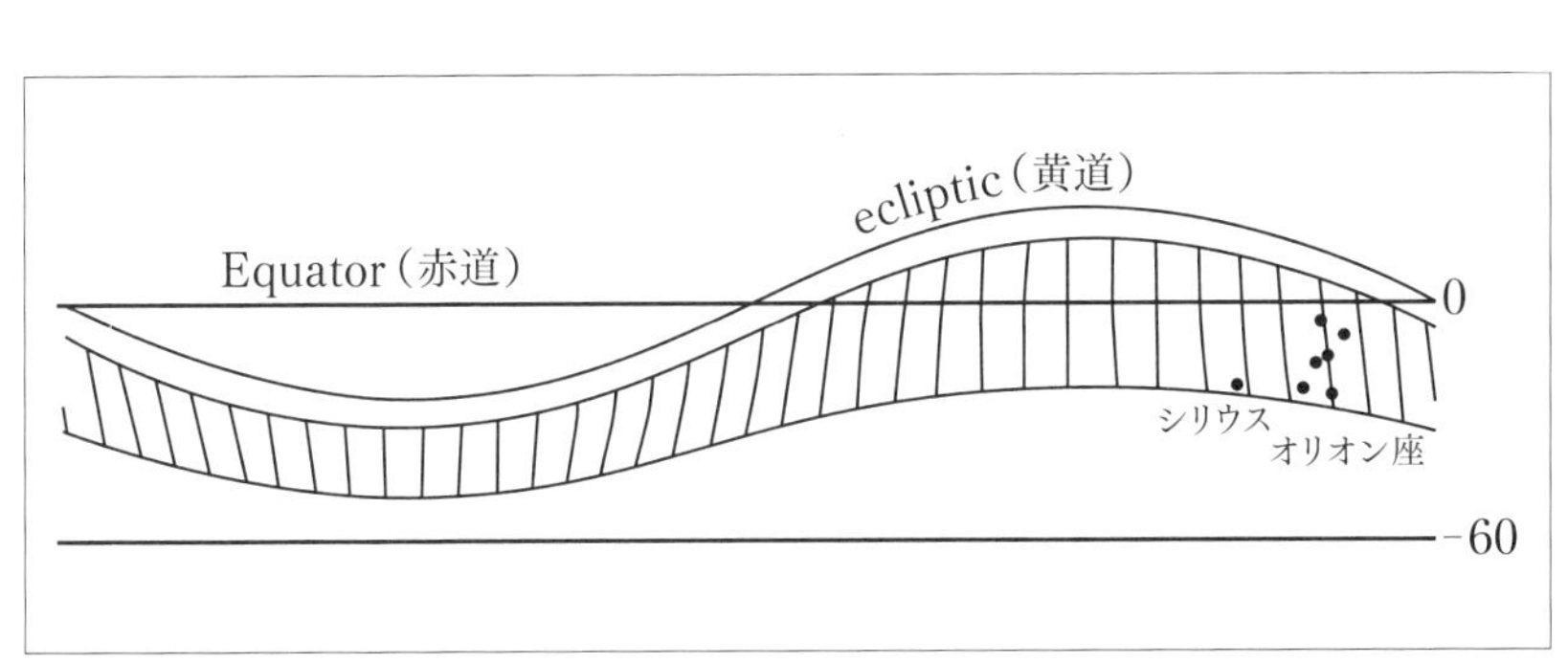

写真4-1　中王国時代の木棺の蓋の内側に描かれたセプデト（左）と
サフ（右）。頭上にサフを表すヒエログリフを冠のように載せた姿をしている。

写真4-2　カイロのエジプト博物館中央広間に展示されている、第12王朝アメンエムハト3世のピラミディオン。
ダハシュールの黒いピラミッドの頂上に置かれていた。黒色花崗岩製。

ィウ」を表現した牛の前脚とともに、サフとセプデトの図像が描かれるようになります(写真4-1)。死者のミイラを納めた木棺の蓋の内側には、シリウスであるセプデト女神と向かい合ったサフの姿が見られます。サフを表すヒエログリフを頭上に冠のように載せ、手には「ウアス杖」が握られています。サフの像の上には、ヒエログリフで「南の天のサフ」と記されています。サフの図像は、木棺の蓋以外にも残されていました。その一つが、ダハシュールにあった、中王国第一二王朝アメンエムハト三世(在位：紀元前一八五三〜前一八〇六年ころ)の「黒いピラミッド(Black Pyramid)」の頂上に載せられていた黒色花崗岩製のピラミディオン(キャップ・ストーンあるいは笠石ともよばれています)です。現在は、カイロのエジプト博物館の中央広間に展示されているものです(写真4-2)。

このピラミディオンの上部には、美しい有翼日輪の図像がみごとなレリーフで描かれています。サフの姿は、サフを表すヒエログリフ(聖刻文字)の後ろに描かれています。右手に先端が分かれたウアス杖という名の王や神が持つ杖を持ち、左手に星をのせ、後方を振り返った姿をしています(図4-2)。

その後、新王国第一八王朝のセンエンムウトの墓の天井には、サフを表す図像として、船に乗った男性の姿が描かれています。この人物像は、左手にウアス杖を持ち、右手には生命の象徴である「アンク」を握っています。また、この人物には、長いあごひげがあり、神であると考えられます。古代エジプトにおいては、長いあごひげをもつ男性像は、王か男神を表現していると考えられるからです。

センエンムウト墓のサフの部分には、大きく三つの星が描かれており、オリオン座の三

図4-2　アメンエムハト3世のピラミディオンに刻されたサフの文字と図像。ウアス杖を持ち、後ろ向きの人物像で描かれている。

ツ星を表す星座であることがわかります（第一章二二頁 写真1－1参照）。さらに、三ツ星の右下には、サフの乗る船の下方まで、九つのやや小さな星が縦に描かれていて、サフがオリオン座の三ツ星以外の星を含む星座であったと予想できます。

現在、パリのルーヴル美術館に所蔵・展示されているプトレマイオス朝時代末（紀元前一世紀ころ）に造営されたエジプトのデンデラ神殿の天体図の中にも、サフが描かれています（写真4－3）。このデンデラのサフ像も、やはりウアス杖を握った男性の姿をしていますが、ここではサフは、白く細長い、上エジプト王の冠である「白冠」を被っています。右手に殻竿

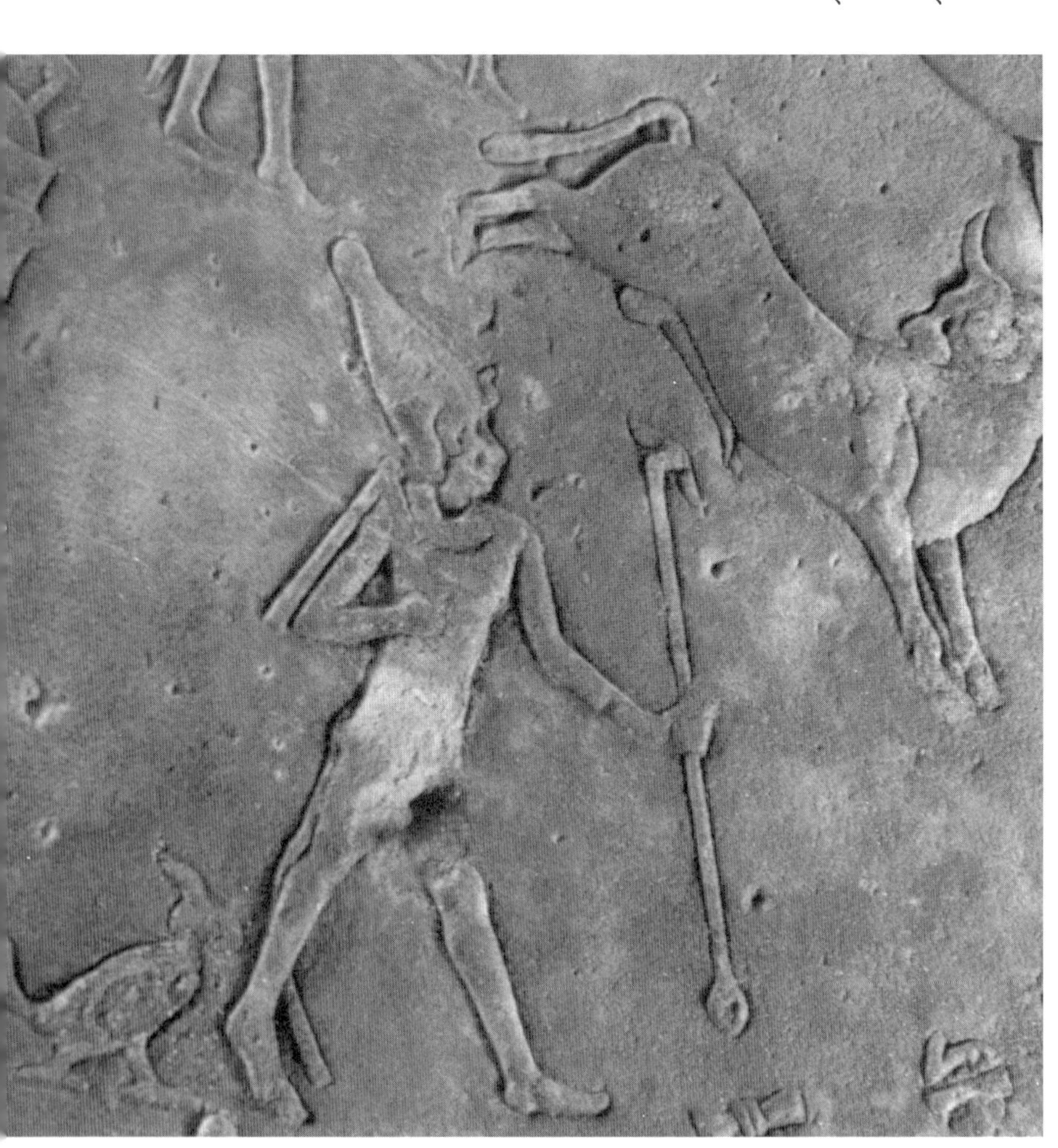

を持ち、腰布に牛の尾を下げていることからも、王の衣裳を身に付けていることがわかります。

おそらく、このサフの図像は冥界の主であるオシリス神の姿をも表現しているように思われます。オシリス神は、古代エジプトの伝承では、初期にエジプトを支配していた王であったのです。

星座の同定

オリオン座の三ツ星にあたるとされているサフという星座に関しても、前述のクルト・ロヒャーが、大変に魅力的な案を提示しています(次頁 図4-3)。ロヒャーは、第一中間期から中王国時代にあたる時期の木棺の蓋の裏に描かれているサフ像に注目し、星座としてのサフを描いたのでした。つまり、頭上にサフのヒエログリフを戴くことから、オリオンの三ツ星をサフの頭上にある冠と見たのです。そして、このサフと向かい合うセプデト(シリウス)もまた、ウアス杖を持つ女神として描いたのでした。

このように私たちにとっても最もなじみのある星座の一つであるオリオンも、古代エジプトでは非常に重要な星座サフであったのです。

スーダンのエチオピア王家

「エチオピア」という呼称から、多くの人は何の疑いもなく、現在のエチオピア連邦民主

▶写真4-3　紀元前1世紀のプトレマイオス朝時代末に製作されたデンデラ神殿天体図に描かれたサフ。左手にウアス杖を、そして右手に殻竿を持ち上エジプト王の白冠を被った姿をしている。腰布には王が身に付ける牛の尾の飾りがみられる。足元には鳥が、そしてサフの前方には黄道12宮の一つである「おうし座」が見られる(写真資料 122ページ参照)。ルーヴル美術館所蔵。

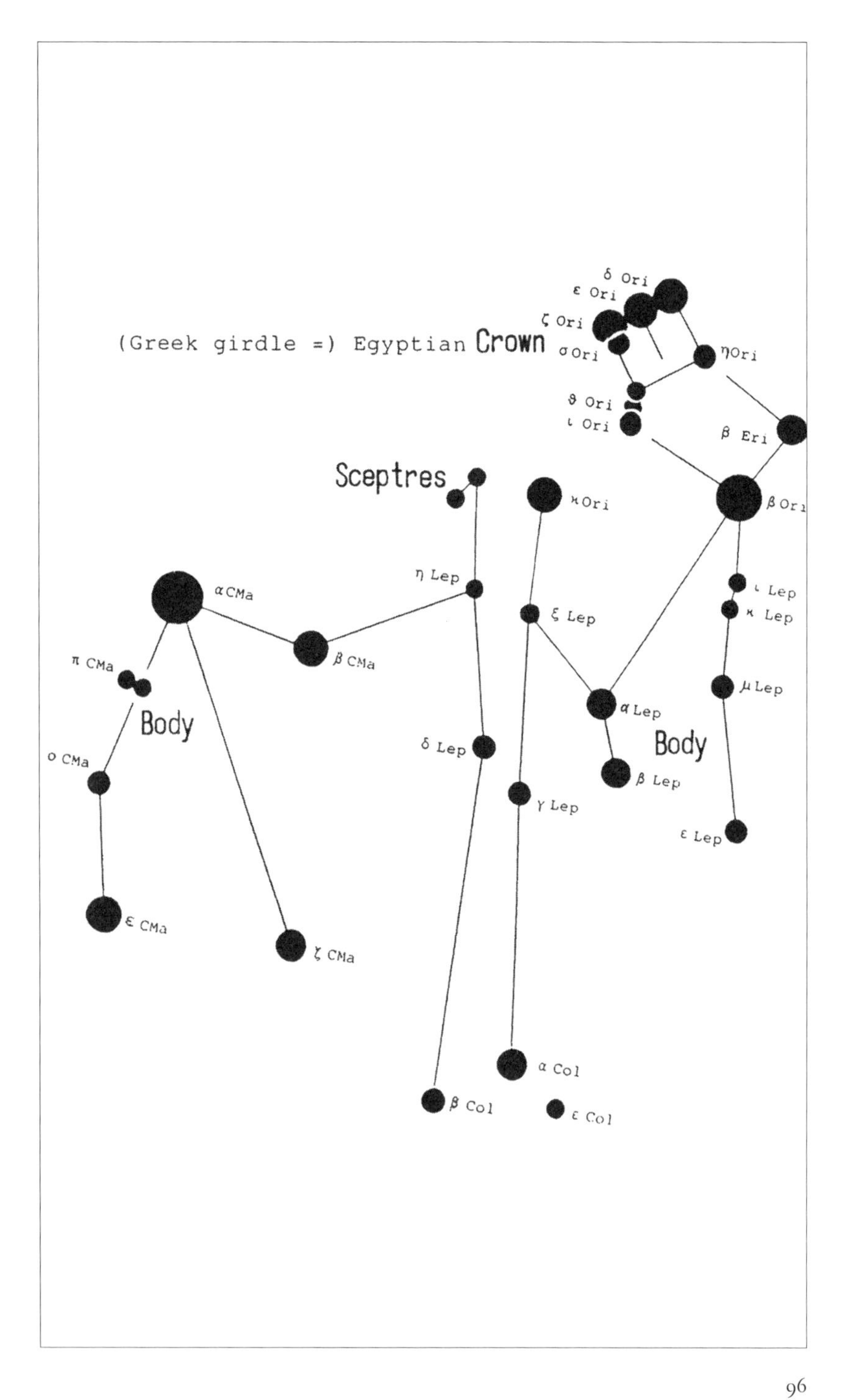
(Greek girdle =) Egyptian Crown
δ Ori
ε Ori
ζ Ori
σ Ori
η Ori
ϑ Ori
ι Ori
β Eri
Sceptres
κ Ori
β Ori
η Lep
α CMa
ι Lep
ξ Lep
κ Lep
β CMa
π CMa
μ Lep
α Lep
Body
δ Lep
Body
o CMa
β Lep
γ Lep
ε Lep
ε CMa
ζ CMa
α Col
β Col
ε Col

共和国へとつながる、紀元前後に繁栄したアクスム(Aksum)王国やハイレ・セラシエ一世(Haile Selassie I：在位一九三〇〜一九七四年)を最後の皇帝とするエチオピア帝国の存在していた、アビシニア高原を中心とする地域のことであると思っているのではないでしょうか。

しかし、これは間違いなのです。古代ギリシア人にとって「エチオピア(Aethiopia)」とは、エジプトの南の地で、紅海沿岸からナイル川流域までを含む地域を指す名称でした。ギリシア神話に登場する「エチオピア王家」も、スーダンの北部で繁栄した「クシュ(Kush)王国」をモデルとしたものでした。古代エジプト史の末期王朝時代の第二五王朝(紀元前七四六〜六五五年)は、このクシュ王国がエジプトに侵入して打ち立てた王朝なのです。

クシュ王国の歴史

ナイル川の上流のアスワンには、「急湍(きゅうたん)」とよばれる船の通航が困難な浅瀬があります。こうした急湍は、アスワンにある第一急湍から、上流に向かって第二、第三、第四、第五、第六急湍とスーダンの首都・カルトゥームまでの間に六つの急湍の存在が知られています(九九頁 図4-4)。

古代エジプト人は、アスワン以北の地をエジプトと考えており、この第一急湍より南の地は、「ヌビア」とよんでいました。このヌビアの語源は不詳ですが、古代エジプト語で黄金を表す「*nbw*」という語に由来するという説も有力です。ヌビアは、第二急湍から北を「下ヌビア(ワワト)」、第二急湍より南を「上ヌビア(クシュ)」と称していました。ヌビアの地

▶図4-3　ロヒャーの描いた古代エジプトのセプデト(シリウスとその周辺)とサフ。ウアス杖を持ち互いに向かい合うセプデトとサフを表す。ロヒャーは、オリオンの三ツ星をサフの冠として解釈している(Locher, K,. JHA, XXIII 1992, pp.201-207, Fig.3)。＊Ori＝オリオン座、Eri＝エリダヌス座、Lep＝うさぎ座、CMa＝おおいぬ座。

は、古代エジプトにおいて金の産出地として非常に重要でした。また、とくに中王国時代以降には、傭兵や召使などとして、ヌビアからエジプト国内に居住する者も多く存在しています。

新王国第一八王朝時代になって、エジプトの王たちはヒクソスを完全に放逐し、ヒクソスの本拠地があったアジア(シリア・パレスティナ)地域へと軍隊を進めていきます。同じように南では、テーベに本拠地を置く第一八王朝の前身である第一七王朝をヒクソスと手を結んで攻撃したヌビアの勢力(クシュ王国)に対しても軍事遠征を行うことになります。

第一八王朝六代目(ハトシェプスト女王を含んで)の王・トトメス三世(在位：紀元前一四七九～一四二五年ごろ)は、アジアに一七回もの軍事遠征を実施し、さらにナイル川を南に遡上し、ヌビアの奥深くにまで侵入しました。その結果、北はシリア北部から、南はスーダン北部の第四急湍付近にあるナパタ地方にまで至る広大な地域をその支配下に置くことに成功しました。

征服後、ナパタ地方(図4-5)にはエジプト文化が広まっていきました。ナパタ地方のナイル川北岸にある「ゲベル・バルカル」は「聖なる山」として信仰を集めていましたが、とくに、山の南西部にある切り立った岩峰がコブラの姿をした聖蛇「ウラエウス」に見えることから、しだいにアメン神の聖地と見なされるようになります。そして、この地を征服したトトメス三世が、初めてアメン神殿を建設しました。その後も新王国時代の諸王によって、神殿は増改築され、この地にエジプトのアメン信仰が定着していくようになります。

その後、エジプトによる支配が行われなくなり、神殿は衰退しますが、紀元前七五〇年

図4-4　ナイル川上流の第4急湍付近のナパタ地方は、新王国第18王朝のトトメス3世時代にエジプトによって征服され、アメン信仰やヒエログリフなどの古代エジプト文化が広まった。

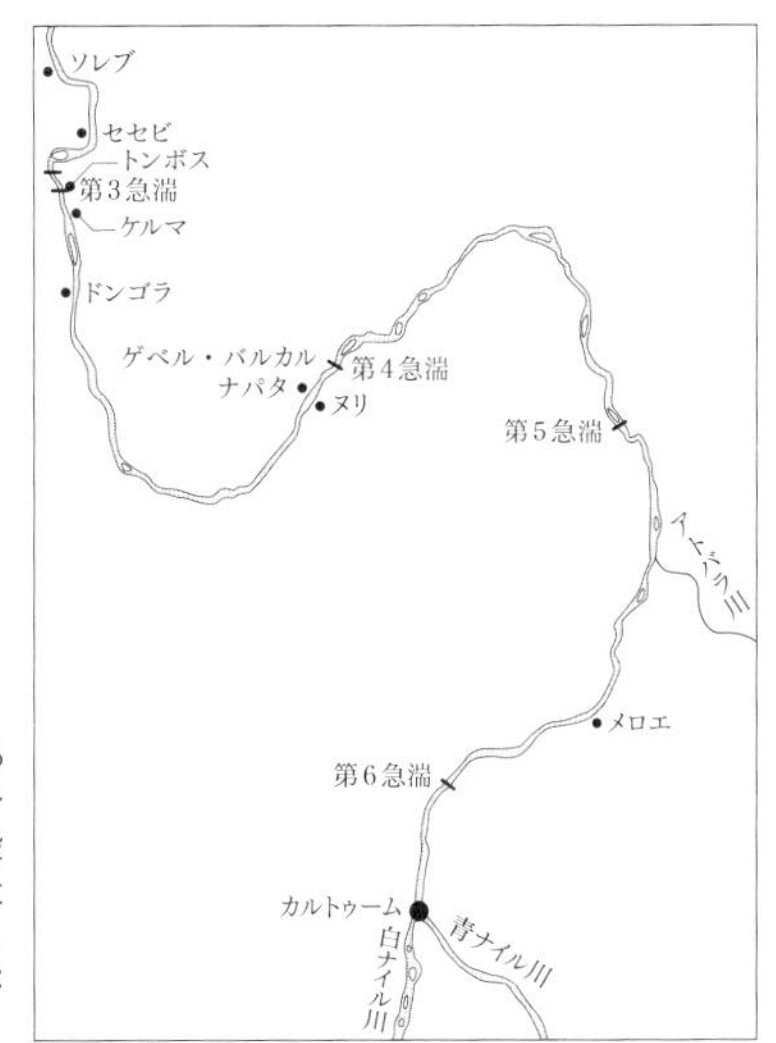

図4-5　第4急湍付近のナパタ地方にある聖なる山「ゲベル・バルカル」がアメン信仰の中心地であり、広大なアメン神殿が造営され、付近には、王や王族の墓としてピラミッドが建造された。後になると、中心拠点はナパタ地方から南東にあるメロエ地方に移された。

ごろにクシュ王国の王であるカシュタによって再興されます。カシュタ王は、ゲベル・バルカルにあるアメン神殿を復興させたばかりではなく、テーベのカルナク・アメン大神殿を訪れ、自らの娘・アメンイルディス(Amenirdis)を「アメン神妻」としてアメンの最高神官に任命しています。また、カシュタ王は、一時的にテーベ地域を支配します。

このアメンイルディスの彫像(写真4-4)が、カイロ・エジプト博物館に収蔵・展示されています。アメンイルディスの名前が、ギリシア神話のアンドロメダと何となく似ているように感じるのは私だけでしょうか。

さて、クシュ王国の王たちが、本格的にエジプトに侵入していくのは、カシュタ王の後継者であるピイ王(在位:紀元前七四六~七一三年)の時代からのことです。そのため、一般にピイ王の代からエジプト第二五王朝の王として記されるようになります。

ピイ王は、ヌビアからエジプトに侵入し、メンフィスの攻略に成功します。ピイ王のエジプト侵入の目的は、エジプトの地で没落したアメン信仰の復興にありました。そのため、クシュ王国のエジプトへの軍事遠征を「アメン十字軍」の名でよぶこともあります。ピイ王は、ナパタ近郊の「アル=クッル(al-Kurru)」の地に、初めてピラミッド形式の王墓を建造しました。

クシュ王国はピイ王の弟で後継者のシャバカ王(在位:紀元前七一三~六九八年)のときに、デルタ地帯に拠点を持っていた第二四王朝のバクエンレンエフ王(ボッコリス　在位:紀元前七一八~七一二年)を滅ぼしてエジプトの再統一を果たします。タハルカ王(在位:紀元前六九〇~六六四年・写真4-5)の治世にアッシリアが勢力を拡大し、エサルハド

写真4-4　アメンイルディスの彫像。「アメン神妻」の称号を持つ、アメン神の最高神官の地位にあった王女の像である。紀元前8世紀（カイロ・エジプト博物館蔵）。

写真4-5　タハルカ王のスフィンクス。王の頭部を持つライオンの姿をしている。額には2匹のコブラ（聖蛇ウラエウス）が付けられており、エジプトとクシュ（北スーダン）の2国の支配者であることを表現しているといわれる（ロンドン、大英博物館蔵）。

ン王はシリア・パレスチナに進出して、エジプトとの間で戦いが起こるようになります。そして、エサルハドン王は、タハルカ王の軍隊を破り、紀元前六七一年にナイル・デルタ(下エジプト)を奪い、前六六三年にはテーベを陥落させます。

これにより、タハルカ王の後継者で第二五王朝最後の王タヌタアマニは、紀元前六五六年に故国であるナパタにもどり、第二五王朝のエジプト支配は幕を閉じます。クシュの王たちがエジプトを支配した期間は、わずかに一一〇年ほど(表4-1)でしたが、彼らがエジプトの文化におよぼした影響は非常に大きなものがあります。

北スーダンのナパタ地方を本拠地とする第二五王朝の人々が使用していたエジプト語は、新王国第一八王朝時代にエジプトから伝えられたものが基礎にあったために、当時のエジプト国内で使用されていたエジプト語よりも古い形を残していました。そのために、彼ら第二五王朝の王たちが、エジプトに残した碑文や記念物は、復古的な色彩が強く反映しています。

最後のピラミッドを作った王たち

エジプトにおいて最古のピラミッドは、サッカーラにある階段ピラミッドで、古王国第三王朝のネチェリケト(ジェセル)王(在位:紀元前二六六五〜二六四五年ごろ)のものです。その後、古王国、中王国時代(紀元前二〇二五〜一七九五年ごろ)を通じて、王の墓を象徴する記念物として建造されました。

ところが新王国第一八王朝時代になると、王墓はテーベ西岸の王家の谷に岩窟墓形式で

表4-1　第25王朝の王と在位期間

王の名前	在位期間
ピイ	前746 〜 713年
シャバカ	前713 〜 698年
シャバタカ	前698 〜 690年
タハルカ	前690 〜 664年
タヌタアマニ	前664 〜 655年

造営されるようになり、ピラミッドは、貴族の墓などに付属する小ピラミッドを除くとほとんど建造されなくなります。

それが、紀元前八世紀末にピイ王がゲベル・バルカルの南西一三キロメートルのアル＝クッルに自らの王墓としてピラミッドを建造しました。現在では、ピイ王のピラミッドの上部構造は完全に崩落しており残されていませんが、調査の結果、一辺が八メートルの長さで、傾斜角が六八度という、小型で急傾斜のピラミッドでした。カルナクのアメン大神殿に巨大な列柱廊（写真4－6）を建設した第二五王朝第四代目のタハルカ王は、王墓をゲベル・バルカルの対岸のヌリに移しました。タハルカ王のピラミッドは、底面の一辺の長さが五一・五七メートルもある規模も大きいものでした。傾斜角も六九度と急傾斜で、高さも五〇メートルほどあったと推定されています。ピイ王のピラミッドと同様に、このように急傾斜（約七〇度）のピラミッドは、テーベの西岸に残る新王国時代の貴族墓に付属する小ピラミッド（次頁 写真4－7）ときわめて類似しており、ナイル川の下流域に造られた古王国や中王国の王のピラミッド（傾斜角約五〇度）よりも、むしろテーベのピラミッドの影響を強く受けているのではないかと思われます。

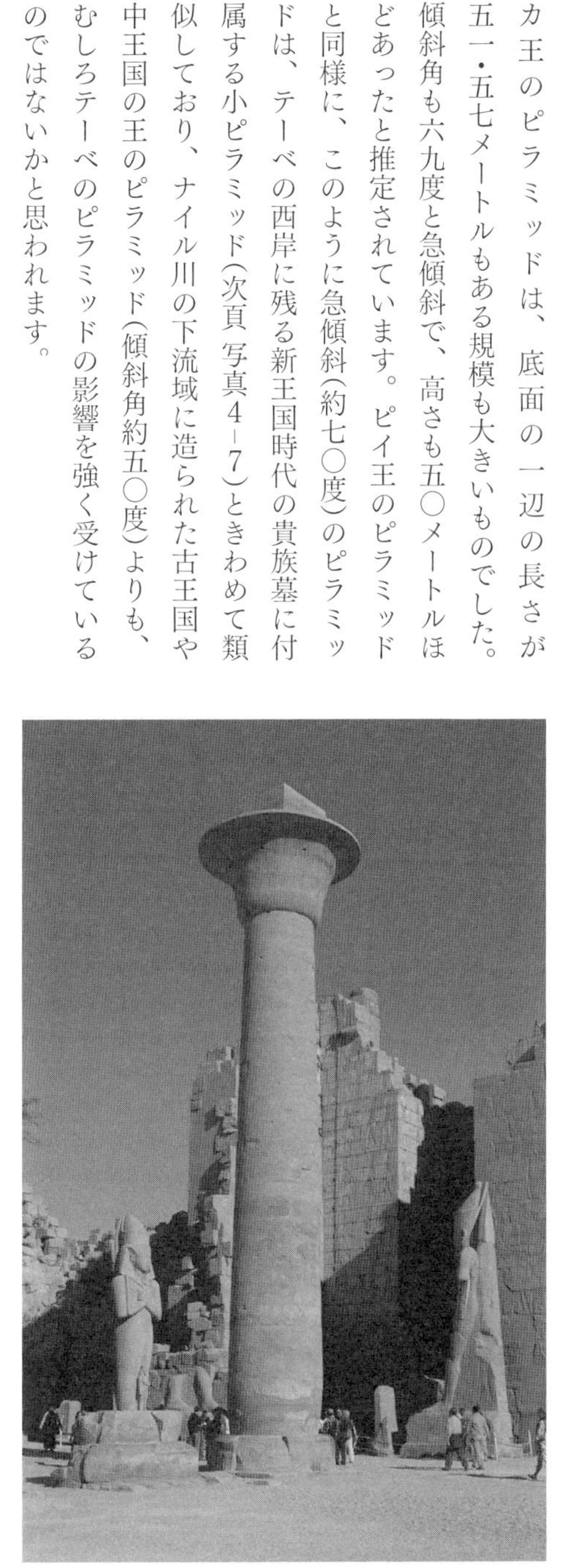

写真4-6　カルナクのアメン大神殿の第1中庭には、第25王朝のタハルカ王が建造した柱が復元されている。

紀元前三〇〇年ごろにヌリからメロエに王墓地が移されました。そして、このメロエの地では、紀元後三五〇年まで急傾斜の比較的小型のピラミッドが六五〇年にわたって建造され続けます（写真4-8）。

ナイル川上流の北スーダンの地域で、急傾斜のピラミッドを特徴とする独自の文化を持つクシュ王国が紀元後まで繁栄しましたが、このクシュ王国こそが、ギリシア神話の舞台になったエチオピア王家のモデルだったのです。

写真4-7　テーベ西岸の新王国時代の岩窟墓に付属する小ピラミッド、紀元前1350年ごろ。クシュ王国のピラミッドときわめて類似した外見を持っており、こうしたテーベに建造された小ピラミッドが、北スーダンのナパタやメロエに残るピラミッド群の祖形であった可能性が高い。

写真4-8　メロエのピラミッド群。ナイル川の第5急湍と第6急湍の中間に位置するメロエには、紀元前300年ころから紀元後350年ごろまでの約650年間、急傾斜のピラミッドが造営され続けた。

デンデラ神殿の天体図

第5章で紹介するプトレマイオス朝のデンデラ・ハトホル神殿に残る天体図は、古代エジプト固有の星座とメソポタミア起源の黄道十二宮などの星座が描かれた重要な資料となっている。天体図に描かれた図像を紹介しよう。

1 おひつじ座

春分の日のあとに太陽が入る星座であるおひつじ座は、黄道十二宮の一番目に位置する。春先に新たに誕生した幼い羊を原型としていると考えられ、冬季を過ぎて迎える春季の再生の象徴。セレウコス朝シリアの印章などに、おひつじ座を表す子羊の図像が残っている。

2 おうし座

古くから家畜化され、人々に富をもたらした牛は、古代オリエント地域で広く神格化され崇拝された。紀元前4000年ごろになると牡牛の象徴は神と関連したものととらえられ、「天の牡牛」と表記され、メソポタミア、ギリシア世界でも牡牛は信仰の対象となっていった。

3 ふたご座

二つの明るい星で構成されるふたご座は、「大きな双子」という星座を原型とすると考えられ、シュメール語の星座名では「双子／連れ／仲間」といった意味を持つ。古代エジプトでは「一対の星」という意味のヒエログリフで表現されていた。

4 かに座

水の中に生息するカニを表したかに座は、水との関連が深く、古代の占星術のテキストでは洪水を予言する星ともされていたと考えられている。ナイル川の上流ではカニを見ることがほとんどなかったと思われるが、この天体図では比較的正確に描かれている。

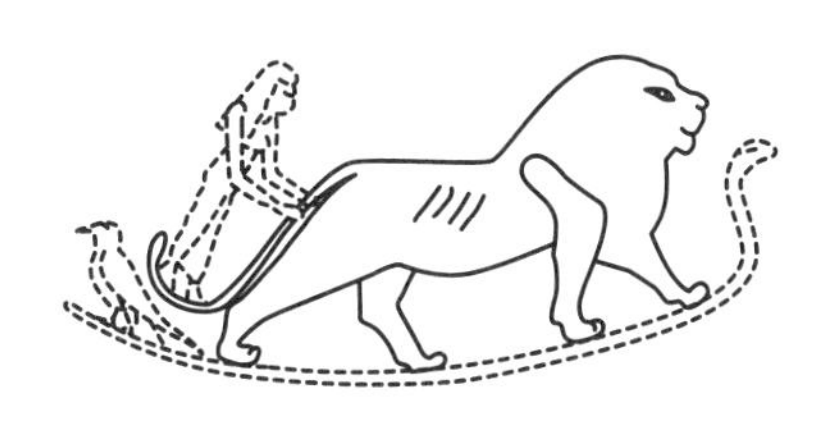

5 しし座

原型は「大きなライオン」という星座と考えられている。「百獣の王」ライオンは、古代バビロニアやエジプトでは「王」、「王国」を象徴する動物と見なされていた。アッシリアや古代エジプトでは王権を象徴する図像として、王がライオン狩りをする姿が残っている。

6 おとめ座

しし座のライオンの尻尾をつかむ女性で表された「畝」、ナツメヤシの葉を持つ女性で表された「葉」という二つの星座が統合されたと考えられている。二つの星座は秋の農耕と結びついており、おとめ座のα星スピカはラテン語で「麦の穂」を意味するとされる。

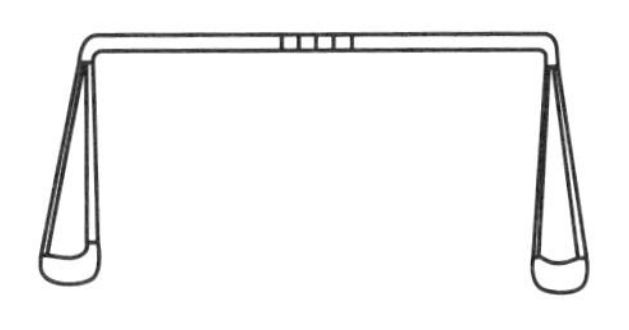

7 てんびん座

天秤ばかりは「均衡」、「公正」などを象徴するものとして古くから扱われてきた。現在はおとめ座にある秋分点は古代においては歳差運動のため、てんびん座付近にあり、そのため昼と夜の長さが等しい秋分点にてんびん座が設定されたものと考えられている。

8 さそり座

真っ赤な色に輝くさそり座のα星アンタレスはギリシア語で「火星に拮抗するもの」という意味があり、シュメールの母なる女神リシと同一視されていた。「リシ」という語は「火」や「赤」という言葉などと関連していると考えられている。

9 いて座

ギリシア神話では半人半馬の姿をしたケイローンであるいて座は、古代バビロニアでは、パピルサグという奇妙な半人半獣の姿で表された。馬の尻尾とサソリの尻尾を持っている図として描かれたり、後ろ足が鳥の足として描かれた図像なども見つかっている。

10 やぎ座

上半身が牡ヤギで下半身が巨大な鯉である空想上の動物「ヤギ魚」が原形と考えられている。この図像は地下にある真水の大洋と知恵の神であるエア神を表現したものとされている。ヤギ魚の図像は古代メソポタミアの遺跡で数多く見つかっている。

11 みずがめ座

水が流れ出る壷を手にした人物で描かれるみずがめ座は、冬季から初春にかけての降雨の増大と河川の氾濫、灌漑などを象徴し、豊かな恵みを意味していると考えられている。また、足下に魚が表現されており、これは現在のみなみのうお座と考えられる。

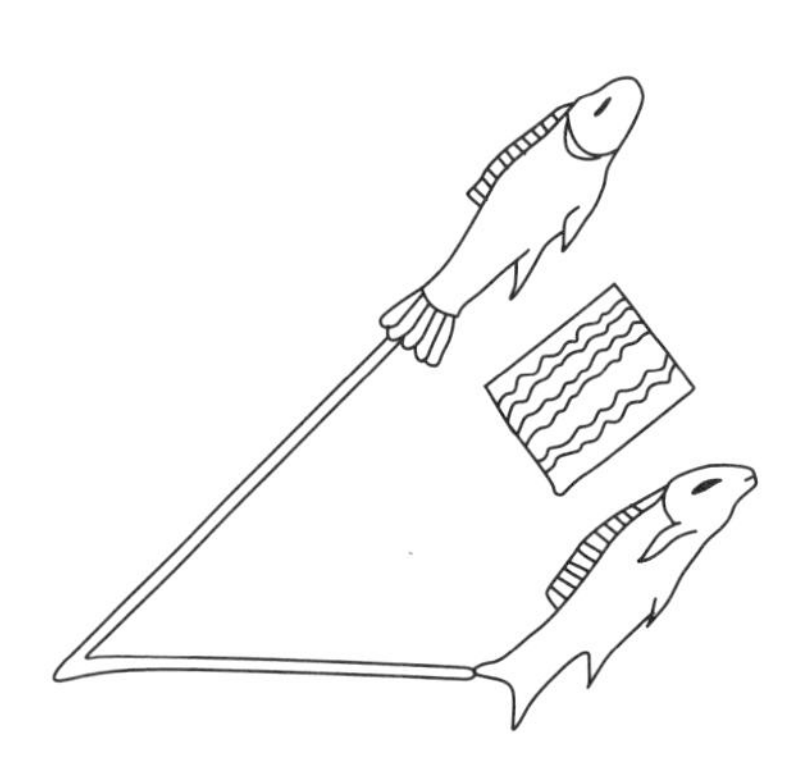

12 うお座

「2匹の魚」とよばれる図像が原形とされ、2本の縄で結ばれたような図像で表されている。2本の縄はメソポタミアのチグリスとユーフラテス川であるといわれている。また長方形の大きな空間は広大な耕作地を表していると考えられている。

13 サフ

現在のオリオン座の三ツ星にあたる星座で、シリウスを指し示す役割を果たしていた。頭には王の冠「白冠」を被り、腰布に王の衣装である牛の尾を下げている。古代エジプトの伝承でエジプトを支配していた王だったオシリス神を表していると考えられている。

14 シリウス

古代エジプトでは、おおいぬ座のシリウスの出現をもとに暦が作られたため、最も重要視されていた星だった。シリウスの星座は牝牛の角の間に星を戴いた姿で描かれた。さらに前の時代ではイシス女神の化身と見なされ、「セプデト」の名でよばれていた。

15 カバの星座(タウレト女神)

古代エジプトの北天の星座で、現在のりゅう座付近にあったと推定されている。古代エジプトのナイル川流域ではカバが生息しており、ライオンの後ろ足とワニの尻尾を持ち、妊娠したカバの姿として描かれる「タウレト女神」として崇拝されていた。

16 メスケティウ

牛の前脚を表した星座。古代エジプトでは牛の前脚は最高の供物とされていた。現在の北斗七星を表しており、古代エジプトの星座でほぼ確実に現在の星座と同定できる唯一の星座。なお、古代エジプトでは歳差運動の影響で北斗七星が周極星として一晩中見えていた。

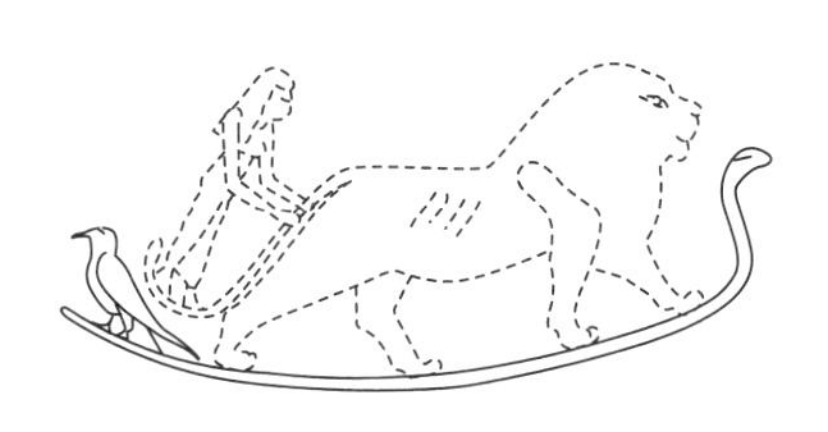

17 うみへび座

しし座のライオンに踏まれているのがうみへび座の原型と考えられる、ヘビの星座。ヘビに乗ったライオンの図像は古代メソポタミアなどでも多く見つかっているが、その起源は明らかにされていない。ヘビの尻尾に乗っているのはカラスの星座と考えられている。

18 雄鶏

オリオン座の三ツ星を表した星座・サフの足下にいる雄鶏の星座。現在のうさぎ座の位置に相当するとされている。古代メソポタミアではサフは「アヌの真の羊飼い」という星座とされており、サフよりも範囲が大きく、現在のオリオン座に相当すると考えられている。

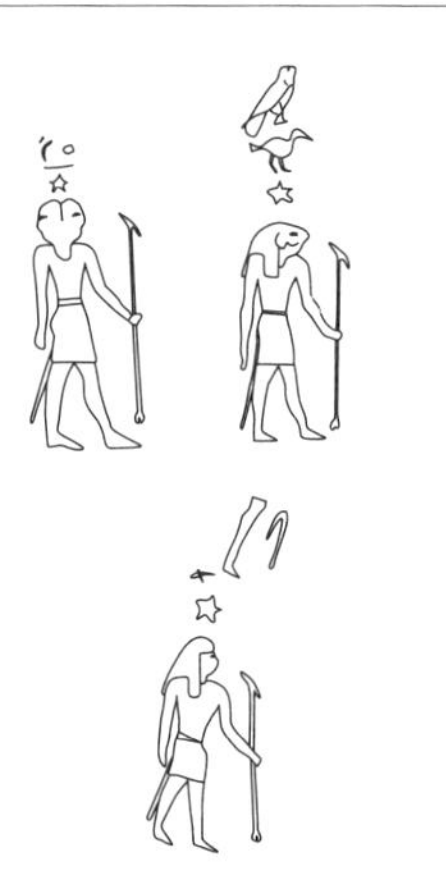

19 惑星

デンデラの天体図には惑星も記されている。やぎ座の上にある火星（右上）、みずがめ座とうお座の間にある金星（左上）、かに座の上にある木星（右下）、と推定されている。この惑星配置から具体的な日時も推論されている。

20 牝ヒツジ

北斗七星を表す星座「メスケティウ」、の腿から脚にかけての部分に、うずくまったヒツジとして描かれている、メソポタミアの星座。現在のおおぐま座のδ星と考えられているが、なぜ、あまり明るくないこの星を星座としたのかは明らかではない。

21 矢と弓

おおいぬ座のシリウスはシュメール語では「矢」を意味する語で表されるが、その対となる星座として「弓」がある。矢をつがえた弓を構えた女性の姿で描かれている。古代メソポタミアではイナンナ女神が弓矢を持って表現され、戦いの神とされている。

22 オオカミと犂(すき)

北斗七星を表すメスケティウのそばに犂(すき)とそれに乗ったオオカミの姿が見られる。詳細はわかっていないが、犂は古代メソポタミアの社会の象徴、オオカミは世界の秩序破壊するものとして描かれているのではないかと考えられている。

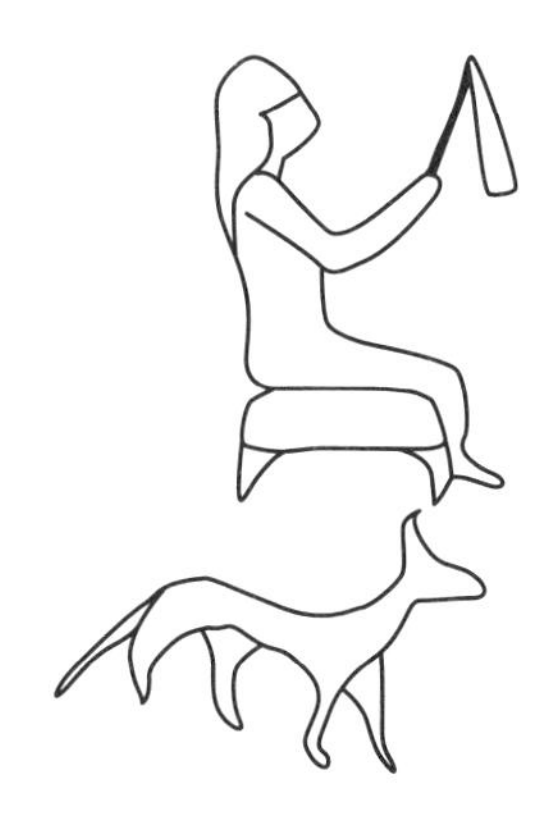

23 牝ヤギとイヌ

牝ヤギは、癒しと健康、薬の女神・グラの化身と見られていた。グラ女神は天空の神アヌの娘であるとされ、グラの配偶者は嵐の神ニヌルタや武人のニンギルス神など、都市によって異なっていた。女神の聖なる獣であるイヌが傍らに座っている姿として表されている。

24 エリドゥの星

しし座の下に位置する、両手に壷を持ち、冠を被った女性の姿の星座。同じデンデラ神殿にある他の図では両手の壷から水が流れ出している姿で描かれている。エリドゥという語のシュメール語名「(ムル)ヌン・キ」は「王子たちの地」、「高貴な場所」という意味がある。

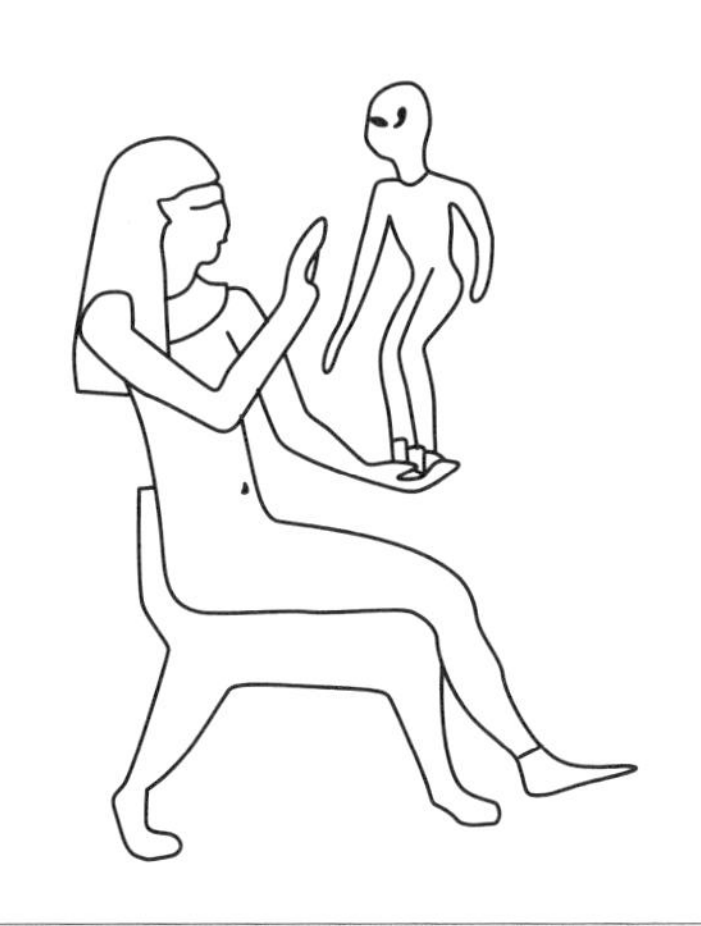

25 ニンマク

「ニンマク」という語はシュメール語で「高貴な夫人」を表す。デンデラの天体図では手のひらの上に子どもを乗せ、イスに腰掛ける女性として表現されている。ニンマクは地母神であり、妊婦の守護神でもあった。現在のほ座の位置にあったと推定されている。

26 まぐわ

牡牛の頭をした手に鍬を持つ人物の姿で描かれた星座。まぐわは、おとめ座、からす座とほぼ同じころ夏の東天に姿をあらわすことになる。西アジア地域の主要作物の麦は秋に種まきをし、夏の終わりが畑を耕す時期のため、この星座も農作業と関連すると考えられる。

27 イノシシ

紀元前3000年紀の後半に成立した、比較的新しい星座。舌を出したライオンのような姿で描かれている。イノシシは地面を鼻で掘り起こすことから耕作のシンボルとされていた。元々は牛の下半身と人間の上半身の姿の「バイソン・マン」という星座だったと考えられる。

28 狂犬

冠を被って立ち上がったカバの姿をした「カバ男」ともよばれる図像で表現されている。シュメール語では「野生の犬」という意味を持つ語で表記され、古代ギリシアなどでは「野獣」という星座とされていたようだ。現在のおおかみ座の原形となったと考えられている。

◉ナイル川流域の耕地
ナイル川の耕地(奥)と砂漠(手前)のコントラスト。
古代エジプト人にとって毎年夏に起こるナイル川の増水現象は最大の関心事だった。
増水がいつ起こるかを知るために古代エジプト人は星を観測し、暦を生み出した。(第1章)

◉古代エジプトの水時計
容器から徐々に水が流れ出すことで時間を計り、日時計などが使えない夜間に使用された。側面には12ヵ月の月名や王、神々、星座の図像が描かれている。(第1章)

◉北天の星座
新王国第18王朝のセンエンムウト墓に描かれた北天の星座。
地平線下に没することのない北天の星ぼしは「死なない星ぼし」、「不滅の星ぼし」とよばれた。
古代エジプトでは赤い丸で星を表現している。（第3章）

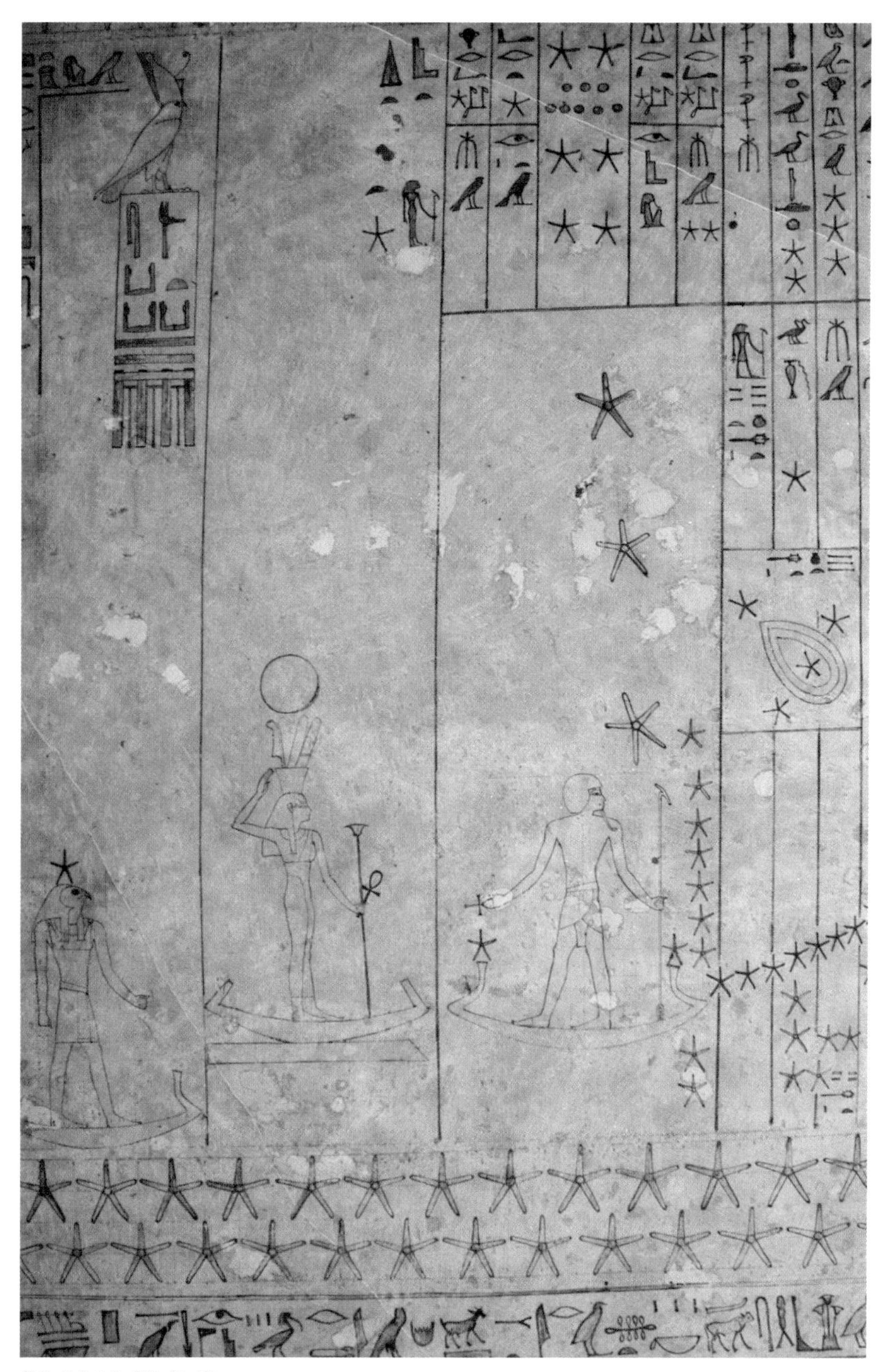

◉シリウスとオリオン座
同じくセンエンムウト墓に描かれたシリウス（左）と
オリオン座の三ツ星を表す星座「サフ」（右）。
シリウスはその出現の観測から暦を作る重要な星だった。（第1章）

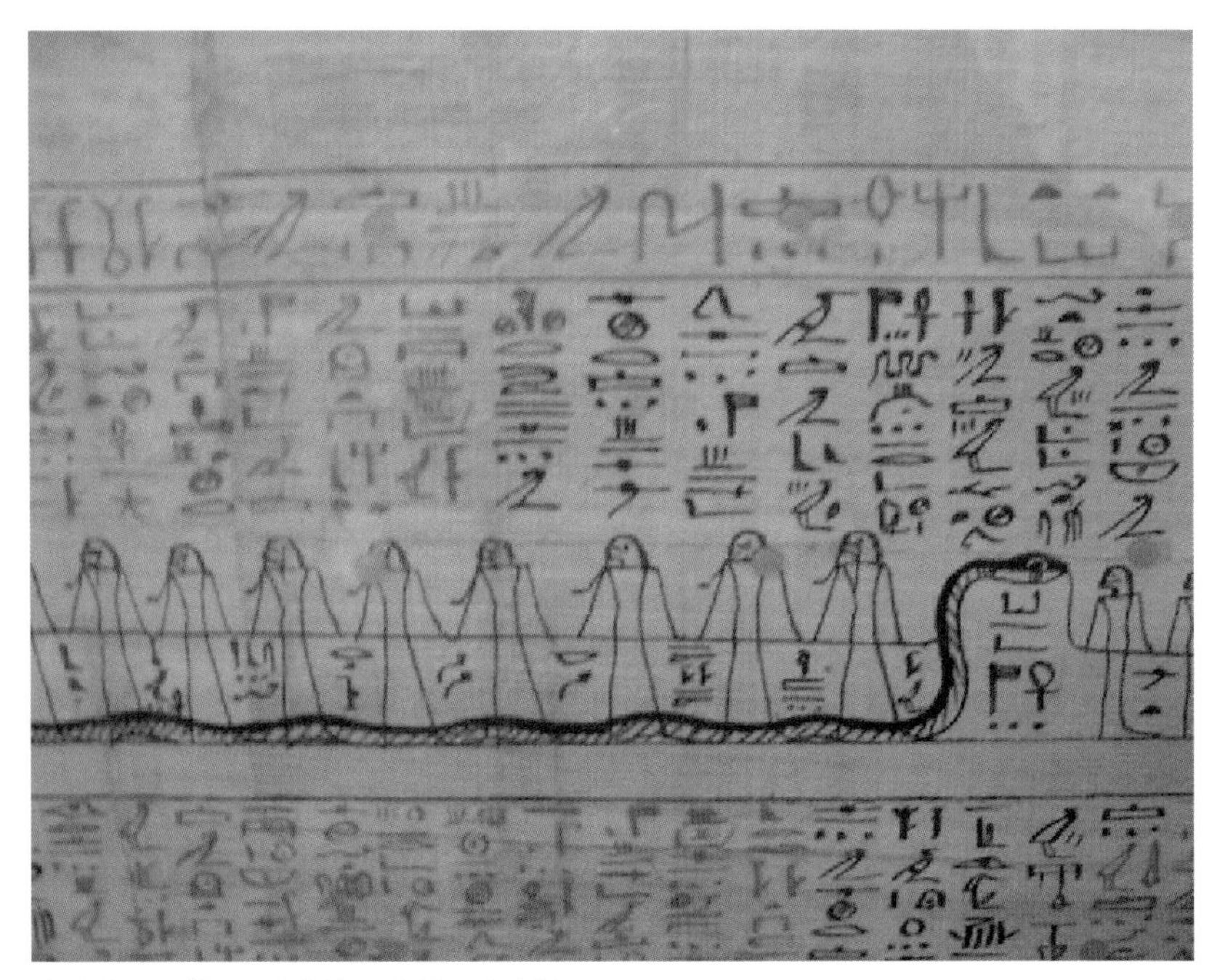

◉パピルスに描かれた古代エジプトの宇宙観
暗闇の支配者の大蛇と太陽神ラーの戦いを描いた新王国時代の宗教テキスト「アムドゥアト書」。
太陽神ラーは戦いに勝ち、東天の日の出として復活する。カイロ、エジプト博物館蔵。（第2章）

◉アメン神の聖獣・牡羊
新王国時代のカルナク神殿にある、アメン神の聖獣である牡羊の像。特徴的な角の曲がり方の形状から化石で有名な「アンモナイト」の語源となった。（第2章）

◉エジプト最古の階段ピラミッド
古王国時代のネチェリケト王の階段状になったピラミッド。
階段は王が死に天に昇るための道を象徴する。
エジプト最古のピラミッドと考えられている。(第2章)

◉屈折ピラミッド
屈折ピラミッドは四角錐の真正ピラミッドに対し、
傾斜角が途中で変更されるため屈折ピラミッドとよばれる。
写真は第4王朝初期のスネフェル王が建造したダハシュールにあるピラミッド。(第2章)

◉ピラミッドに描かれた星形の図像
古代エジプトの墓の天井などには冥界を表すために一面に星の図像が描かれた。
また、古代エジプトでは古くから五芒星の形で星が表現された。
写真は第6王朝ペピ1世のピラミッド参道の天井に描かれたヒトデ形の星。（第2章）

◉北斗七星を表すメスケティウ
古代エジプトでは現在の北斗七星はメスケティウという星座で、メスケティウは牛の前脚やミイラの「口開けの儀式」に使われる道具（手斧）で表現されていた。写真は第18王朝のツタンカーメン王墓の壁画で、王（左）に手斧を差し出し「口開けの儀式」をする様子が描かれている。（第3章）

◉新王国時代の小ピラミッド
新王国時代には巨大なピラミッドは建造されなくなり、写真のような小ピラミッドが貴族の墓などに付属して作られた。この小ピラミッドはクシュ王国のピラミッドの原型と考えられる。クシュ王国はギリシア神話の舞台になったエチオピア王家のモデルと見られている。（第4章）

◉クレオパトラ7世（左）と王子カエサリオン（右）
ヘレニズム時代の星空を表した天体図が描かれたデンデラ・ハトホル神殿の建造にはプトレマイオス朝最後の支配者であるクレオパトラ7世も携わった。カエサリオンはクレオパトラとユリウス・カエサル（ジュリアス・シーザー）との子である。（第5章）

◉デンデラの天体図
デンデラ・ハトホル神殿にレリーフとして描かれていた「デンデラの天体図」。
約3メートル四方の図像で中央の円形部分に古代エジプト固有の星座とメソポタミア起源の黄道12宮などが描かれている。現在はフランスのルーヴル美術館に収蔵されている。（第5章）

◉メスケティウ（北斗七星）とタウレト女神
デンデラの天体図に描かれた現在の北斗七星を表す星座「メスケティウ」は
古代エジプトで最高の供物とされた牛の前脚をかたどった星座。
カバの姿をした星座はタウレト女神を表しており、タウレトは妊娠や出産の神とされていた。（第5章）

◉シリウスとオリオン座（サフ）
デンデラの天体図に描かれたシリウスとサフ。シリウスは角の間に星を戴いた牡牛、
オリオン座の三ツ星を表す星座「サフ」は王の被る「白冠」を被った人物として描かれている。（第5章）

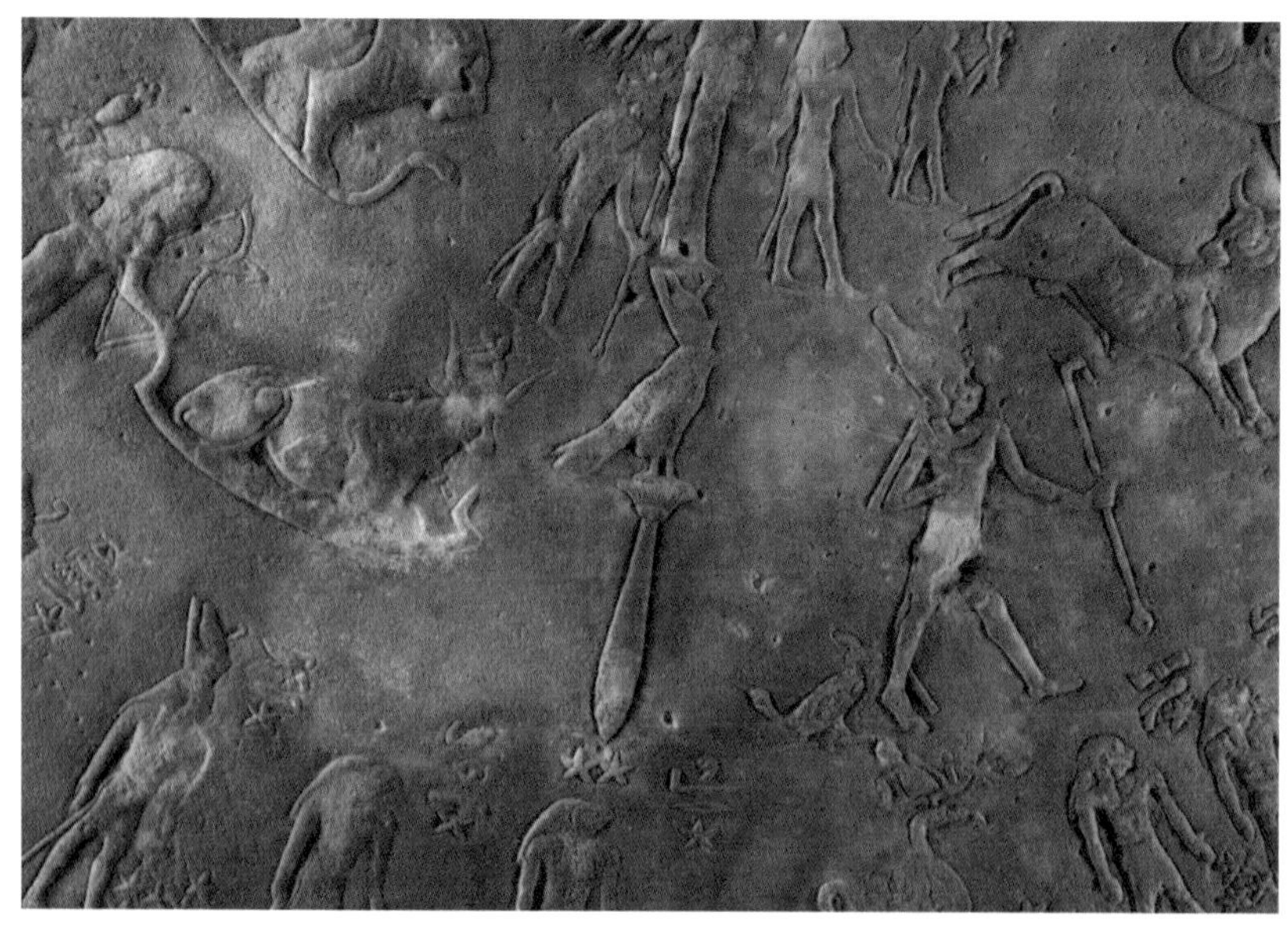

◉さそり座といて座
デンデラの天体図に描かれたさそり座といて座。さそり座の赤く輝く星・アンタレスは、
「火」や「赤」と関連している考えられている。
いて座は馬の尻尾とサソリの尻尾を持つ姿として描かれている。（第5章）

◉イノシシ座
デンデラの天体図に描かれたイノシシの星座。古代メソポタミア起源の星座で、
元々は牛の下半身に人間の上半身を組み合わせた「バイソン・マン」という星座であったと考えられている。（第5章）

◉オシリス神の礼拝堂のレリーフ（右部分）
デンデラの天体図はオシリス神の礼拝堂にこの図とともにレリーフとして描かれている。
この図は両手足を地面につき天蓋をかたどっている天の女神・ヌウトを表現している。（第5章）

（全体）
（Cauvilles,S.Le Temple de Dendera：Les chapelles osiriennes IFAO,le Caire, 1997,pl.X-86）

◉オシリス神の礼拝堂のレリーフ（左部分）
右頁のヌウト女神の図とともに描かれている「デンデラの天体図」。
厚さ1mほどの砂岩のブロックに浅いレリーフとして描かれている。

**◉彩色木棺に描かれた
黄道12宮図**

紀元後2世紀半ばの木棺の蓋の内側に描かれた黄道12宮図。中央の手を伸ばして天空を支えるのがヌウト女神で、その周囲に黄道12宮が描かれている。（第5章）
（Negebaur,O.and R.A.Parker, Egyptian Astronomical Texts Ⅲ, 1969,Plate47B.）

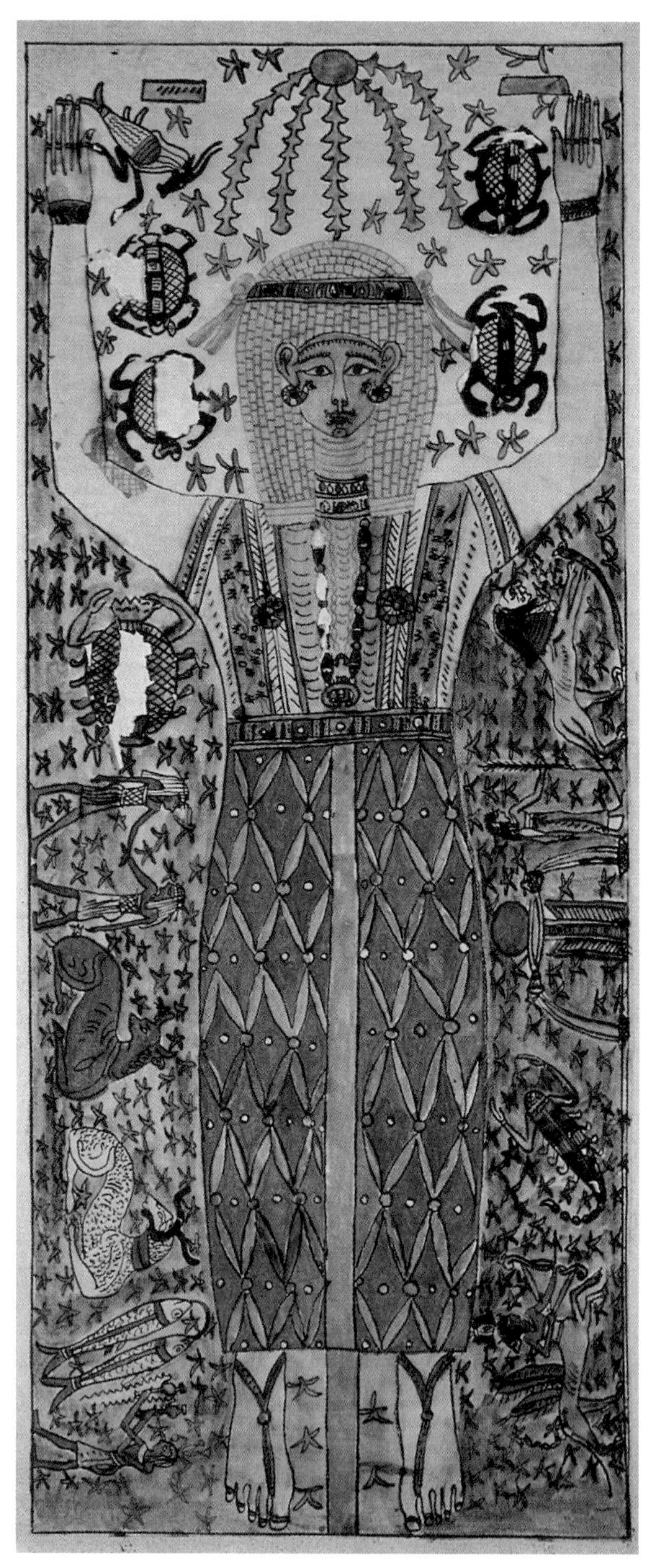

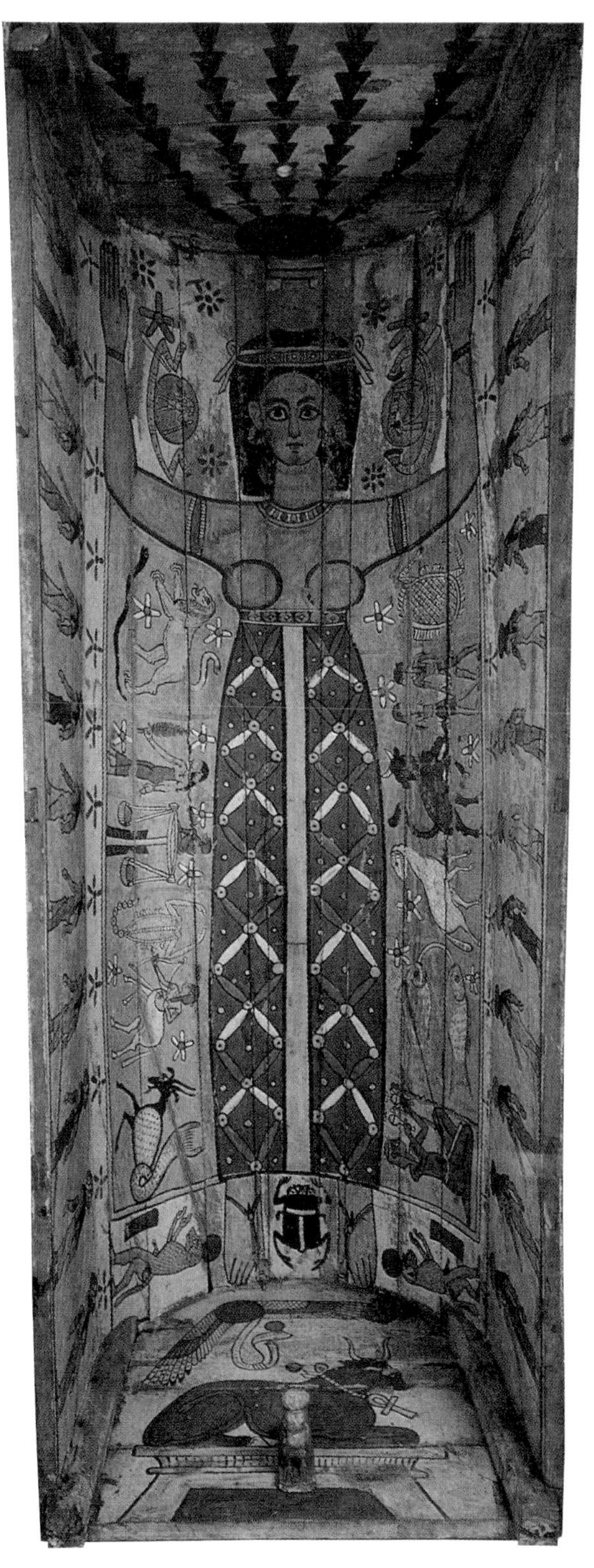

◉彩色木棺に描かれた黄道12宮図

紀元後2世紀ころの彩色木棺。棺内にはヌウト女神を中心として黄道12宮が描かれている。足下には牡牛の姿で表されたシリウスの図が見られる。（第5章）

◉フィラエ島　トラヤヌス帝のキオスク（休息所）
アスワンのフィラエ島はイシス女神がホルス神を生んだ聖地でイシス神殿があった。
現在はアスワンダムの建設のためフィラエ島は水没、遺跡群は隣接するアギルキア島に解体移築され、
古代エジプト末期王朝からプトレマイオス朝、ローマ時代にかけての遺跡が残されている。（第6章）

◉カルナク神殿に昇る冬至の太陽
ルクソール東岸にあるアメン神の聖地カルナク神殿に昇る冬至の日の出。
神殿は、その軸線上を太陽が昇ってくるように建造されていた。

★

第5章

デンデラ神殿の天体図

——ヘレニズム時代の星空を表した天体図

デンデラ・ハトホル神殿

エジプトは、ギリシア人によるプトレマイオス朝となり、マケドニア王国のアレクサンドロス大王は、前三三四年にギリシア・マケドニア連合軍を率いて東方遠征に出発し、前三三〇年にはアケメネス(ハカーマニシュ)朝ペルシアを滅ぼし、空前の大帝国を樹立しました。しかし、大王は前三二三年、わずか三二歳の若さでバビロンで病死してしまいました。大王の死後、エジプトはプトレマイオスが王となり、プトレマイオス王国(前三〇五〜前三〇年)のもとで、首都であるアレクサンドリア市を中心に、ヘレニズム文化が大いに花開きました。この時代に製作されたデンデラの天体図は、メソポタミアの黄道一二宮と古代エジプト固有の星座が、初めて一緒に描かれた天体図として、ヘレニズム時代を代表する資料であり、古代エジプトの天文学を考えるうえでも非常に価値のあるものです。

ルクソールの北四八キロメートルに位置するケナ(Qena)市は、ケナ県の県庁所在地であり、この地域の中心都市です。デンデラ(Dendera)遺跡は、このケナ市の西方、ナイル川南岸にあります。アラビア語ではダンダラ(Dandara)と発音されています。古代エジプト名は、「イウニト」で、コプト名の「テントゥレ」やギリシア名の「テンティラ」は、「イウニト・タネチェレト」(〃その女神のイウニト〃の意)という古代名の後半部「タネチェレト(その女神)」に由来しています。そして、現在名のデンデラもこのイウニトという語に

写真5-1　デンデラ・ハトホル神殿の正面。牝牛の耳を持つハトホル女神の顔を形どった柱頭の6本の柱がある。天井まで保存状態のよい神殿である。

写真5-2　デンデラ・ハトホル神殿のレリーフに描かれたクレオパトラ7世（左）と王子カエサリオン。クレオパトラはハトホル女神を祀ったこの神殿の造営に携わった（写真資料 120ページ参照）。

由来しています。この女神こそハトホル女神でした。

デンデラは、上エジプト第六ノモス(州)の都で、主神のハトホル女神を祀った神殿が、古王国時代以降、建てられていました。現存するハトホル神殿(前頁 写真5-1)は、プトレマイオス朝からローマ支配時代にかけて建造されたもので、神殿の天井が創建当時に近い状態で残されており、古代の神殿の雰囲気を今によく伝えています。神殿の南壁には、プトレマイオス朝の最後の支配者であるクレオパトラ女王(クレオパトラ七世)とユリウス・カエサル(ジュリアス・シーザー)と彼女との間に生まれた王子カエサリオンの姿を描いた有名なレリーフがあります(前頁 写真5-2)。ギリシア人は、ハトホル女神をギリシアの愛と美の女神であるアフロディーテと同一視していました。絶世の美女とされたクレオパトラ女王(在位:前五一年~前三〇年)が、この神殿の造営に携わったことは興味深いことです。

オシリス神の礼拝堂

ハトホル神殿(図5-1)の正面から入り、第一列柱室、さらに第二列柱室を過ぎて最初の前室の左手(東側)にある

図5-1 ハトホル神殿の平面図(図の右側は列柱室、図左側は屋上の礼拝堂)第1列柱室を抜けて左側の階段をあがると図左部の神殿屋上へとつながる。屋上には、ほぼ同じ構造を持つ東西一対のオシリス神の礼拝堂が存在している。天体図のあるオシリス神の礼拝堂は図中、東側の方である。(Cauville, S. Le Temple de Dendera: Les chapelles osiriennes, IFAO, le Caire, 1997, pl.X-1)

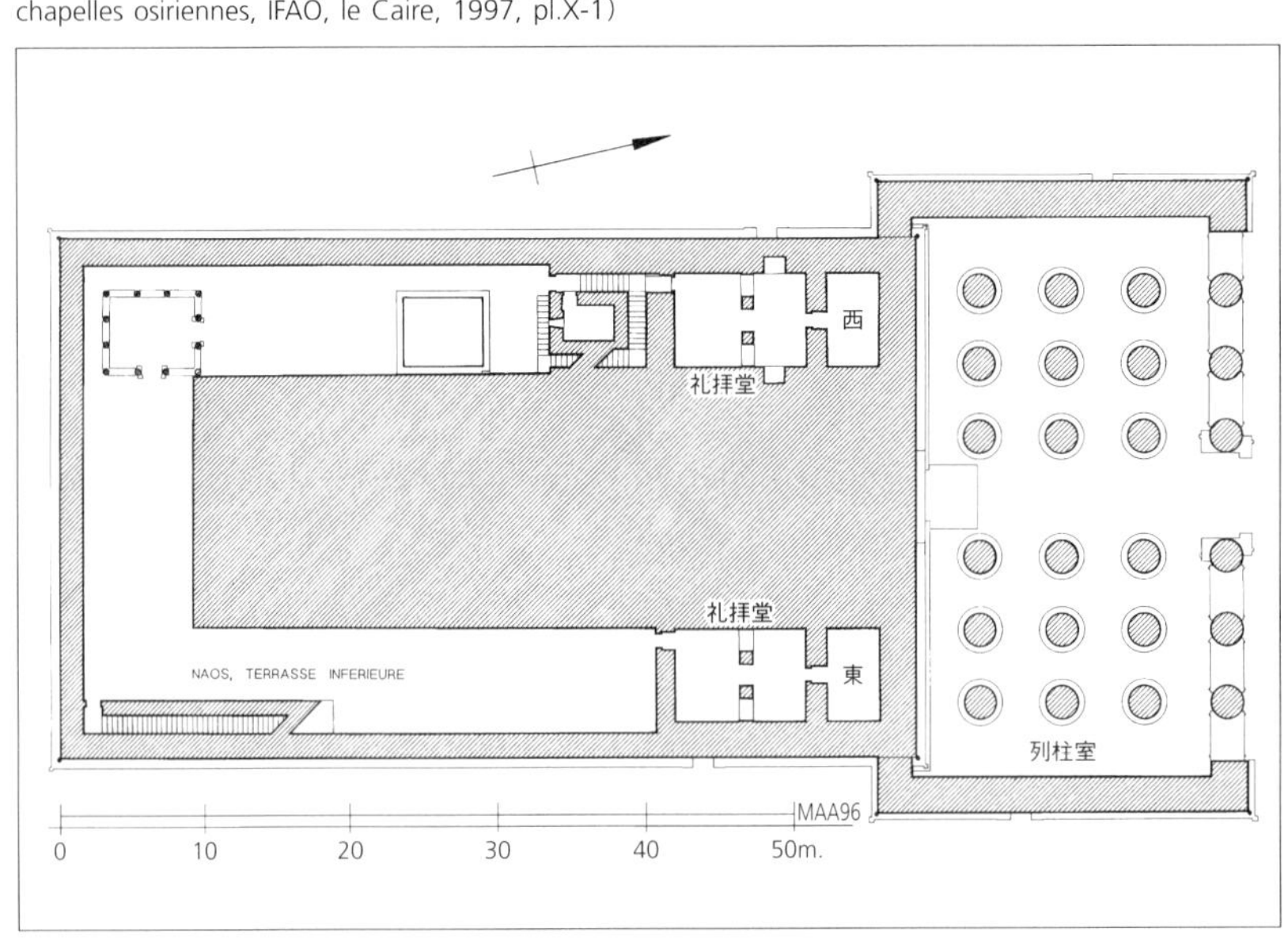

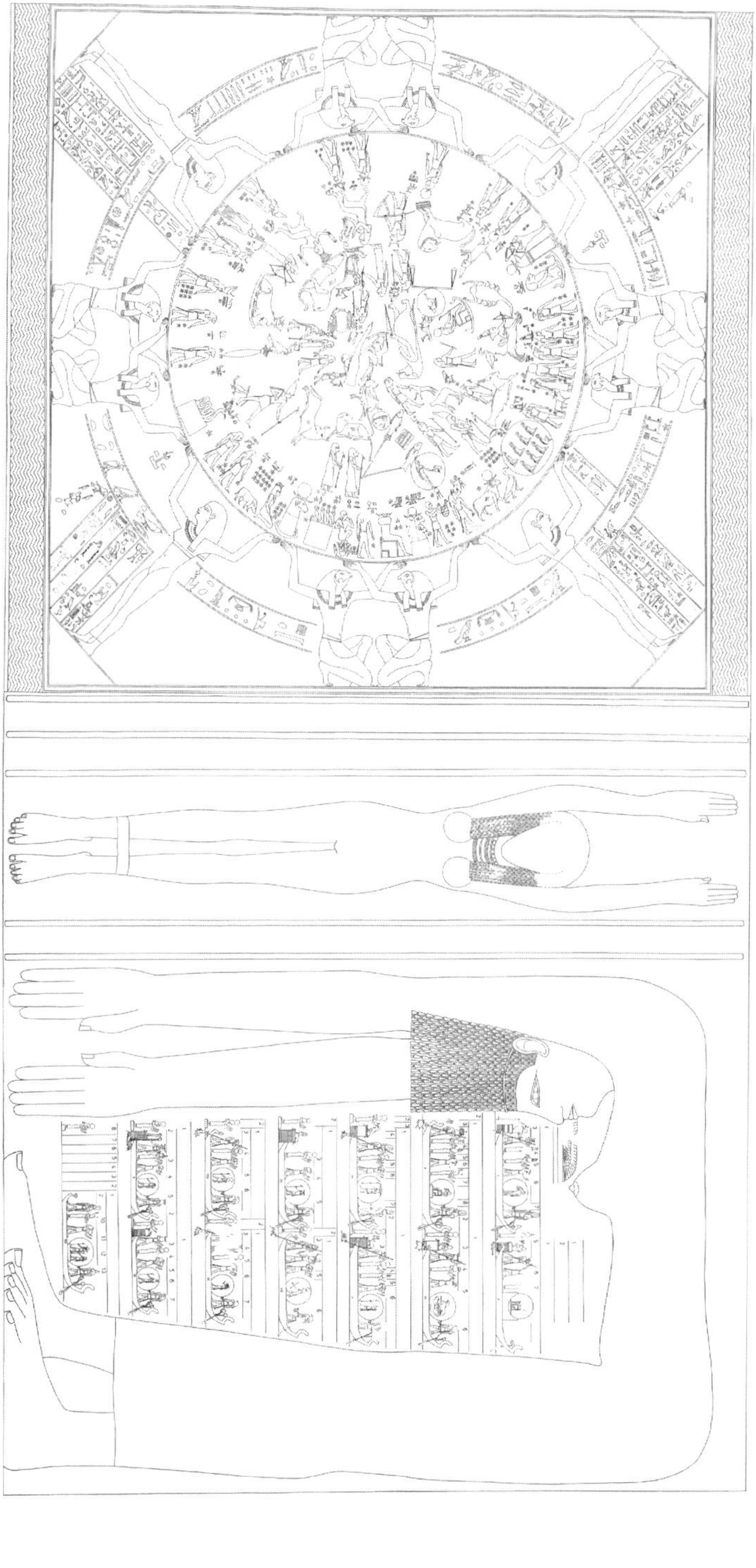

図5-2　オシリス神の礼拝堂の中央の部屋の天井に施されたレリーフ。
左が天体図で右は天の女神「ヌウト」。ヌウト女神は、両手足を地面についた姿勢をしており、
天蓋を形どっている。この中の天体図の部分だけがパリに持ち出された。
（写真資料 124、125ページ参照。Cauville, S. Le Temple de Dendera: Les chapelles osiriennes, IFAO, le Caire, 1997, pl.X-60）

直線状の長い階段を上ると屋上に出ます。屋上東側にはオシリス神の礼拝堂があります（ほぼ同じ構造の礼拝堂は屋上の西側にもあります）。その東側の礼拝堂の中央にある二番目の部屋の天井に天体図（前頁 図5－2）が彫られています。この部屋は面積が六メートル×三・五メートル、高さが二・六五メートルという小さな部屋です。この天井には、有名な天体図の他、天の女神「ヌウト」のレリーフが施されています。ヌウト女神は、両手足を地面についた姿勢をしています。彼女自身が天蓋を形どっていました。

この天井のレリーフの中で天体図の部分だけが切り出され、ルーヴル美術館に運び出されてしまったため（写真5－3）、現在では、元にあった場所には天体図のレプリカが天井にはめ込まれています。天体図のレプリカは、表面が黒色に塗られているために非常に見にくいものとなっています。

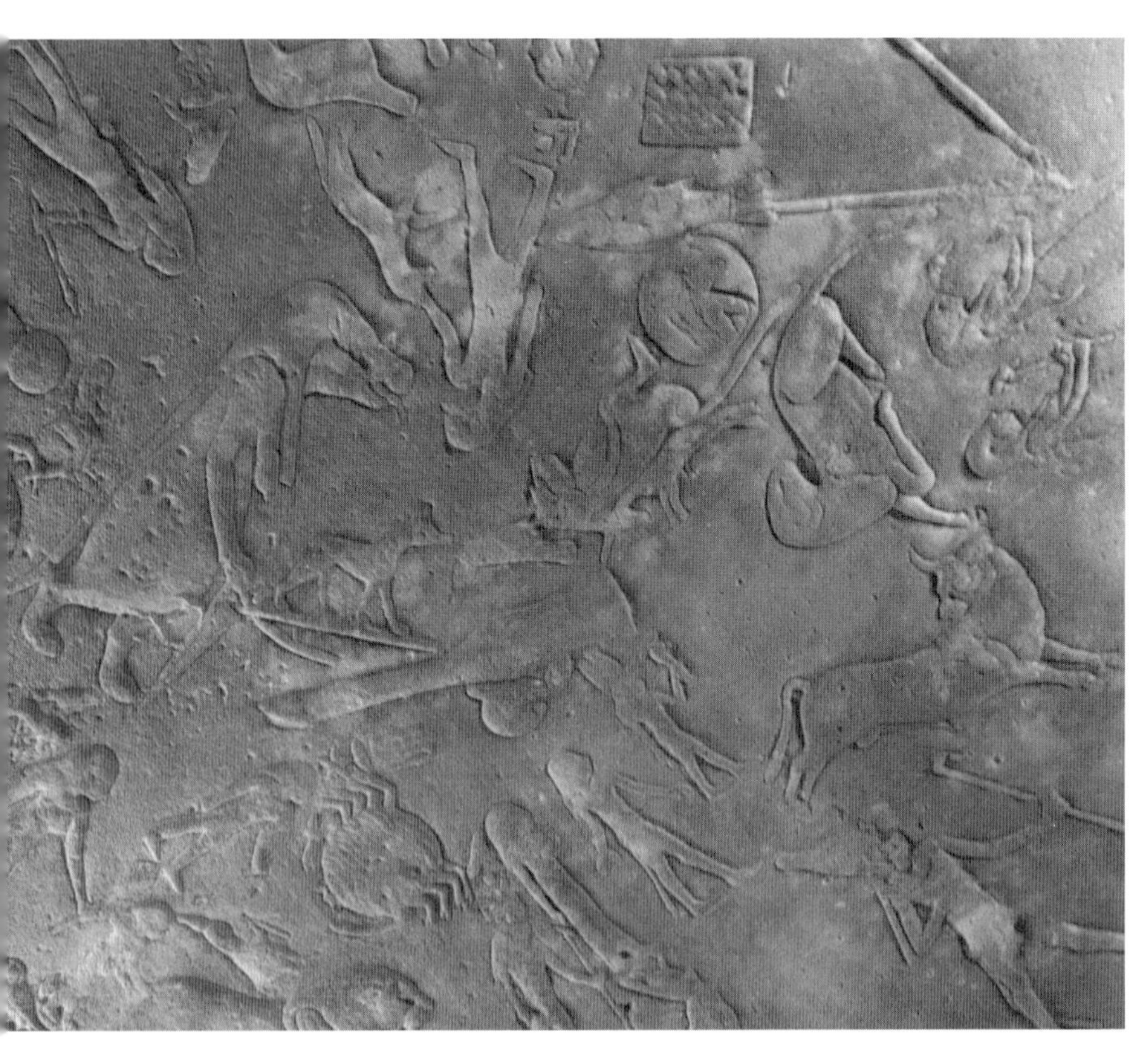

ルーヴル美術館に収蔵された天体図

フランスのパリのルーヴル美術館は、いうまでもなく世界的に有名な美術館です。ここには世界中から集められた膨大なコレクションが展示されています。現在、デンデラの天体図は、このルーヴル美術館のシュリー（Sully)翼一階の一二室の脇室で見ることができます。

通路から少し入った、天井の低い場所にあるため、注意していないと見落としてしまいます。エジプトのデンデラ・ハトホル神殿の屋上ではなく、パリで、しかも至近距離で実物を見ると不思議な気持ちになります。この天体図は、一七九八年から一八〇一年にかけて実施されたナポレオンのエジプト遠征の際に発見され、その報告書『エジプト誌(Déscription de l' Egypte)』にスケッチが載せられています。

当時、この天体図はフランスとイギリス両国の関心を集めていましたが、フランスの古美術収集家のセバスチャン・ルイ・ソールニエ（Sébastien-Louis Saulnier)とその代行者のジャン・バプティスト・ルロラン(Jean Baptiste Leloraine)によって、イギリスよりも早く、一八二一年にエジプトの神殿からパリへ持ち出されたのでした。

ナポレオンの遠征隊が発見したのだから、フランスが持ち出す権利がある、と彼らは主張して、このような蛮行を実施したのでした。これに対して、イギリス人もフランス人が発見するよりも前からイギリス人がデンデラ遺跡で調査をしていたのだから、我が国がこの天体図を持ち出す権利がある、として、フランスによる持ち出しを阻止しようとしましたが、結局はパリへ運ばれました。このように一九世紀前半のエジプトでは、列強のエゴ

▶写真5-3　ルーヴル美術館に展示されているデンデラの天体図。至近距離で見ることができ、黄道12宮の細部なども確認できる。しかし展示場所の天井が低いため、全体の写真を撮ることはむずかしい（写真資料 121ページ参照）。

によって数多くの文化財が海外へ流出していったのでした。

天体図は厚さが一メートルほどある、厚い二つの砂岩のブロックに彫られており、その大きさは二・五三メートル×二・五五メートルのほぼ正方形のものです。ルロランは火薬を使用して礼拝堂の屋根に穴をあけて切り出すことに成功したのでした。パリに運ばれた天体図は、フランス国王ルイ一八世に一五万フランで売却され、一八二二年までにパリのフランス国立図書館に移され、その後一九〇七年一月にルーヴル美術館に譲渡されました。

デンデラの天体図

このデンデラの天体図(図5-3)は、ほぼ正方形で中央の円形部分にメソポタミア起源の黄道一二宮とエジプト固有の星座が浅いレリーフで表現されています。天体図の四隅には天を支えるように両腕を広げた四体の女神が描かれています。女神の間の四辺の中央部には向かい合ったハヤブサの頭を持つ二体の男神が両腕を上げ、跪いた姿勢で表現されています。

図の右下の女神の向かって左には、ヒエログリフで「東(イアベテト)」と書かれています。同じように左上の女神の右側には「西(アメンテト)」とあり、方位を示しています。神々が支える内側の円の周囲には三六の図像が描かれています。これらは神々の姿や、鳥や獣などを描いていますが、これらは古代エジプトにあった三六のデカン(デカノス)を表現するものです。これら三六のデカンに関して、今日のどの星座と対応するかについては研究者の間でさまざまな説が出されており、決定されていません。

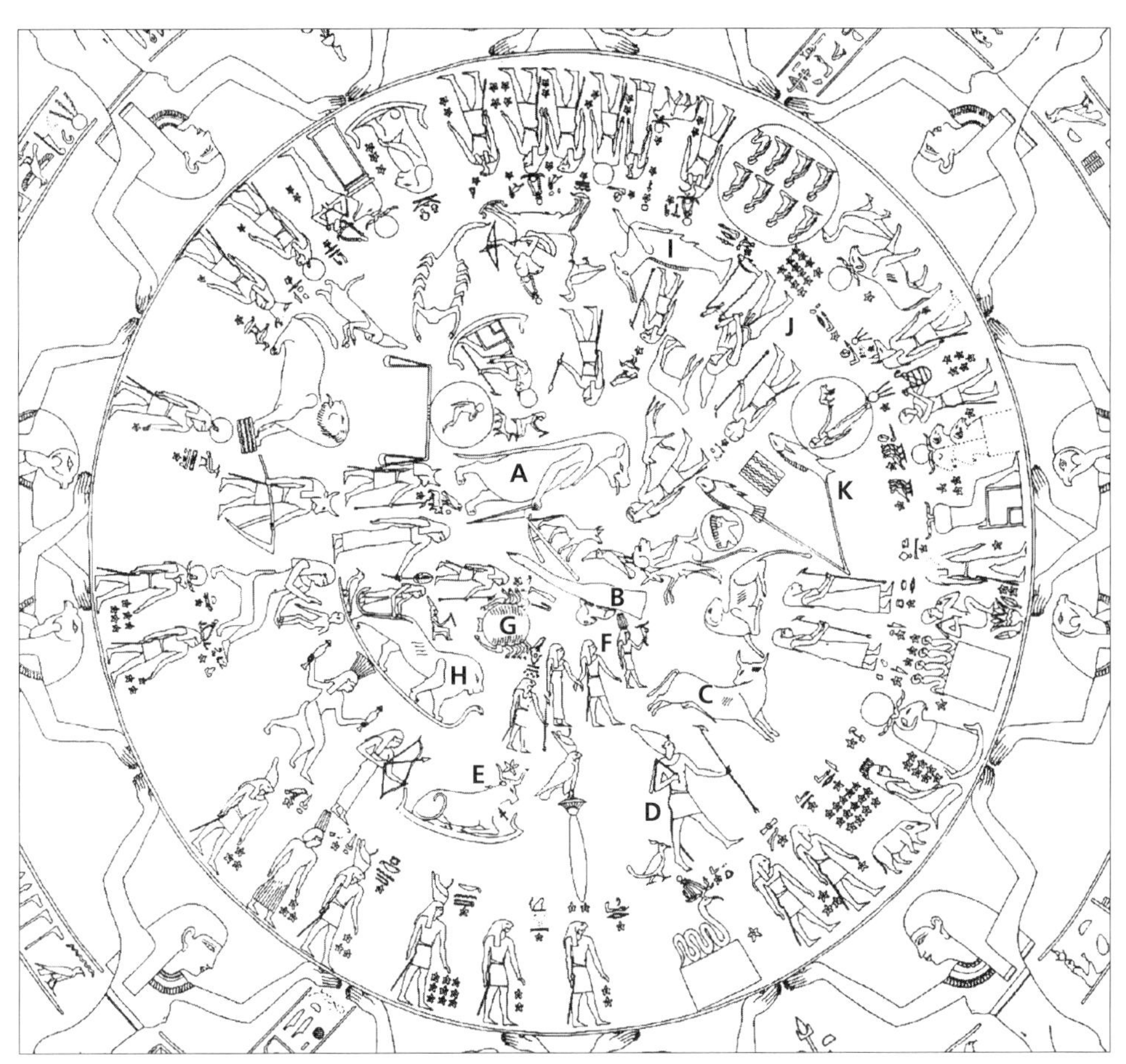

図5-3　デンデラの天体図（図5-2の左半分）。2.53m×2.55mのほぼ正方形で、
中央の円形部分にメソポタミア起源の黄道12宮とエジプト固有の星座が浅いレリーフで表現されている。
A：カバの星座（タウレト女神）、B：北斗七星（メスケティウ）、C：おうし座、D：サフ（オリオン座の三ツ星）、
E：シリウス、F：ふたご座、G：かに座、H：しし座、I：やぎ座、J：みずがめ座、K：うお座
（Cauville, S. Le Temple de Dendera: Les chapelles osiriennes, IFAO, le Caire, 1997, pl.X-60）

天体図の中に、メソポタミア起源の黄道一二宮の星座を見ることができます。中央の右手に、「おひつじ座」があり、その下に「おうし座」、そして左に「ふたご座」、「かに座」と続き、その下に「しし座」、上に「おとめ座」、「てんびん座」、「さそり座」と配置され、右手に「いて座」、「やぎ座」と続いています。その次の「みずがめ座」は両手に水の流れ落ちる壺を持ったナイルの神であるハピ神の姿で表されています。最後に「うお座」の一二星座があります。

円の中心に近い部分には、横に牛の前脚が描かれています。これが古代エジプトの北天を代表する現在の北斗七星、古代の「メスケティウ」です。メスケティウの上にカバの女神の姿が見えます。

また、この天体図には惑星が描かれています。これまでの研究によれば、みずがめ座とうお座の間に金星が、かに座のすぐ上には木星が、やぎ座の背中には火星が描かれているとされます。このような惑星配置から、一部の天文学者は、この天体図が紀元前五〇年六月から八月にかけての星空を表したものではないかと想定しています。

さらに、この天体図には「イシス女神」がマントヒヒの尾を引く図像があり、これは月の神であるマントヒヒで表現される「トト神」が、太陽を隠すのを止めていると解釈をし〝紀元前五一年三月七日の日食を表す〟とする説があります。あるいは、「ホルス神」の完全な眼である「ウジャト」の眼が描かれているものを〝紀元前五二年九月二五日の月食を表す〟とする説も、ルーヴル美術館の説明には書かれていますが、これらの同定は異論も多く、そのように決定するには異論も多く問題があります。今後の研究が待たれます。

エジプト最古の黄道一二宮（獣帯）図

アレクサンドロス大王の東方遠征の結果、黄道一二宮がエジプトでもプトレマイオス王朝時代から使われるようになります。デンデラのハトホル神殿の天体図よりも古い「黄道一二宮」の例としては、エジプト南部のエスナ(Esna)のクヌム神殿のものが、プトレマイオス三世～五世の治世下(紀元前二〇〇年ごろ)のものと推定されており、確認される最古のものです。しかし残念ながら現在は破壊されてしまったため一九世紀に描かれた図でしか確認することができません(次頁 図5－4a・b)。

次頁 図5－4aの三段のうち中央の段に黄道一二宮が描かれています。中央には、四枚の翼を持った牡羊が描かれています。その右上には、「おうし座」が、そして左には、船に乗った男神の姿をした、黄道一二宮ではない「サフ(オリオン座の三ツ星)」と「シリウス」を表す杖を手にした女神の姿があります。この女神の左に「ふたご座」、その左隣には、まるで虫のような姿をし、脚は一〇本ある「かに座」が描かれています。おそらく、これを描いた画家は蟹を実際に見たことがなかったに違いありません。ナイル川の上流域では、蟹を見ることがほとんどなかったと思われます。蟹の左隣には、左手に矢を握り、右手で刀を振りかざしている男性の姿があります。これは「木星」を表しています。古代エジプトでは、惑星はハヤブサの姿で描かれていることを考えると、非常に興味深いものです。

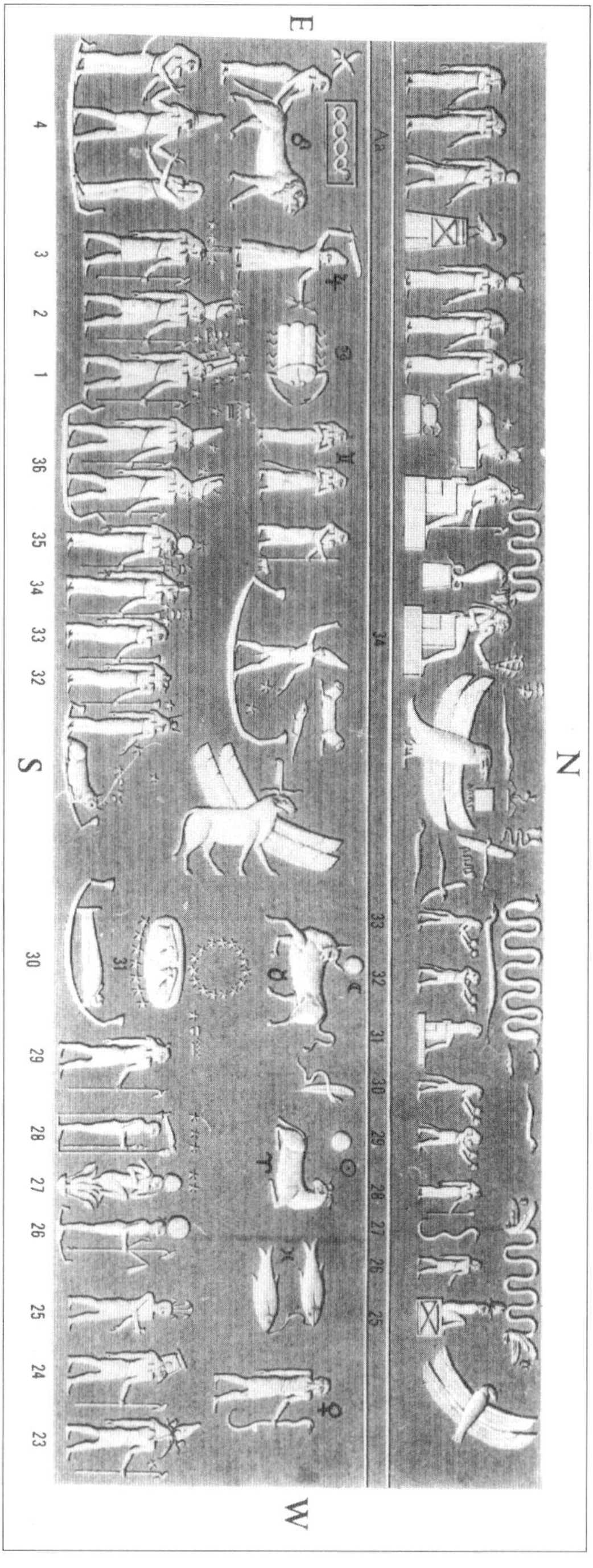

図5-4a　エジプト最古の黄道12宮図といえる「エスナの黄道12宮図」。
（Neugebauer, O. and R. A. Parker, Egyptian Astronomical Texts Ⅲ, 1969, Plate29.）

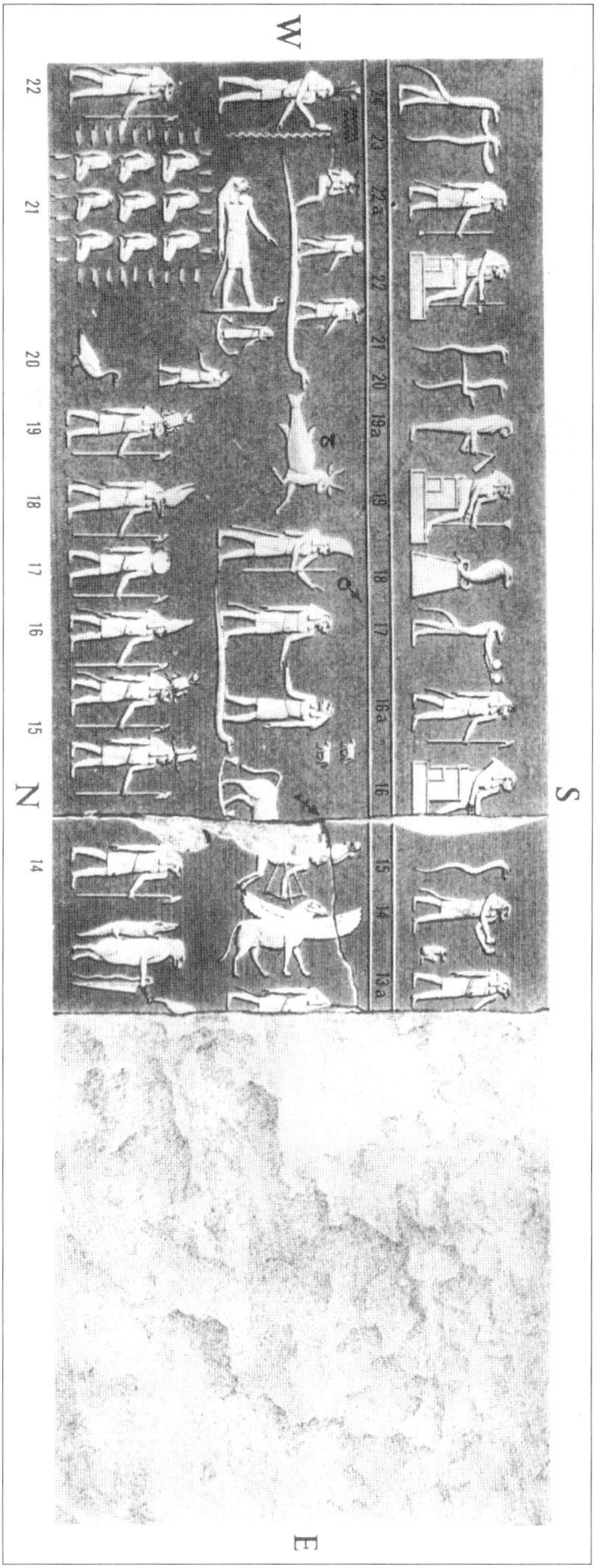

図5-4b　「エスナの黄道12宮図」。残念ながら図5-4a・bとも現存しない。
(Neugebauer, O. and R. A. Parker, Egyptian Astronomical Texts Ⅲ, 1969, Plate29.)

その男性の横に、「しし座」が描かれています。獅子のお尻を女性が手で押さえているのが特徴的です。
一方、「おうし座」の右側には「おひつじ座」、「うお座」と並び、その右側には蛇を手にした男性が立っています。これも黄道一二宮ではなく「金星」を表したものです。また、「おうし座」の上部の円盤は「月」、そして「おひつじ座」の上の円盤は「太陽」を表したものと推定されます。
前頁 図5－4bには残りの一二宮図が描かれていましたが、右側部分はすでに破壊されていました。中央段の左端にはナイルの神である「ハピ」神の姿で表現されている「みずがめ座」が位置しています。ハピ神は、男女両性を持つ不思議な神であり、ナイル川の増水や恵みを司る重要な神でした。黄道一二宮が完全にエジプト化して表現されている貴重な例といえます。その右隣には蛇に乗った神々がいますが、これも黄道一二宮ではありません。その右側には、前半身がヤギで後半身が魚で表現された「やぎ座」が描かれています。その右側のかぶり物をした人物は、「火星」と考えられています。その右には、同じように蛇の上に乗った図像があります。
一四〇頁 図5－4aの下段中央には、シリウスを表す船に乗る

「うずくまる牝牛」が、そして一四一頁図5−4b下段の右端の場所には、ワニを背負ったカバの姿(タウレト女神)が見え、北天の星座を表現しています。

シャンフールの黄道一二宮図

ナイル川上流のケナ地区のシャンフール(Shanhur)には、ローマ支配時代初期のアウグストゥス帝からチベリウス帝にかけての時期(前三〇年〜後二七年)の黄道一二宮図が描かれています(図5−5)。天の女神ヌウトが、両手と両足を踏ん張って天を支えています。中央上部には、左から「やぎ座」、「いて座」、「さそり座」、「てんびん座」、「おとめ座」、「しし座」と六つの黄道一二宮が並んで描かれています。おとめ座としし座の部分は、図像が欠損していてわかりづらいですが、順番から考えて間違いないと思われます。下部中央には、ヒエログリフで「メスケティウ」と記された北斗七星が、牡牛の前脚に牡牛の頭をつけた姿で表されています。左隣にはカバが位置しており、エジプト固有の星座である北天図を表現したものです。

彩色木棺に描かれた黄道一二宮

やはりナイル川上流のテーベ西岸からは、ローマ支配時代の紀元後二世紀初期(紀元後一一五年〜一二五年ごろ)の彩色木棺の蓋の内側に描かれた黄道一二宮図が知られています。この時期の黄道一二宮図が描かれているいくつかの木棺の中で、ここでは「ペテメノフィス」(Petemenophis)と「ヘテル」(Heter)という二人の人物の木棺を取りあげてみま

▶図5-5　シャンフールの黄道12宮図。天の女神「ヌウト」が両手と両足で天を支え、その下に6つの黄道12宮の星座が描かれている。
(Neugebauer, O. and R. A. Parker, Egyptian Astronomical Texts Ⅲ, 1969, Plate 40A.)

写真5-4　テーベのペテメノフィスの彩色木棺の蓋の内側。紀元後2世紀半ば。中央が手を伸ばして天空を支えるヌウト女神。向かって左、女神の足の横に両手に壺をもった姿の「みずがめ座」、上に向かって「うお座」、「おひつじ座」、「おうし座」、「ふたご座」、「かに座」の6星座が描かれている。向かって右、女神の脇下の部分に「しし座」、下に向かって「おとめ座」、「てんびん座」、「さそり座」、「いて座」の5星座が描かれている（写真資料 126ページ参照）。（Neugebauer, O. and R. A. Parker, Egyptian Astronomical Texts Ⅲ, 1969, Plate47B.）

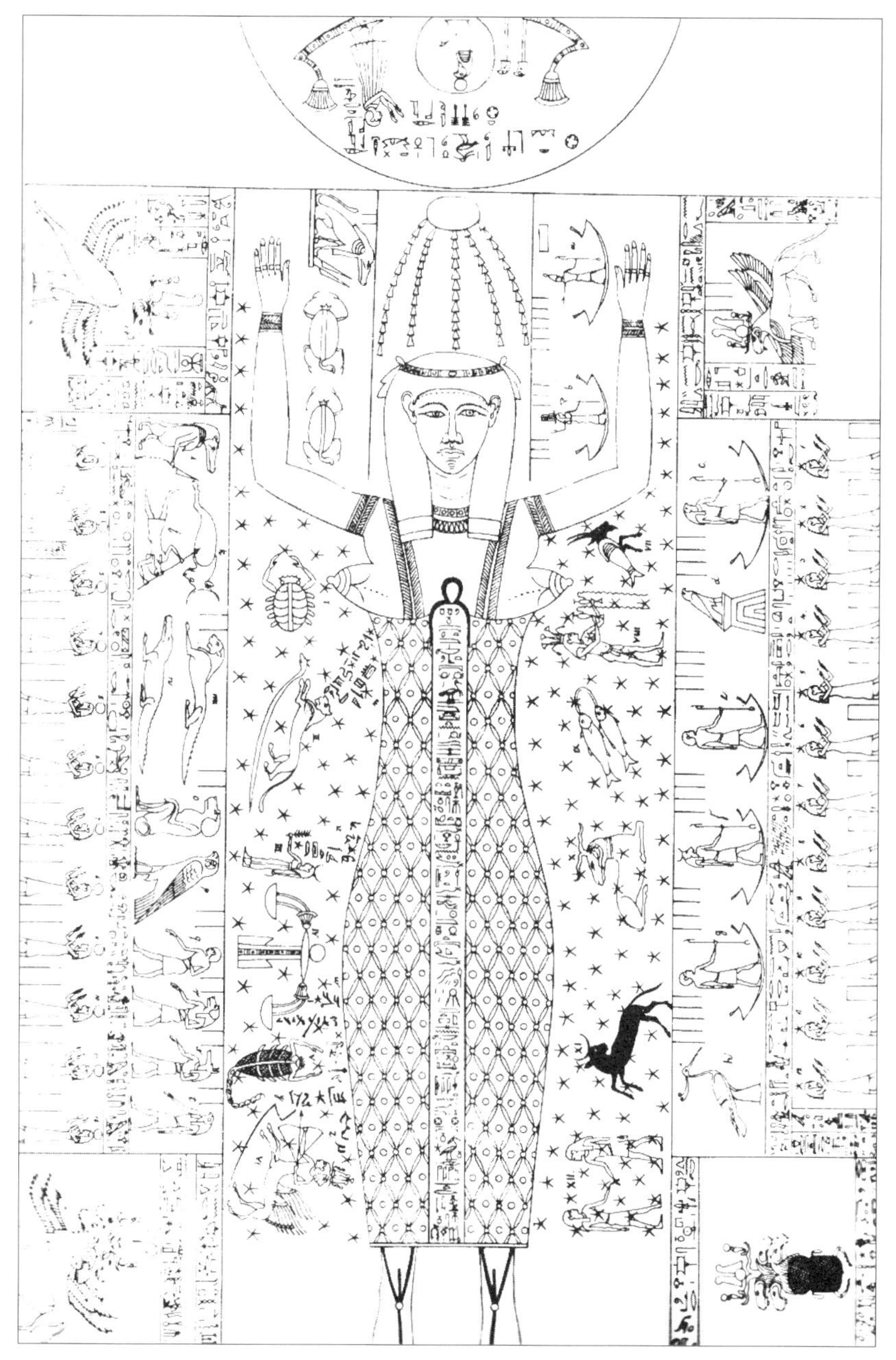

図5-6　ヘテルの木棺の蓋内側に描かれたヌウト女神と黄道12宮図。テーベ出土の木棺、紀元後125年ごろ。向かって右上の女神の脇の部分に「やぎ座」、その下に古代エジプトのナイルの神「ハピ」の姿をした「みずがめ座」、下に向かって順に「うお座」、「おひつじ座」、「おうし座」、「ふたご座」。左上の女神の脇の部分に「かに座」、下に向かって順に蛇に乗った「しし座」、麦の穂を手に持った「おとめ座」、「てんびん座」、「さそり座」、「いて座」が描かれている。（Neugebauer, O. and R. A. Parker, Egyptian Astronomical Texts Ⅲ, 1969, Plate50.）

しょう。

ペテメノフィスは、紀元後九五年に生まれ、後一一六年に死亡した人物です。彼の木棺の蓋の裏には、一四四頁 写真5-4のような図像が描かれています。木棺の蓋の内側には、死者のミイラに見えるように天の女神「ヌウト」と黄道一二宮図が描かれたのでした。中央には手を伸ばして天空を支えているヌウト女神が位置しています。そして「みずがめ座」、「うお座」、「おひつじ座」、「おうし座」、「ふたご座」、「かに座」の六星座と、「しし座」、「おとめ座」、「てんびん座」、「さそり座」、「いて座」の五星座が描かれています。いて座に続く「やぎ座」を描くスペースがなくなったためなのか、左上部の女神の右手の横に下半身が魚の姿をした「やぎ座」が位置しています。

一方、同時期のヘテルも、紀元後九三年に生まれ、後一二五年に死亡したことが判明しています。彼の木棺の内側(前頁 図5-6)にもヌウト女神と黄道一二宮図が描かれていました。このヘテルの棺では黄道一二宮図だけではなく、古代エジプト固有の星座なども描かれています。向かって左上の女神の右腕の脇には、メスケティウ(北斗七星)を含む北天図が描かれています。

岩窟墓天井画に描かれた黄道一二宮図

ナイル川上流のアクミーム遺跡の南西一〇キロメートルに位置するアトリビス(Athribis)の紀元後二世紀の岩窟墓の天井には、黄道一二宮図が描かれています(図5-7)。図の左上部には、向かって左から「やぎ座」、「みずがめ座(ナイルの神であるハピの姿

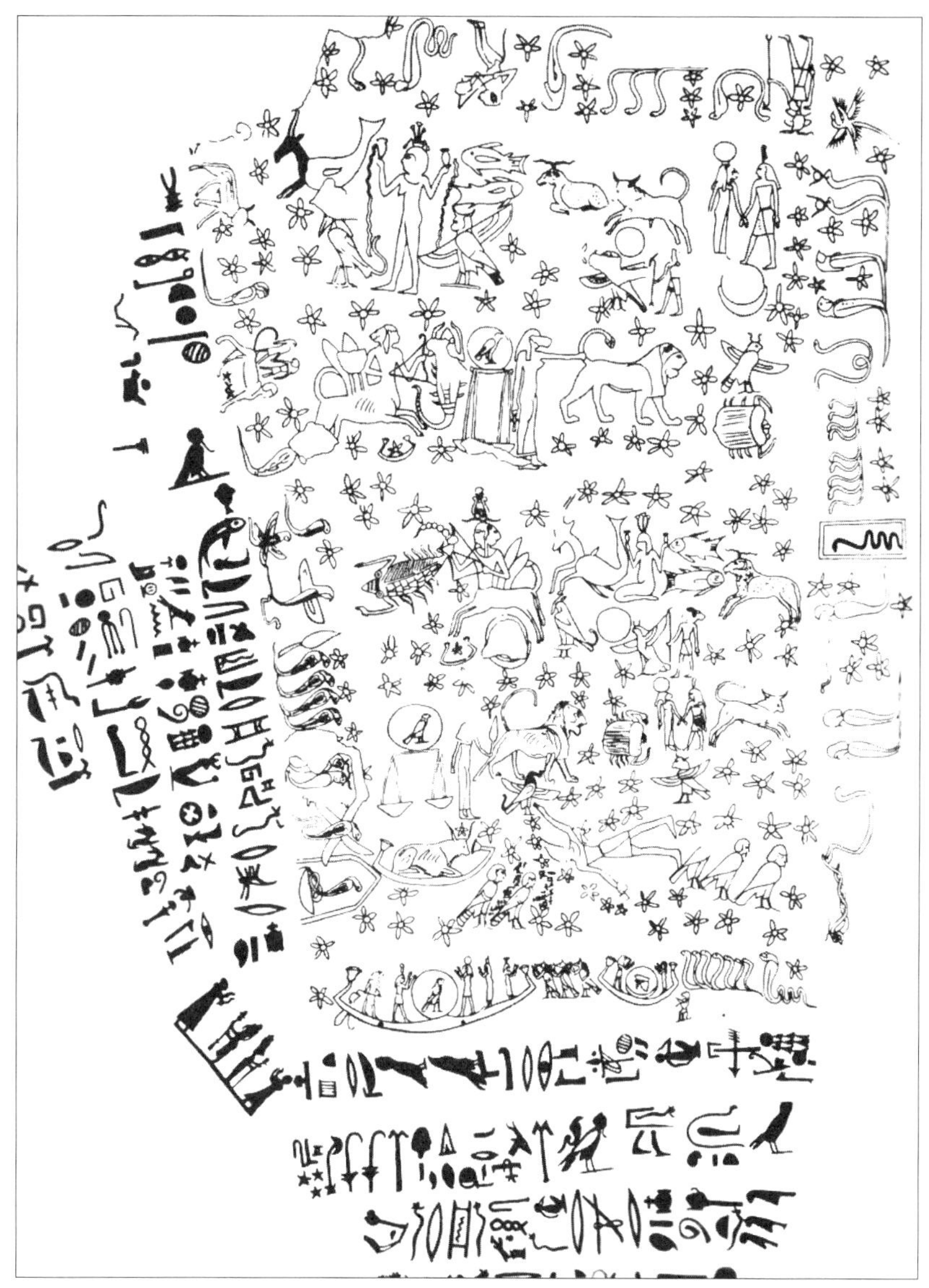

図5-7　アトリビス（Athribis）の岩窟墓天井に描かれた黄道12宮図。紀元後141年または148年ごろ。（Neugebauer, O. and R. A. Parker, Egyptian Astronomical Texts Ⅲ, 1969, Plate51.）

図5-8　アル=サラムニの岩窟墓天井に描かれた黄道12宮図。四隅を女性たちが支えている。紀元後2世紀半ば。
(Neugebauer, O. and R. A. Parker, Egyptian Astronomical Texts Ⅲ, 1969, Plate53.)

をしています)」、「うお座」、「おひつじ座」、「おうし座」、「ふたご座」と順に並んでいます。その「ふたご座」の下の方に「かに座」が見えています。そして、そこから向かって左に「しし座」、「おとめ座」、「てんびん座」、「さそり座」、「いて座」と黄道一二宮図が描かれています。この「いて座」の下に再び「さそり座」が位置しています。

そして、今度はそこから向かって右に「いて座」、「やぎ座」、「みずがめ座」、「うお座」、「おひつじ座」と続いています。そして、その下段には、ジャンプした姿の「おうし座」があり、今度は右から左に向けて黄道一二宮が並んでいます。「ふたご座」、「かに座」、「しし座」、「おとめ座」、「てんびん座」と二番目の黄道一二宮が描かれています。この「てんびん座」の下には、船にうずくまる牝牛の姿をしたシリウスがあり、その右側にはオリオン座の三ツ星を表すエジプトの星座サフが描かれています。

アトリビスの岩窟墓天井画とほぼ同じ紀元後二世紀半ばのアル=サラムニ(al-Salamuni)遺跡の岩窟墓天井にも黄道一二宮図が描かれています(図5-8)。アル=サラムニ遺跡もアクミーム遺跡の北東に位置しています。この遺跡の岩窟墓の天井には、四隅を女性たちが支えた円盤に黄道一二宮が描かれています。

写真5-5　ダレッシーの円盤に描かれた黄道12宮図。大理石製。ローマの支配時代にアレクサンドリアで購入されたもの。(Neugebauer, O. and R. A. Parker, Egyptian Astronomical Texts Ⅲ, 1969, Plate40B.)

ダレッシーの円盤に描かれた黄道一二宮図

直径二七センチメートルの大理石製の円盤（前頁 写真5-5）は、アレクサンドリアで購入されたもので、ローマ支配時代のものと推定されています。現在は、アテネの国立博物館に所蔵されていますが、購入品のため、その元来の出土地などの情報は、よくわかっていません。上部には、右に順番に「おうし座」、「ふたご座」、「かに座」、「しし座」、「おとめ座」、「てんびん座」、「さそり座」、「いて座」、「やぎ座」、「みずがめ座」、「うお座」と黄道一二宮が、一二等分に分割された内部に描かれています。「てんびん座」や「みずがめ座」の部分は、少々わかりづらいです。この円盤は、有名なフランス人のエジプト学者G・ダレッシー（G. E. Daressy：一八六四年～一九三八年）の名前を冠してよばれています。

古代メソポタミアの星座との関連

太陽が天空上を移動していく黄道に沿って位置する一二の星座は、「黄道一二宮」あるいは「獣帯」とよばれ、現在でも星占いの星座として、私たちにもよく知られています。

この黄道一二宮は、一般にエジプトの東隣にある古代メソポタミア（両河地域：チグリス川とユーフラテス川の二つの大河の間にある地域の意）で考案されたとされています。

これまで、古代エジプト固有の星座は、古代メソポタミアの星座とは、まったく関係がない別系統の星座であるとされてきました。そして、エジプトのプトレマイオス朝時代になって、メソポタミアの黄道一二宮が初めてエジプトに導入されたものとして紹介されてきました。

しかし、古代エジプトの新王国時代にはすでに、黄道一二宮の星座と似ている星座が存在していることがわかってきました。ここでは、そうした古代メソポタミアの星座と関連がありそうな古代エジプトの星座について紹介しましょう。

前節までに紹介したように、古代エジプトでは紀元前二〇〇〇年ごろまでに、固有の星座が徐々に作り上げられていったと思われます。ただし、残念なことに資料の不足などから、具体的にどの星座が私たちの知っている星ぼしと同定できるかについては、いまだに意見が分かれているところです。

これまで多くの研究者が古代エジプトの固有の星座を考察して復元してきました。前節までに紹介したサフとセプデト、それに北天のメスケティウの三つの星座以外は、異論も多くあります。

古代エジプトの星座を研究しているフアン・アントニオ・ベルモンテ(Juan A. Belmonte)は、二〇〇一年のヨーロッパ文化・天文学会(SEAC)の第九回大会でエジプト新王国時代の固有の星座に関して、たいへん興味深い研究を発表しています。ベルモンテが、同定した三六もの古代エジプト固有の星座の中には、オリオン座付近のサフ、シリウス付近のセプデト、北斗七星のメスケティウも含まれています。次節で、私たちの知っている黄道一二宮と関連のありそうな二つの星座を紹介します。

黄道一二宮との関連

◉ふたご座(Gemini)

冬の代表的な星座であるふたご座は、α星のカストルとβ星のポルックスの二つの明るい星から成る星座です。古代エジプトでは「二つの星ぼし(一対の星ぼし)」を意味する「セバウイ」で、ヒエログリフの星(セバ)を二つ並べて表現しています(図5-9)。これら二つの星ぼしが現在のカストルとポルックスであるとベルモンテはのべています。多くの民族で、この二つの星を対として扱っていますが、この古代エジプトの「二つの星ぼし」(写真5-6)という名称が、古代メソポタミアの「ふたご座」とまったく関係がないとは言い切れません。残念ながら、現在のところは、これ以上の関連を具体的に証明する資料を私は持っていません。今後の研究が、大いに期待されます。

◉しし座(Leo)

ライオンは、アフリカ大陸のサバンナ地帯に広く分布しています。一方、アジアでは、インドの北西部のグジャラート州ギル保護区にも三〇〇頭ほどのインド・ライオンが生息しています。このように、現在では、アフリカとインドに隔絶されて存在しているライオンですが、古代にはアフリカから古代オリエント地域、インドまで生息していました。古代エジプトでも、ナイル川流域に生息しており、王がライオン狩りをしていた記録が残されています。さらに古代アッシリアやイランなどにもライオンをモチーフとしたレリーフ

図5-9　古代エジプトの「2つの星ぼし」。黄道12宮のふたご座は古代エジプトでは、2つの星ぼしとよばれており、メソポタミアのふたご座との関連が指摘できる。

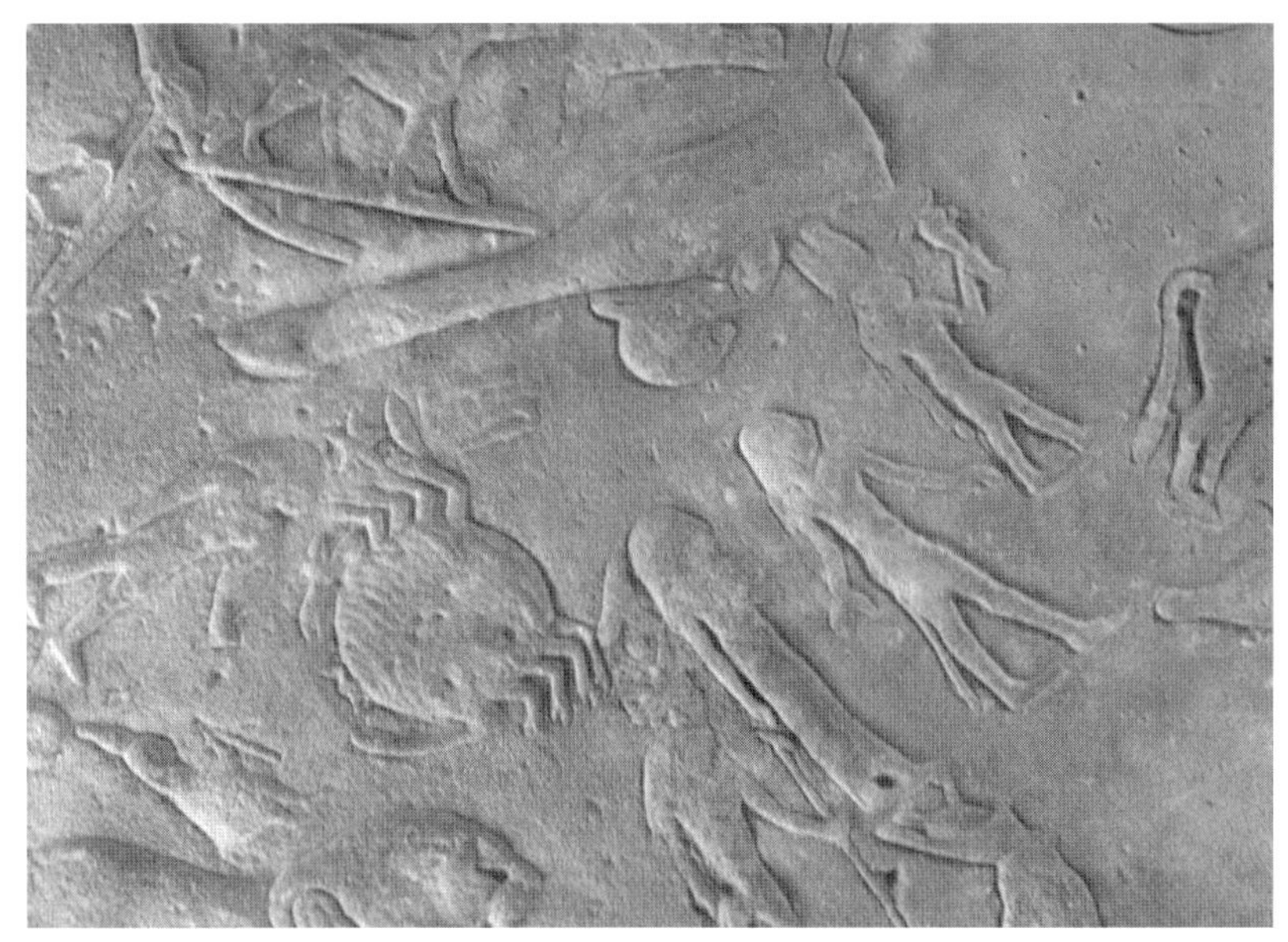

写真5-6　デンデラ神殿に描かれた黄道12宮のふたご座を表す2人の人物(右)とかに座(左)。
これらの黄道12宮がエジプトに導入される以前から古代エジプトに「2つの星ぼし」とよばれる星座が存在したとすれば、ふたご座との関連が注目される。

写真5-7　デンデラ神殿に描かれた黄道12宮のしし座。

しし座から右上のおうし座まで、黄道12宮のかに座、ふたご座と表現されている。

かに座の上には北天の牛の前脚の形をしたメスケティウ(北斗七星)とその左のカバの姿が見える。

（浮彫り）や工芸品が残されています。

黄道一二宮のしし座は、春を代表する印象的な星座です。東の地平線から昇る雄大な姿は、大鎌にたとえられます。紀元前一世紀のデンデラ神殿に描かれたしし座（前頁 写真5－7）とエジプト固有の星座との位置関係を調べてみると、エジプト固有の星座を考えるヒントとなっています。

ベルモンテは、古代エジプトのライオンの星座が、私たちが知っている黄道一二宮の「しし座」と同一のものであるとしています。この星座は、古代エジプト語でライオンを意味する「マイ」という名前でよばれています（図5－10）。このライオンの星座は、第三章 七三頁 図3－2で紹介した北天図にも描かれていた

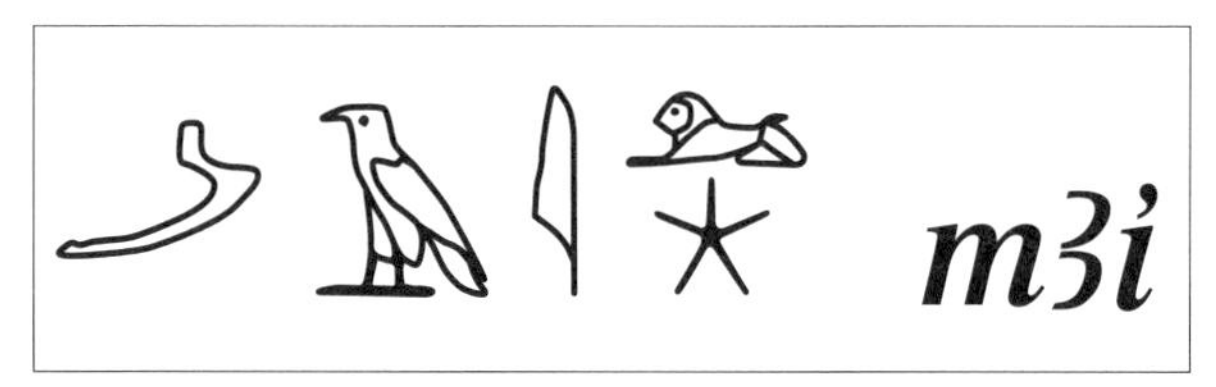

図5-10　古代エジプトのライオンの星座「マイ」と私たちのしし座とが同一であるならば、メソポタミアの黄道12宮のしし座は、古代エジプトの星座の影響の下で成立したのだろうか。

図5-11　王家の谷の新王国時代の王墓の天井に描かれたライオンの星座には「イミィ」のヒエログリフが添えられている。

図5-12　王家の谷のタウセレト王妃墓のライオンの星座（イミィ）。

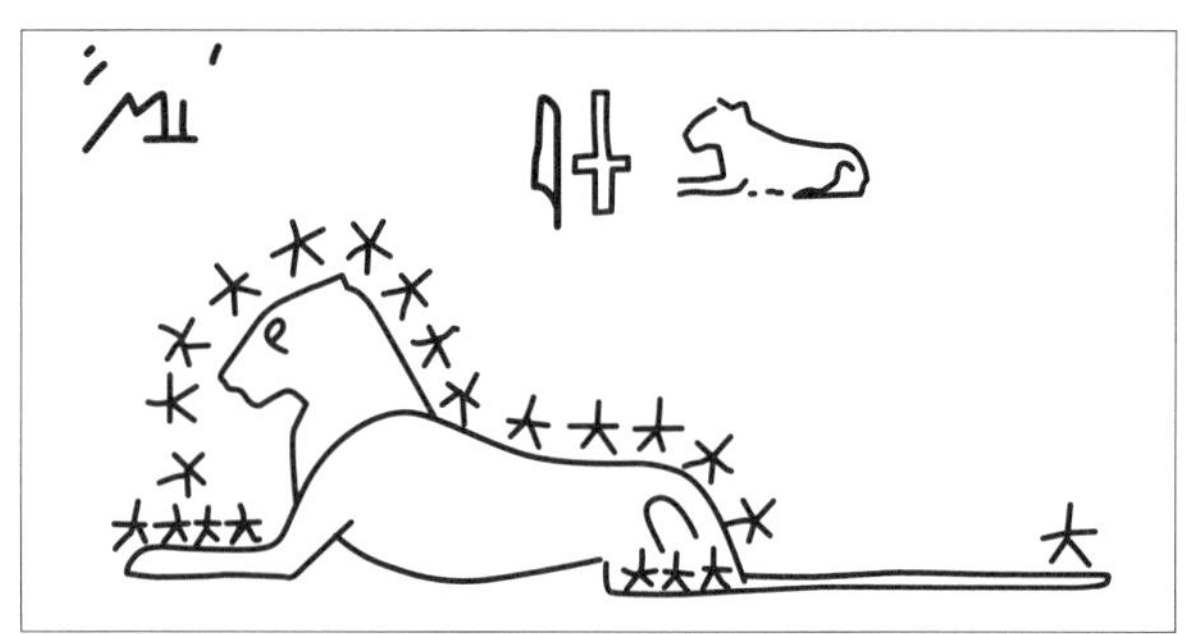

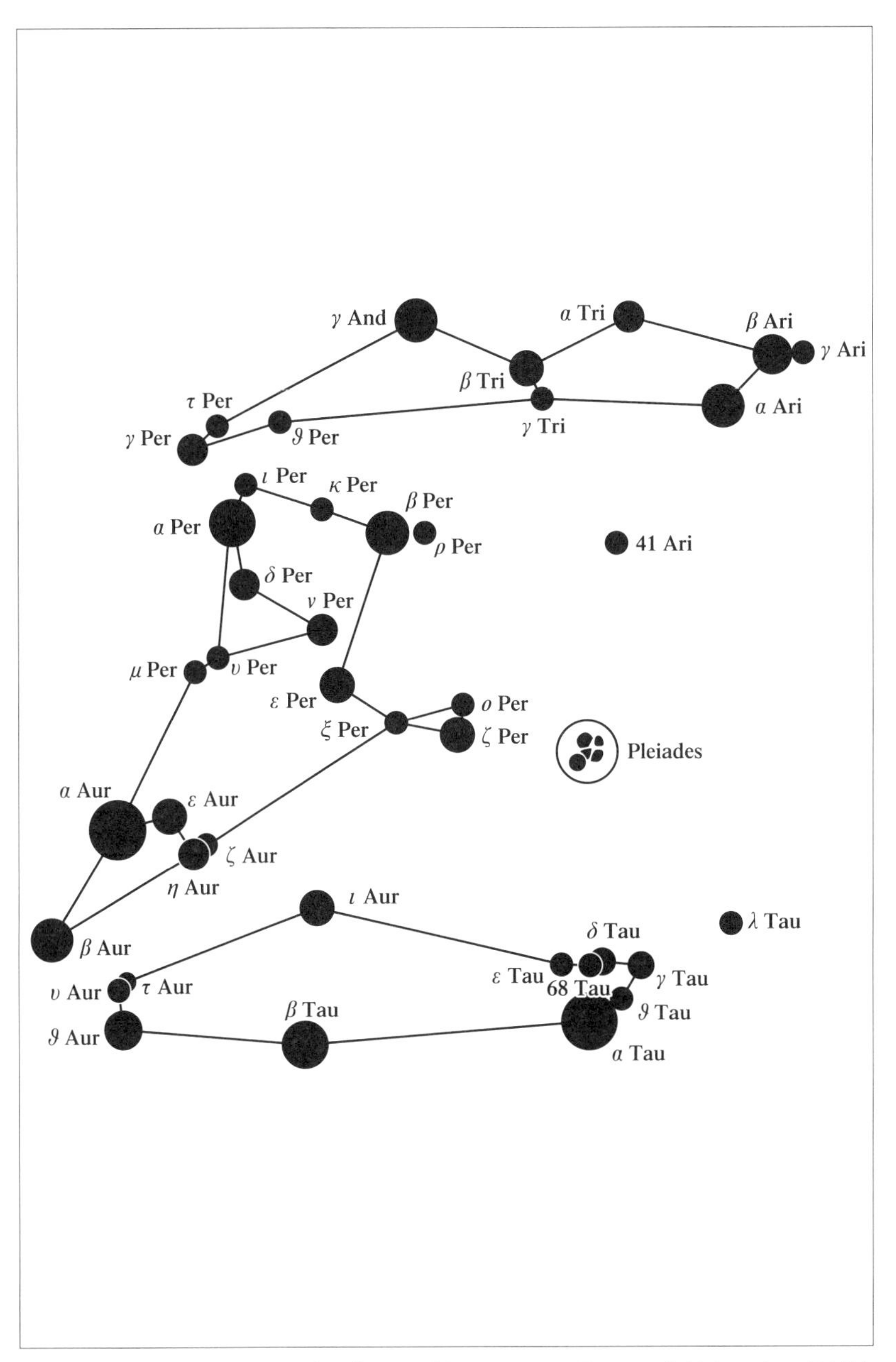

図5-13　ロヒャーの推定した古代エジプトの「ライオン座」。ロヒャーは、2匹のワニに挟まれたライオンの姿を推定している。下のワニは、おうし座のヒヤデス星団から伸びている姿をしており、またプレヤデス星団の横にペルセウス座とぎょしゃ座で作られた「ライオン座」が推定されている。上部のワニはペルセウス座、アンドロメダ座、さんかく座の星ぼしで描かれる（Locher, K. Archaeoastronomy 15, JHA XXI 1990, p.49, Fig.1）。＊Per＝ペルセウス座、Tri＝さんかく座、Ari＝おひつじ座、Aur＝ぎょしゃ座、Tau＝おうし座。

もので、新王国時代の王家の谷などでは、「イミィ」という文字が記され(一五四頁 図5-11・12)、その名前でよばれていたと考えられます。確かに古代エジプトの北天図には、寝そべったライオンが描かれており、ライオンを表す星座があったことは間違いありませんが、この星座が、私たちが現在でも使用している「しし座」とまったく同じものであったかどうかを確定することは、現時点では非常に困難なことです。

ベルモンテが、古代エジプトでライオンの姿で描かれている星座とメソポタミアの黄道一二宮のしし座とが、同一の星座であると推定したのに対して、ロヒャーは古代エジプトの「ライオンの星座」として独自の推定をしています(前頁 図5-13)。ぎょしゃ座のα星であるカペラも含まれています。

◉聖船座

天の黄道上に位置しているエジプト固有の星座の中で、これまでにその位置が推定されているものに聖船座があります。英語では、「Boat(船、ボート)」と表記されますが、古代エジプト語では「ウイア(図5-14)」と記され、単なる船というよりは、「大きな船」、「聖船」を意味します。ロヒャーの推定によれば、比較的大きな星座で、さそり座α星アンタレスから始まり、さそり座のτ星、ε星、λ星と結んでおり、このλ星が船の一番中央の底にあたっています。その後、右側と対称的に、いて座ε星、いて座σ星で形作られているとされます(図5-15)。

一方、ベルモンテは、ロヒャーの推定よりもやや東側のいて座からやぎ座にかけての星ぼしにあたるのではないかとしており、両者の同定は微妙にズレています。

◉羊座

さそり座からいて座にかけて位置する聖船座の隣のやぎ座からみずがめ座にかけての場所には、ロヒャーによって、古代エジプトの羊座があったと推定されています。羊（または山羊）は古代エジプトでも非常に一般的な動物でした。この羊の星座の位置もロヒャーとベルモントでは多少ずれており、ベルモントは、より南のつる座（Grus）あたりの星ぼしと推定しています。古代エジプト語では、セレトとよばれていました（次頁 図5-16）。ロヒャーは、やぎ座のα星から左にみずがめ座のβ星、α星と結んでいます。そして羊の口をみずがめ座のθ星として、その後、やぎ座のδ星、θ星などをつないで羊を作り上げています（次頁 図5-17）。

図5-14　「聖船座」を表すヒエログリフの「ウイア」。

図5-15　ロヒャーの推定した古代エジプトの「聖船座」。さそり座のα星アンタレスから、いて座のσ星まで結んで作られた比較的大きな船の星座である。

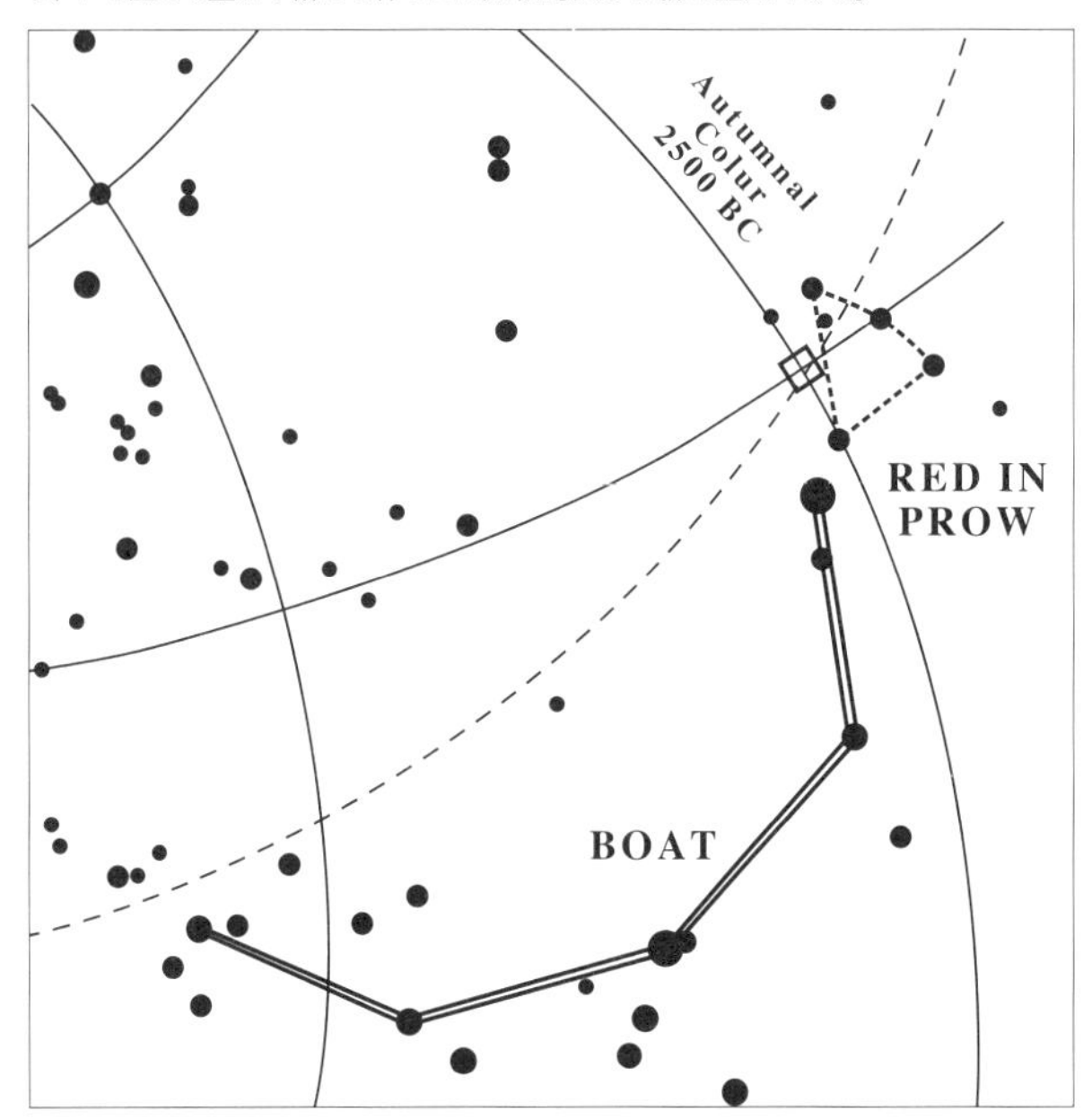

星座同定のむずかしさとメソポタミアとの関係

古代エジプトの星座と古代メソポタミアの星座とは、独自の発展を遂げていったと考えられます。しかし、エジプトでは、新王国時代までに数多くの星座が作られていました。そして、その中のいくつかの星座が、古代メソポタミアをはじめとする西アジア地域の星座の形成に影響を与えたと考えることも、可能性としては大であるといえます。

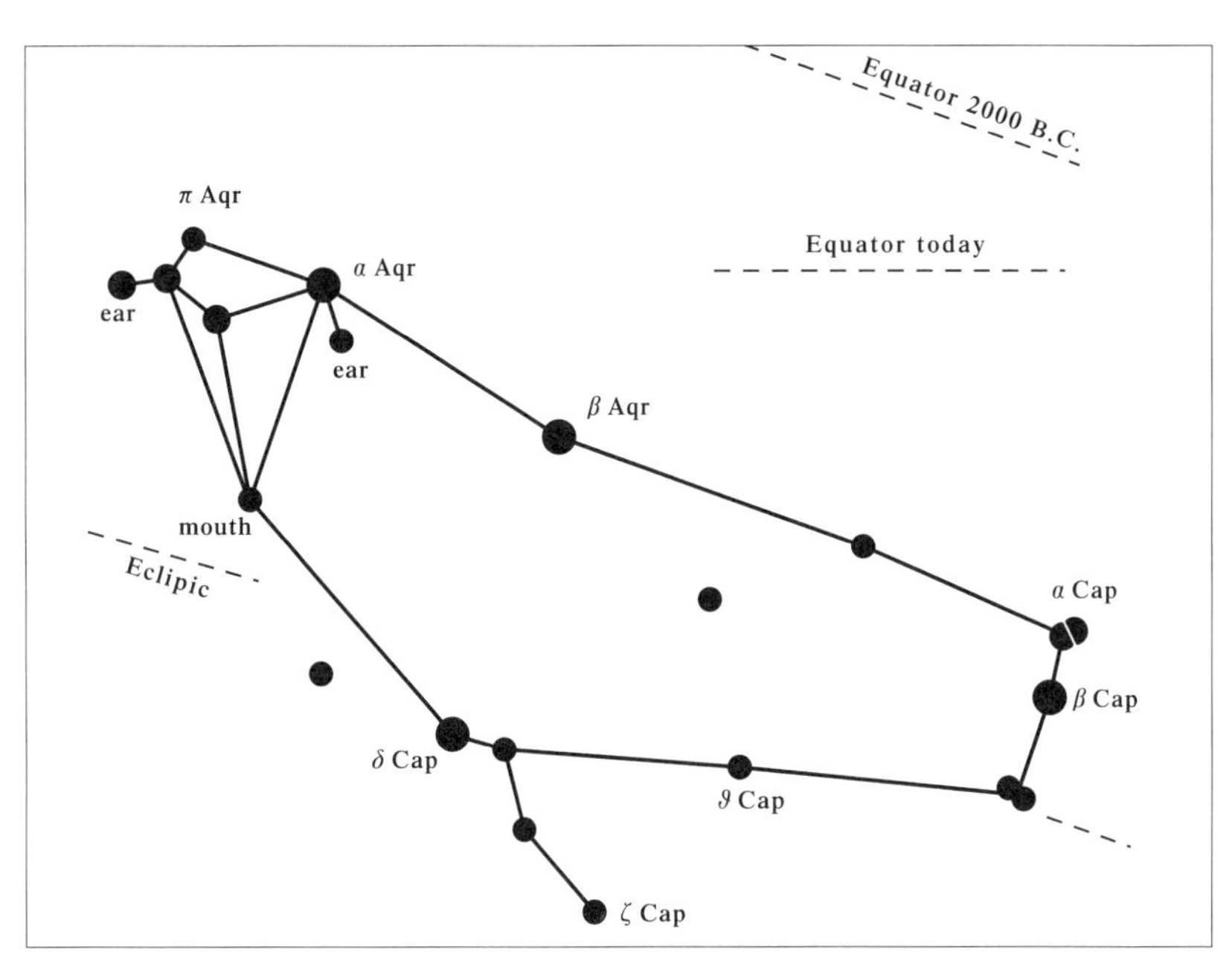

図5-17　ロヒャーの推定した古代エジプトの「羊座」。*Aqr＝みずがめ座、Cap＝やぎ座。（Locher, K. Archaeoastronomy 3, JHA XII 1990, p.74, Fig.1）。

図5-16　「羊座」を表すヒエログリフの「セレト」。

★

第6章

ヘレニズム時代の科学と天文学

アレクサンドリアに集まる英知

プトレマイオス朝エジプト王国の都として地中海岸のナイル・デルタ西端に建設された「アレクサンドリア市」は、アレクサンドロス大王の名にちなんで名付けられた都市です。プトレマイオス一世ソテルのもとで本格的な建設が始められました。アレクサンドリア市北端にあるファロス島（図6－1）には、古代の七不思議の一つである「アレクサンドリア大灯台」（図6－2）が建設されていました。

この灯台は、プトレマイオス朝時代からローマ支配時代を通じ、アレクサンドリア港のシンボルであり、地中海を航行する船舶の安全を守る施設でした。現存していないため、この大灯台の正確な規模は不明ですが、一説によれば、創建時の高さは一二〇メートルで、石灰岩の切石を積み上げて造られていました。全部で三層に分かれた構造をしており、第一層が高さ六〇メートルで、上部の四隅には四体のトリトンの像が置かれ、ギリシア語で「クニドスのソストラトス、デクシファネスの息子、船乗りを救済する神々へ」と記されていました。「船乗りを救済する神々」とは、船乗りの守護者カストルとポルックス兄弟やプトレマイオ

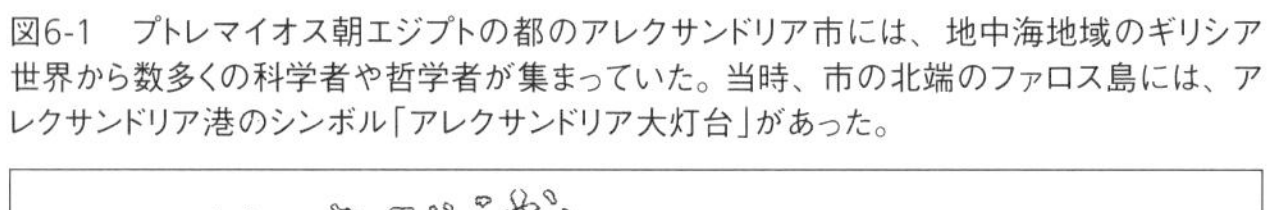
図6-1　プトレマイオス朝エジプトの都のアレクサンドリア市には、地中海地域のギリシア世界から数多くの科学者や哲学者が集まっていた。当時、市の北端のファロス島には、アレクサンドリア港のシンボル「アレクサンドリア大灯台」があった。

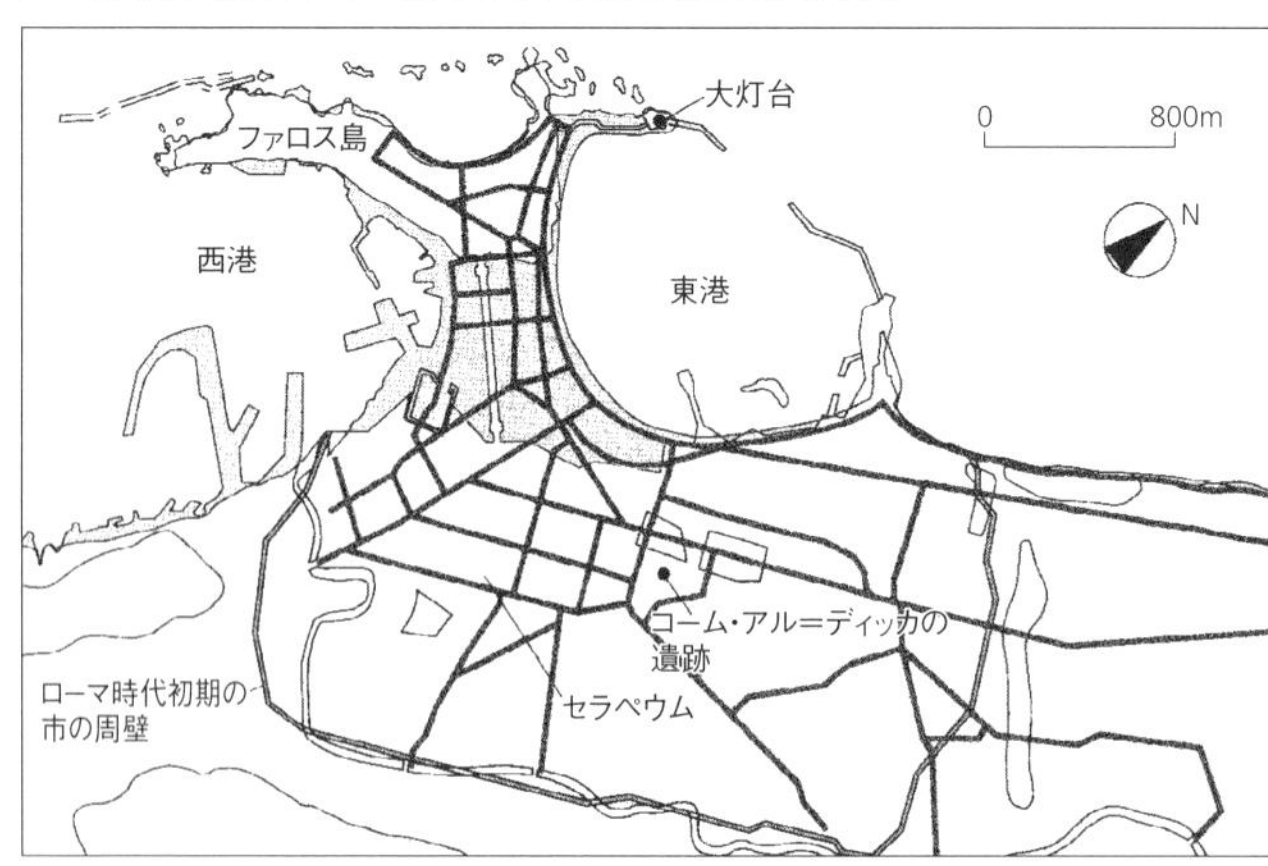

ス二世フィラデルフォスが崇拝を奨励した彼の両親であるプトレマイオス一世ソテルと王妃ベレニケなどを指していました。次の第二層は三〇メートル、円形の第三層には、二四時間常に灯っている灯火が設置され、ドーム上に高さ七メートルの海の神ポセイドンの青銅像が載せられていました。

その後、紀元後七〇〇年ごろに起きた災害のため、灯火が落下し、第二層と三層が破壊されたと伝えられています。破壊された原因に関しては諸説があって不明です。その後、トゥールン朝時代（八六八年～九〇五年）に復元工事が始まり、ファーティマ朝時代（九六九年～一一七一年）に高さ一〇〇メートルほどの灯台が完成しましたが、一一世紀にこの地

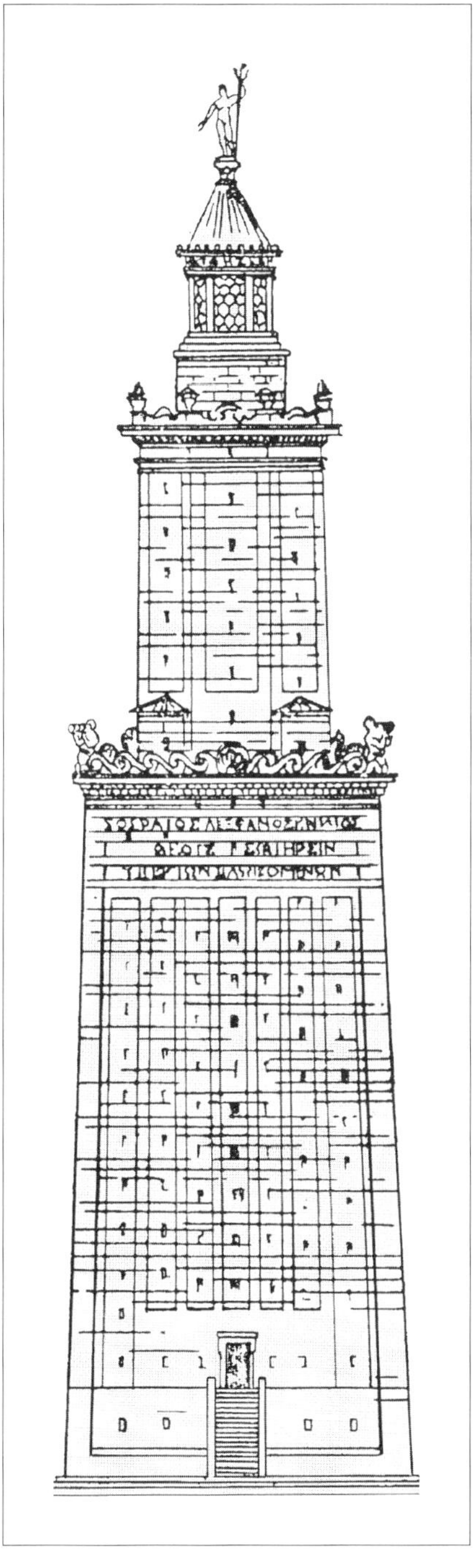

図6-2　「アレクサンドリア大灯台」。一説には創建時の高さが120mあったともいわれ、その巨大さから「古代の七不思議の一つ」にも数えられた。度重なる災害や破壊で11世紀にはその姿を消したといわれている。

をおそった大地震で崩壊し、二度と再建されることはありませんでした。大灯台のあった場所には、現在、一四八〇年に建設された「カイト・ベイ城塞」があります。

プトレマイオス一世と二世によって創設された知的研究機関である「ムセイオン」は、アレクサンドリア市における知の中心となっていました。「ムセイオン(Mouseion)」は「博物館」の語源とされ、元来の意味は、「九女神＝ムサイ(Mousai)を祀る場所」というものでした。

実際の役割としては、知識の管理や保全、増進、普及を目指す、現在の総合大学と似た学術研究機関で、巨大な建物であったとされています。ムセイオンには、大図書館が付属しており、その蔵書は、破壊される前に七〇万巻に達していたとされています。

地球の円周を測ったエラトステネス

現在のリビアの東部にあった町、キュレネ(キレナイカ)出身のエラトステネス(Eratosthenēs：紀元前二七六～一九四年)は、ギリシアのアテネ市にあった研究機関である「アカデメイア」と「リュケイオン」で自然科学を学んだ後、紀元前二四四年ごろに、プトレマイオス三世エウエルゲテスに招かれ、王子(後のプトレマイオス四世フィロパトール)の家庭教師となるためにアレクサンドリアにやって来ました。彼は王子の家庭教師をしながら、ムセイオンの研究員となってさまざまな学問分野の研究をアレクサンドリアで行いました。そして、紀元前二三六年には、「アレクサンドリア大図書館」の館長に任命されています。

エラトステネスの研究分野は非常に広範で、哲学、数学、地理学、天文学、歴史学、文学にまでおよんでいたようです。残念なことに彼の著作はすべて失われ、現在では残されていません。しかし、彼の業績は、同時代やその後の人々の作品から、かなりの部分を知ることができます。

今日知られるエラトステネスの業績の中でもっとも有名なものに『地球の測量（Anametrēsis tēs gēs）』と名付けられた地理学書が存在していました（図6-3）。当時、一般の人々は地球は平面であると信じていましたが、学者たちだけは「球形説」を支持していました。

エラトステネスは、エジプトのアレクサンドリアとシエネ（現在のアスワン　一六五頁　写真6-1）の二つの都市の位置によって、地球の円周を計算することを思いつきました。当時、この二つの都市は同一経度上にあり、さらにシエネは、北回帰線上に位置するとされていました。また、アレクサンドリアとシエネの間の距離は、同じ歩幅で歩いて長距離を測定する「ベマティステス」とよばれる訓練を受けた測量師によって「五〇〇〇スタディオン」という値が出されていました。北回帰線上にあるとされたシエネでは、夏至の日の太陽は真

図6-3　エラトステネスの描いた「世界地図」。当時の世界は、東はインドから西はイギリスに至るものであった。ヨーロッパ、リビア（北アフリカ）、アラビア、アジアなどの地方に分かれている。地中海を中心とする地域は正確に認識されている。（平田寛『科学の起原』岩波書店、1974年、図94を改変）

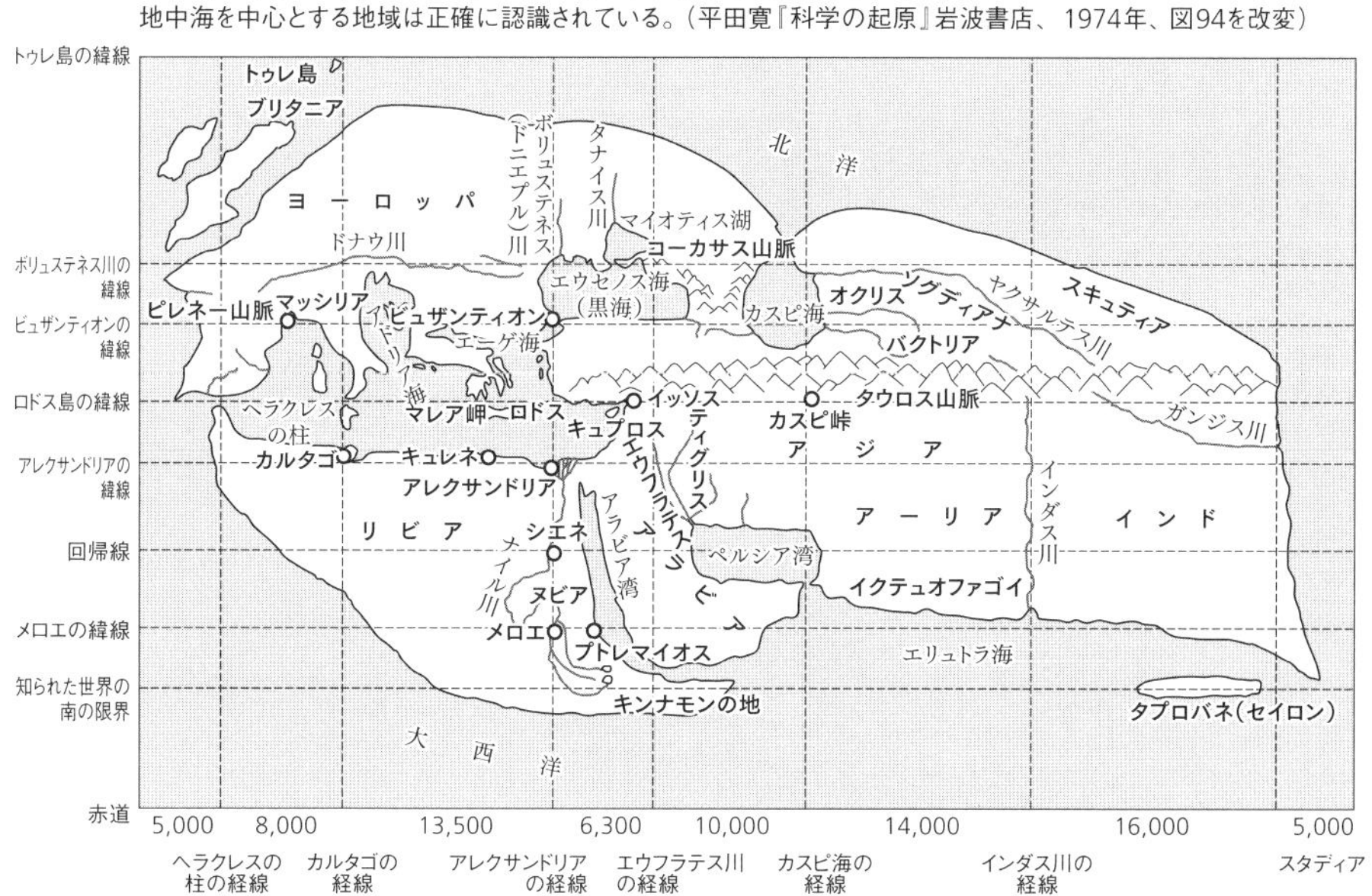

上(天頂)にあるので、夏至の日の正午(正中時)にアレクサンドリアにおいて太陽高度を計測し、その角度の差と両都市間の距離とを使って地球の外周を計算しようというものでした(図6－4)。

その結果、アレクサンドリアで計測した太陽の高度は、八二度四八分でした。シエネでの太陽高度は九〇度であり、二つの都市での太陽の高度差は七度一二分となります。この高度差七度一二分と両地点間の距離五〇〇〇スタディオンを使えば地球の周囲を計算することができます。すなわち、地球の大円は三六〇度ですから、アレクサンドリアとシエネとの差七度一二分は、ちょうど五〇分の一にあたります。したがって、地球の全周は五〇〇〇スタディオンの五〇倍である「二五〇〇〇〇スタディオン」となります。この二五万スタディオンという数値が、エラトステネスが出した測定値として伝えられています。

しかし、古代の多くの編者たちは、この数値に何の疑いもなく二〇〇〇スタディオンを加え、全周を「二五万二〇〇〇スタディオン」としたのでした。そのようにした理由に関しては明らかではありませんが、二五万二〇〇〇スタディオンという距離が「六〇」で割ることができるからであるとされています。

ここで問題となるのは、当時の「スタディオン」という単位が正確にどの程度の長さであったのかということです。スタディオンという単位は、時代によって違いがあり、「一スタディオン＝一五七・五メートル」とするものと「一スタディオン＝1／10ローマ・マイル(約一四八・七九七六二メートル)」とする二説が有力です。一スタディオンを一五七・五

◀写真6-1　アスワンを流れるナイル川。当時、アスワン(シエネ)はエジプト最南端の町であった。現在はナイル川が豊かに流れる観光地である。丘の中腹に見えるのは中王国時代の貴族の墓。

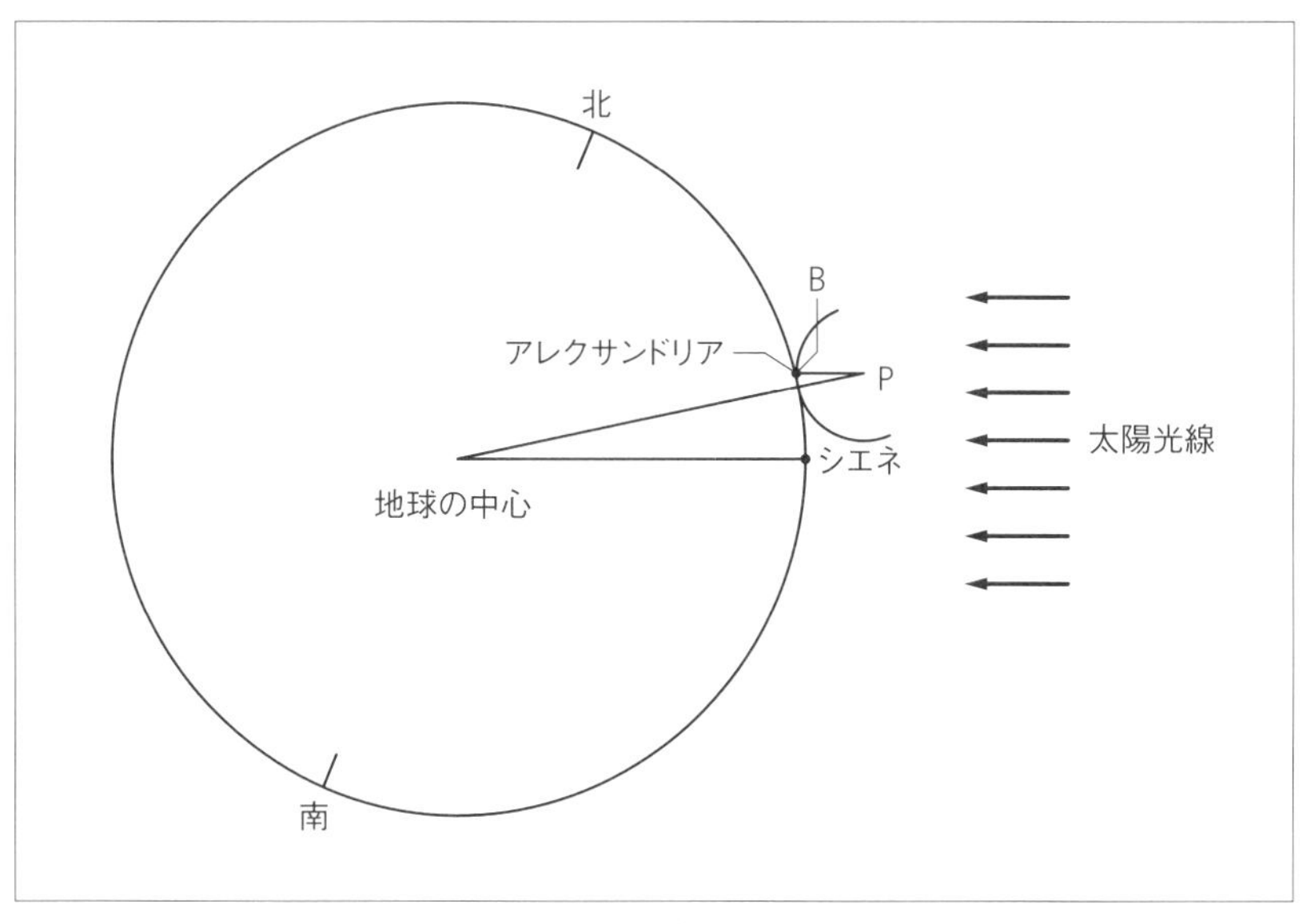

図6-4　エラトステネスはアレクサンドリアとシエネ（アスワン）の2都市の位置から、地球の円周を測った。
同一経度上にあると思われていた2都市の距離と、そこからの太陽高度の差から算出したといわれる。

メートルとすれば、地球の周囲は三万九六九〇キロメートルとなり、一方の一スタディオンを1／10ローマ・マイルとすれば、三万七四九七キロメートルとなります。今日、地球の周囲の長さは、四万キロメートルとされており、エラトステネスの推定値として伝わっている〝二五万二〇〇〇スタディオン〟という値は、真の値ときわめて近似していることがわかります。

それでは、エラトステネスが使ったこれら二都市の位置について、現在判明している正確な数値を調べてみると、アレクサンドリアは東経二九度五七分、北緯三一度一四分、そしてシエネは東経三二度五六分、北緯二四度〇五分であり、これらの二都市は、同一経線上にはなく約三度ほどシエネの方が東に位置しています。また北回帰線は、北緯二三度二七分を通っているので、実際にはシエネは、北回帰線よりも三〇分ほど北に位置しています。そうした誤りはあるものの、エラトステネスが提示した数値の正確さには驚くべきものがあります。

アレクサンドリアで活躍した科学者たち

プトレマイオス朝エジプトの首都として建設されたアレクサンドリア市（写真6－2）には、地中海地域を中心とする当時の古代世界から数多くの科学者が集まってきました。

私たちもよく知っている幾何学者のエウクレイデス（ユークリッド：紀元前三六五年？～二七五年？ころ）は、『原論』を編集した人物としても知られています。正確な生没年は不明ですが、プトレマイオス一世の時代にアレクサンドリアに生存していたことが判明しています。『原論』は、一三巻から成り立っており、さまざまな図形の面積をはじめ、幾何学を中心とする定理や定理の証明が記されています。

アルキメデス(紀元前二八七年~二一二年)もヘレニズム時代を代表する科学者の一人です。シチリア島のシュラクサ(シラクサ)の出身で、アレクサンドリアに滞在して活躍していたことが知られています。「アルキメデスの揚水機」や「アルキメデスの滑車」などにその名があるように、彼はさまざまな機械や武器を考案したことでも有名です。アルキメデスは生涯の大部分を郷里のシュラクサで過ごし、ローマとカルタゴとの間で起きた「第二次ポエニ戦争(紀元前二一八年~前二〇一年)」の中、ローマ軍兵士によって殺害されてしまいました。

写真6-2　アレクサンドリアの「ポンペイの柱」と「スフィンクス像」。ローマ帝国のディオクレティアヌス帝が移築した柱で当時のセラピス神殿の柱であったと伝えられている。

アルキメデスの父は、天文学者ペイディアスであり、父の影響で天文学にも優れた業績を残していました。残念ながら現在では失われてしまっていますが、太陽や惑星、月などの運動を模した、球の構造に関する著作があったと伝えられています。また、彼の著作である『砂粒を数えるもの(Psammites)』には、宇宙の大きさやアリスタルコスの地動説への批判、地球や太陽、月の大きさに関する記述などが見られます。

アルキメデスが批判した地動説を唱えたアリスタルコス(紀元前三一〇年ごろ〜前二三〇年ごろ)は、サモスの出身であり、通常、数学者として知られています。彼の著作も多くが失われており、わずかに『太陽と月の大きさと距離について(Peri megethōn kai apostēmatōn hēliou kai sēlēnes)』と題するものだけが残されています。この書物の中で、太陽と月の大きさや距離を地球と比較して論じていることは、非常に注目すべきことです。アリスタルコスの地動説は、一〇〇年ほど後に活躍したセレウケイア出身のバビロニアの天文学者セレウコス(紀元前一五〇年ごろ)が支持しただけで、当時の学者たちから賛同は得られず、反対され、発展することはありませんでした。しかし、紀元前三世紀のヘレニズム時代に、すでに地動説が提唱されていたということはきわめて重要なことです。

アルキメデスの友人でサモスのコノン(紀元前二八〇年ごろ〜二二〇年ごろ)もまたアレクサンドリアで活躍していた数学者でした。円錐曲線に関する研究で知られていますが、コノンには次のような星座に関する有名なエピソードがあります。コノンは、当時のエジプトの王であったプトレマイオス三世エウエルゲテスの妻・ベレニケ王妃のために「かみのけ座」を「ベレニケ」と名付けました。これは、ベレニケ王妃がセレウコス朝シリアとの戦闘中の夫プトレマイオス三世の身を案じて、夫の生還を祈って自らの髪の毛を切って神に捧げることを約束したことに由来するとされています。

当時のアレクサンドリア市は、プトレマイオス朝の王家の学芸奨励政策もあって、地中海地域のギリシア世界から数多くの科学者や哲学者が集まっていました。この他、アレクサンドリアを拠点として活躍していた学者としては、ヘロン(生没年不詳、後一世紀ごろ)や『アルマゲスト』の著作で有名なクラウディオス・プトレマイオス(後九〇年ごろ〜一六八年ごろ)などがいます。これらの人物が生きていたのは、プトレマイオス朝が滅び、エジプトがローマの支配下にあった時代でした。アレクサンドリア市は、すでに衰退に向かっていましたが、それでも彼らは数多くの資料を使うことができたものと思われます。

プトレマイオスのアルマゲスト

紀元後二世紀にクラウディオス・プトレマイオスが著した『アルマゲスト』は、後世にもっとも影響を与えた古代世界の天文書です。プトレマイオスはローマ支配時代のエジプトのアレクサンドリアで活躍した科学者でした。『アルマゲスト』はギリシア語で著された書物でしたが、その後、九世紀にイスラーム世界でアラビア語に翻訳され広く読まれることになり、さらには一二世紀にアラビア語からラテン語に翻訳され、中世ヨーロッパ世界へ逆輸入され大きな影響を及ぼしました。

エジプトは紀元前三〇年にローマの攻撃を受け、プトレマイオス朝最後の支配者であったクレオパトラ七世(在位：前五一年〜前三〇年)が自殺したことで約三〇〇年間続いたギリシア系のプトレマイオス王国は滅び、ローマ帝国の支配下に置かれました。エジプト国内のナイル川流域の耕地は非常に肥沃で、古来から小麦の一大生産地として有名でした。そのため、ローマ帝国がエジプトを支配することで、「エジプトはローマの穀倉」とよばれるようになりました。

エジプトは、古代から独自のファラオ文化が継続していたため、ローマ皇帝もエジプトではファラオの姿で自らを表し、また名前もヒエログリフで刻ませました。エジプトはローマの属州の中で唯一「皇帝私領」として支配され、皇帝は「エジプト長官」を派遣して統治していました。ローマによって滅ぼされて以降も、プトレマイオス朝の都アレクサンドリアは、地中海地域の主要都市としての位置を保ち続けました。

後に、元老院から「アウグストゥス(尊厳あるもの)」の称号を受け、初代皇帝となったオクタビアヌスは、紀元前三〇年のアレクサンドリア攻撃に際して都市を破壊することはしませんでした。しかし、その一八年前の紀元前四八年一〇月に、すでにカエサル(シーザー)によって放たれた火で、ムセイオンや付属の大図書館は一部を焼失し、多大なる損害を被っていました。アレクサンドリア市には、プトレマイオス(図6－5)が生きていた時代の紀元後二世紀ころに建設された八〇〇人を収容する円形劇場が残されています(写真6－3)。

図6-5　クラウディオス・プトレマイオスの肖像画。天文学、地理学、数学に優れた業績を残し、記録によれば紀元後127年から後141年にかけて、天文観測を行っていたことが知られている。(16世紀の本の口絵に描かれた肖像画より)

◀写真6-3　アレクサンドリアのコーム・アル＝ディッカの円形劇場(紀元後2世紀ごろ)。クラウディオス・プトレマイオスもこの劇場を訪れたかもしれない。

クラウディオス・プトレマイオスの生涯

紀元後二世紀に、アレクサンドリアを中心に活躍していたクラウディオス・プトレマイオス(Claudius Ptolemaios)の生涯については、残念なことにほとんどわかっていません。彼の出身地に関しても、エジプト南部のギリシア人居住区のプトレマイオス・ヘルミ(Ptolemaios-Helmy)であるとか、あるいはデルタ東部の港町ペルシウム(Pelsium)であるとする説が存在しています。生年月日も不詳ですが、おそらく紀元後一世紀の末のことであると考えられます。彼の生涯で確実なのは、トラヤヌス帝(在位：九八年～一一七年)、ハドリアヌス帝(在位：一一七年～一三八年)、アントニヌス・ピウス帝(在位：一三八年～一六一年)、マルクス・アウレリウス帝(在位：一六一年～一八〇年)の四人の皇帝の治世に生きていたとされていることです。彼は、その生涯のほとんどを地中海岸のアレクサンドリア市とその東のカノ

ープス市で過ごし、七八歳でカノープス市で死亡したとされています。

クラウディオス・プトレマイオスは、彼の名前からプトレマイオス王家の末裔であるとの説もありましたが、近年では、彼の名前は出身地であるとみられるエジプト南部のプトレマイオス・ヘルミと関連するのではないかと推定されています。

クラウディオス・プトレマイオスは、天文学、地理学、数学に優れた業績を残しましたが、記録によれば紀元後一二七年から後一四一年にかけて、天文観測を行っていたことが知られています

プトレマイオスの著書『アルマゲスト』

後世、『アルマゲスト(Almagest)』の名で知られるクラウディオス・プトレマイオスの著書は、ギリシア語で書かれたもので、『数学全書(または数学的集成)』(Mathēmatikē syntaxis)、または『天文学大全(または天文学大集成)』(Megalē syntaxis tēs astronomias)と称された書物でした。この書物は、全一三巻もの大著でした。各巻の内容は、だいたい以下のようなものとなっています。

第一巻：基本的な仮説(天空が球形をなすこと、大地は球形で宇宙の中心に静止)、弦の表、球面三角法
第二巻：天体の出没、昼の長さなど、天体の日周運動
第三巻：一年の長さ、太陽の平均運動
第四巻：月の周期、月の平均運動

第五巻：アストロラーブの構造、月の視差、地球からの太陽と月の距離。
第六巻：朔と望、日食と月食
第七巻：恒星の記述、北半球の星座を形成する星表
第八巻：南半球の星座を形成する星表、銀河の状態、天球儀の構造
第九巻：太陽、月および五惑星の天球の順序、水星
第一〇巻：金星、火星
第一一巻：木星、土星、五惑星の経度計算
第一二巻：五惑星の逆行運動、留、太陽に関する金星および水星の最大離角
第一三巻：五惑星の緯度における隔たり

クラウディオス・プトレマイオスが著した『天文学大全』が、なぜ『アルマゲスト』の名で今日、よばれるようになったかというと、九世紀にイスラームの科学者たちによって、ギリシア語の原典がアラビア語に翻訳された際に、『偉大な書(キターブ・アル＝ミジスティー　kitāb al-mijisty)』とされたことに由来しています。このアラビア語の書名が、後にラテン語で「al-Magest」となり、ついには『アルマゲスト(Almagest)』の形となったのでした。

プトレマイオスの『天文学大全』をギリシア語からアラビア語に翻訳した科学者として、アル＝ハッジャージ・ビン・ユースフ・ビン・マタル(al-Hajjaj b. Yusuf b. Matar)がいます。彼は、アッバース朝第五代カリフのハールーン・アル＝ラシード(Harun al-Rashid 在位：七六六年〜八〇九年)や、その子で第七代カリフであったアル＝マームーン(al-

Mamun　在位：八一三年～八三三年）の時代に繁栄の絶頂期にあった首都バグダードで活躍した数学者で天文学者でした。また彼はギリシア語で書かれたエウクレイデス（ユークリッド）の『幾何学原論』を二度にわたりアラビア語に訳したことが知られています。一度目の訳書は第五代カリフのハールーン・アル＝ラシードに献上、改訳は第七代カリフのアル＝マームーンに贈っています。

イスラーム世界では、数学や天文学、そして地理学などの科学技術が大いに栄えていましたが、その基礎は、ヘレニズム時代を中心とするギリシア語で著された数多くの著作によっていたのでした。

ギリシア語文献の多くをアラビア語に翻訳することで、ヘレニズム時代の優れた科学理論や技術は失われることなく保持され続け、科学や技術が停滞していた中世ヨーロッパ社会が終わると、イスラーム文化を通して西ヨーロッパ社会へ逆輸入されたのでした。そうした意味でも、イスラーム文化は、ギリシア・ローマの優れた知識を十字軍活動によって、その目を東方へ向け、ルネサンス（文芸復興）運動や宗教改革へと始動した西ヨーロッパ社会へ引き渡す重要な役割を果たしたのでした。

『アルマゲスト』に集約されたヘレニズム時代の天文学

さて、『アルマゲスト』は、古代から中世を通して、文字どおりもっとも重要な天文学書として位置付けられていました。プトレマイオスが、この書物の中で主張した「天動説」は、一六世紀にポーランドのニコラウス・コペルニクス（Nicolaus Copernicus）が「地動説」を

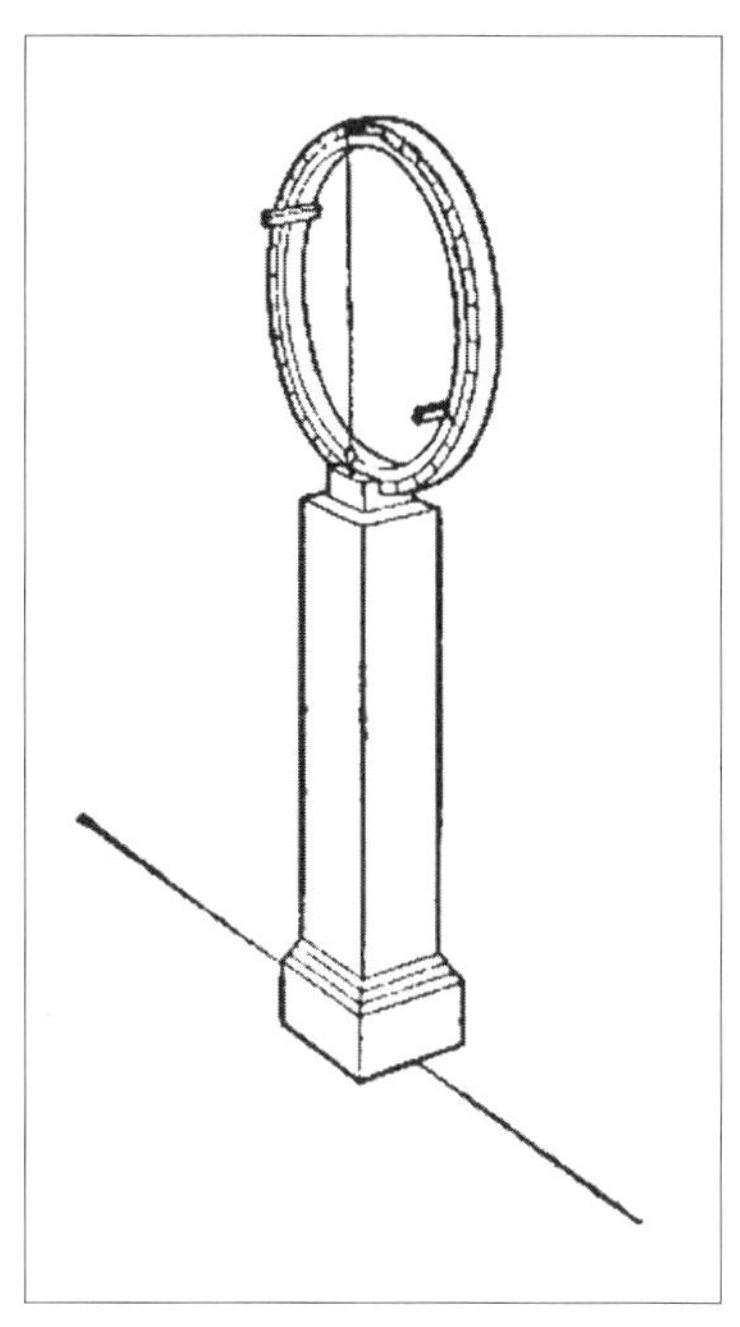

図6-6　プトレマイオスが使用したとされる「子午線環」。目盛の付いた青銅製の環を柱の上に置き、子午線上の太陽高度を測定した。（平田寛『科学の起原』 1974年、図126を改変）

図6-7　月や恒星の子午線通過を測定するために使用された「三辺儀」。
（平田寛『科学の起原』 1974年、図127を改変）

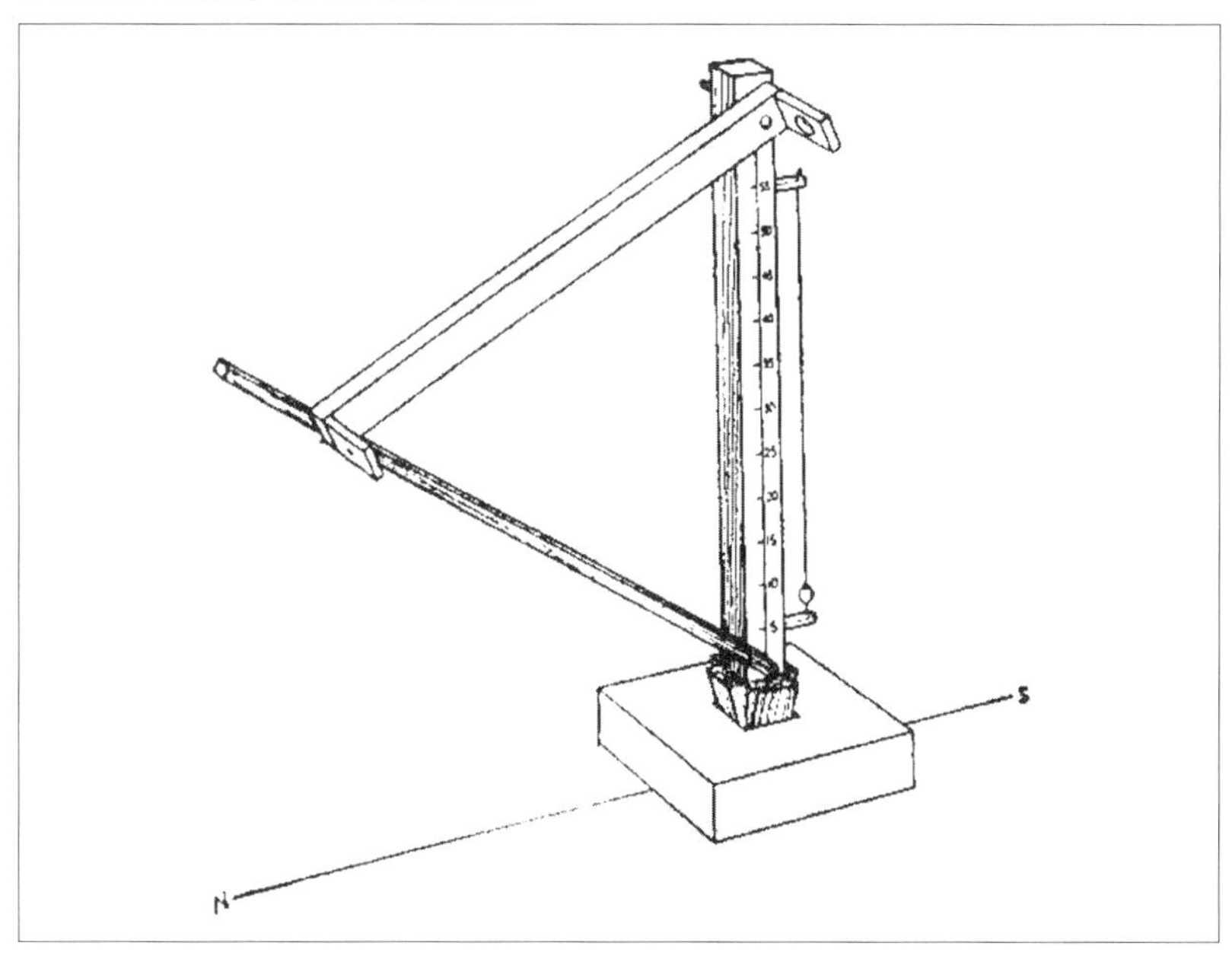

唱えるまでは、一貫して支持されてきました。地球を宇宙の中心に置くという天動説の考え方は、地球が太陽の周囲を回転（公転）しているとする地動説よりもずっと受け入れやすいものであったといえるでしょう。ただし、このプトレマイオスの天動説が、天文学の健全な発達を一四〇〇年余にわたって停滞させていた一因であったと考えられます。

アルマゲストのもう一つ重要な点は、天体観測の器具とそれを使用して実施された恒星の観測によって得られた、それぞれの星の黄道座標（黄経と黄緯）と等級（マグニチュード）を記した一〇二二個の恒星目録を掲載していることです。こうした星の正確な位置の測定などのためにプトレマイオスが使用した天文器具としては、子午線上の太陽高度を測定する「子午線環」（前頁 図6－6）がありました。この器具は目盛の付いた青銅製の環を柱の上に置いた形をしていました。また、月や恒星の子午線通過を測定するためには「三辺儀」（前頁 図6－7）という器具が使用されていました。このほかにも、太陽と月の見かけの直径を測定するための器具である「四キュービット・ディオプトラ」や七個の同心青銅環を組み合わせた「環状アストロラボン」（図6－8）という器具がありました。この器具は柱の上に

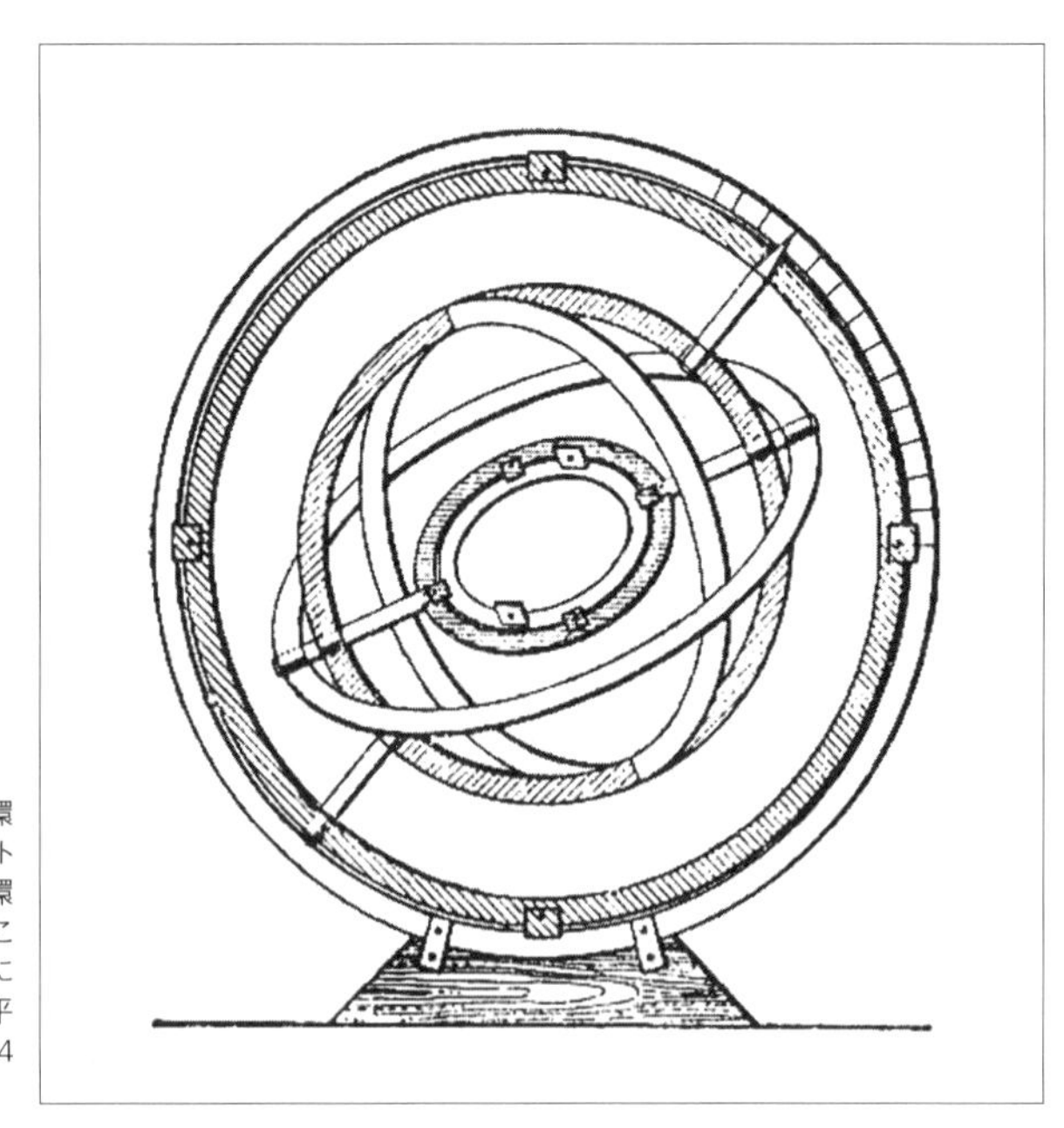

図6-8　7個の同心青銅環を組み合わせた「環状アストロラボン」。もっとも内側の環を月または恒星に照準することで、黄道座標を直接的に測定することができた。（平田寛『科学の起原』1974年、図129を改変）

乗せられ、子午線内部に設置されていました。もっとも内側の環を月または恒星に照準することで、黄道座標を直接的に測定することが可能でした。

『アルマゲスト』には、四八星座、一〇二二個の恒星目録が掲載されています。ここに示されているのは「こぐま座」、「おおぐま座」、「りゅう座」、「ケフェウス座」、「うしかい座」、「かんむり座」、「ヘラクレス座」、「こと座」、「はくちょう座」、「カシオペア座」、「ペルセウス座」、「ぎょしゃ座」、「へびつかい座」、「へび座」、「や座」、「わし座」、「いるか座」、「こうま座」、「ペガスス座」、「アンドロメダ座」、「さんかく座」、「おひつじ座」、「おうし座」、「ふたご座」、「かに座」、「しし座」、「おとめ座」、「てんびん座」、「さそり座」、「いて座」、「やぎ座」、「みずがめ座」、「うお座」、「くじら座」、「オリオン座」、「エリダヌス座」、「うさぎ座」、「おおいぬ座」、「こいぬ座」、「アルゴ座」、「うみへび座」、「コップ座」、「からす座」、「ケンタウルス座」、「おおかみ座」、「さいだん座」、「みなみのかんむり座」、「みなみのうお座」の四八星座です。ただしアルゴ座は、あまりにも面積が巨大であったため、一八世紀にフランスのニコラス・ラカイユ(Lacaille, Nicolas L. de)により、「とも座」、「らしんばん座」、「ほ座」、「りゅうこつ座」の四つに分割されました。

アルマゲストに掲載された一〇二二個の恒星目録のうち、すでに八五〇個は紀元前二世紀後半の天文学者であるヒッパルコス(Hipparchus)によって位置が決められていたとされています。

そうしたことから考えて『アルマゲスト』は、現存しないヒッパルコスをはじめとする多くのヘレニズム時代の天文学に関する研究成果を集大成したものであるということができます。今となっては失われてしまっているために、『アルマゲスト』のどの部分がクラウディオス・プトレマイオスのオリジナルのものなのか、他の研究者からの引用なのかは定かではありません。しかしながら、私たちは『アルマゲスト』という書物を通して、ヒッパルコスをはじめとする人々の業績を推測することが可能となっています。

プトレマイオスの地理学に関する業績

『アルマゲスト』の作者クラウディウス・プトレマイオスは、天文学だけではなく地理学の分野でも大きな影響を私たちに残しています。プトレマイオスは、この分野において、重要な著作である『地理学入門』を著わしています。また、プトレマイオスは地球の球面を平面に移し替える投影図法(図6-9)を考案したことでも知られています。

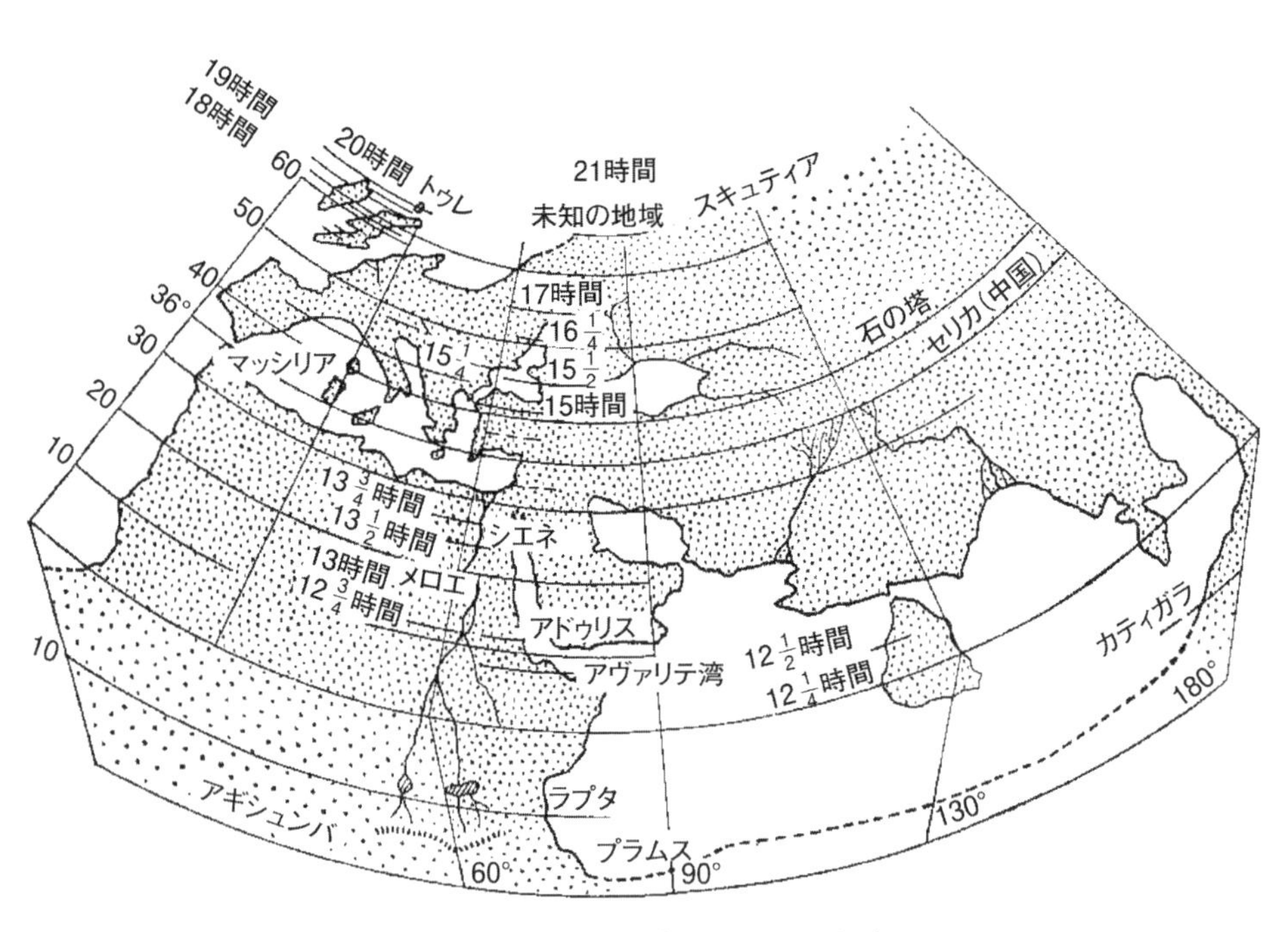

図6-9　プトレマイオスの「居住可能な世界地図」。プトレマイオスは地球の球面を平面に移し替える投影図法を考案するなど、地理学の分野でも大きな影響を残している。(平田寛『科学の起原』1974年、図133を改変)

COLUMN

世界の天文考古学の動向を知る ヨーロッパ文化・天文学会(SEAC)

古代の天文学についての研究が「天文考古学」です。しかし、ひとくちに天文考古学と言っても扱う分野は広範であり、研究には、世界各国の研究者との情報交換やネットワークが不可欠です。こうした目的から開催される、天文考古学の国際学会に「ヨーロッパ文化・天文学会(European Society for Astronomy in Culture)」(略称 SEAC)があります。一九九二年にフランスのストラスブール(Strasbourg)で故カルロス・ヤーシェク名誉教授(the late Prof. Carlos Jaschek:一九二六年~一九九九年)の発案により誕生したもっとも古いプロの天文考古学者の学会です。一九九二年は「天文学と人間科学(Astronomy and Human Sciences)」として開催されました。一九九三年はヨーロッパ文化・天文学会の第一回大会としてブルガリアのスモリアン(Smolyan)で開催され、以降毎年、ヨーロッパ各地で開かれてきました。

私は二〇〇八年の第一六回大会、スペイン南部アンダルシア地方のグラナダ(Granada)市で開催された大会に参加しました。第一六回大会の主催者は第五章一五一頁でふれたファン・アントニオ・ベルモンテ博士(Dr. Juan A. Belmonte)で、私が参加したのは、ベルモンテ博士と会うことが大きな目的の一つでした。博士の講演で行われた報告は、古代エジプトの民衆暦を中心とするものでしたが、古代エジプトの暦や天文学に関する広範な話題を扱ったたいへん興味深いものでした。他の研究発表の一部を紹介してみましょう。

開催期間のうち一日は先史時代から青銅器時代の天文考古学に関する報告を主体に行われました。先史時代を対象とする天文考古学的研究では、ある特定の日(春分・夏至・秋分・冬至など)の日の出や日没の方向と古代の記念物の方位との関係の報告があり、活発な質疑応答も交わされました。中南米の天文考古学を中心とする報告では、招待報告者であるスロヴェニアのイワン・シュプラッチ(Ivan Sprajc)氏が「マヤの建築と都市計画における天文学的特徴」と題し、メキシコにある複数のマヤの遺跡の軸線を考察し、軸線が二月一二日と一〇月三〇日の日の出の方向と一致すること、この二月一二日から一〇月三〇日の間が、マヤの暦でも重要な二六〇日間にあたっていることを発表し注目されました。エジプトのムサッラム・シャルトゥート博士(Musalam Shaltout)からは、コーランと宇宙論に関する報告とファーティマ朝時代のカイロにおける天文学者と天文台に関する報告がありました。ほかには、バビロニア天文学における惑星データとその予報、西洋ラテン世界の天文学と宇宙論、中世以前の獣帯(黄道一二宮)、古代の日食におけるアインシュタイン効果の検証など興味深い発表が多くありました。

第一六回の参加者は二六ヵ国から一〇〇名におよびました。SEACは世界の天文考古学の研究動向と現状を知るうえで非常に有意義な国際学会です。SEACの年次大会の報告は出版物としても刊行されています。また学会のホームページ(http://www.archeoastronomy.org/)には研究発表の概要も掲載され、たいへん参考になるものです。

★

資料

古代エジプト史年表

時代区分	年代	主な出来事
初期王朝時代（第一～二王朝）	前三〇〇〇年頃	ナルメル王によりエジプト全土が統一される。 第一王朝の成立。伝説上の初代の王メネスはナルメルとみられる。
	前二九四〇年頃	第一王朝三代目のジェル王、シナイ半島やヌビアに遠征隊を派遣する。
	前二七二五年頃	第二王朝ペルイプセン王のセレク（王名枠）上にセトの姿が初めて登場。
	前二七〇九年頃	ホルス神とセト神の和解。カセケムイ王はホルス・セト名を一時使用。
古王国時代（第三～八王朝）	前二六五〇年頃	第三王朝二代目ネチェリケト（ジェセル）王の治世下、宰相イムヘテプにより階段ピラミッドが建造される。
	前二五九五年頃	スネフェル、第三王朝最後の王フニの娘ヘテプヘレスと結婚し、第四王朝初代の王となる。 ダハシュールに二基の大ピラミッドを建造、マイドゥームのピラミッドも真正ピラミッドとして完成させる。
	前二五五〇年頃	クフ王、アル＝ギーザ台地に大ピラミッドを建造。その後アル＝ギーザ台地には、 カフラー王、メンカウラー王のピラミッドも建設される（三大ピラミッド）。
	前二四八六年頃	シェプセスカフ王、南サッカーラにマスタバ・ファラウンを建造。
	前二四七九年頃	ウセルカフ王、第五王朝を開く。この頃、太陽神殿が造営される。
	前二三四二年頃	ウニス王のピラミッド内部に初めてピラミッド・テキストが刻される。
	前二二九三年頃	ペピ二世の死後、王国は急速に衰退し、ニトイケルティ（ニトクリス）女王を最後に第六王朝は滅亡。
	前二二四五年頃	メンフィスの第八王朝が滅亡し、古王国時代は幕を閉じる。
第一中間期（第九～一一王朝）	前二一二〇年頃	この頃から北のヘラクレオポリス候（第九～一〇王朝）と南のテーベ候（第一一王朝）に国土が二分され、対立抗争するようになる。
中王国時代（第一一～一二王朝）	前二〇二五年頃	第一一王朝五代目のメンチュヘテプ二世により、エジプトが再統一され、中王国時代が始まる。
	前一九七五年頃	メンチュヘテプ四世の宰相アメンエムハト（アメンエムハト一世）が自ら即位し、

前一九五六年頃	第一二王朝を樹立。王都を北のリシェト付近のイチ・タウイに造営・移転。ピラミッドの建造を再開。 アメンエムハト一世、息子のセンウセレト一世と初の共同統治を開始。
前一九四七年頃	アメンエムハト一世が暗殺され、センウセレト一世が単独の王位に就く。
前一八七〇年頃	ヌビアの第三急湍にまで進出し、巨大要塞を建設。この頃『シヌヘの物語』成立。 センウセレト三世、積極的な対外政策をとり、パレスチナとヌビアへ軍事遠征を実施。 特にヌビアへの大規模な遠征を行い、セムナに境界碑を建立。
前一八四五年頃	アメンエムハト三世の治世下で王国の繁栄は絶頂に達する。 ファイユーム地域の開拓事業の完成。王の死後、王権は急速に衰退する。

第二中間期（第一三～一七王朝）

前一七九四年頃	第一三王朝最後の支配者ネフェルウセベク女王の執事長で アジア系のヘテプイブラー・アアムサホルネジュヘルアンテフが即位。 第二中間期となる。
前一六四五年頃	ヒクソスの王朝である第一五～一六王朝が相次いで樹立され、エジプト北部を支配。 南部はテーベを拠点とするエジプト人の第一七王朝が支配。

新王国時代（第一八～二〇王朝）

前一五五〇年頃	イアフメス王、ヒクソスをエジプトから完全に追放し、テーベに第一八王朝を開く。新王国時代開始。
前一五一〇年頃	アメンヘテプ一世が、それまでの小ピラミッドが付属する王墓形式とは異なる墓と葬祭殿とを分離した 新形式の王墓を造営した。彼の墓は未発見であるが、ディール・アル＝バハリに存在か。
前一五〇〇年頃	トトメス一世、南はヌビアの第三急湍、北はシリア北部にまで軍事遠征を実施。 ユーフラテス川北岸にまで達する。
前一四八〇年頃	ハトシェプスト、幼少のトトメス三世の摂政となり実権を掌握。
前一四六五年頃	ハトシェプスト女王のもとで様々な改革が断行される。 国土の北と南に二人の宰相を置く、「二人宰相制度」が採用された。 また、カルナクのアメン大神殿とその副殿であるルクソール神殿との間で執り行なわれた 「オペトの大祭」が年中行事化するようになる。
前一四五五年頃	トトメス三世、単独の王位に就き、アジアとヌビアに多数の軍事遠征を実施し、エジプトの版図は最大となる。
前一四二五年頃	アメンヘテプ二世のアジア遠征。

前一三九七年頃　トトメス四世が即位し、「スフィンクス夢の碑」を大スフィンクスの前脚の間に建立。

前一三八〇年頃　アメンヘテプ三世のもとで、新王国は絶頂期を迎える。

前一三五八年頃　アメンヘテプ三世の治世第三〇年、セド祭（王位更新祭）のためにテーベに巨大祝祭都市であるマルカタ王宮（ペルハイ）を造営し、王の三回のセド祭を執り行う。

前一三四七年頃　アメンヘテプ四世の治世第四年ペレト（播種季）第四月四日、アマルナを公式訪問。治世第六年までに王名をアクエンアテンに改名。アテン神を唯一神とする宗教改革を断行。

前一三三七年頃　アクエンアテン王の妃ネフェルトイティ、突然姿を消す。

前一三三三年頃　トゥトアンクアテン王、アテン信仰を破棄し、トゥトアンクアメン（ツタンカーメン：在位前一三三三→前一三二三年頃）と改名、アマルナからメンフィスに遷都。

前一三一九年頃　軍の総司令ホルエムヘブが即位し、権威の復興とアテン信仰の抹殺を図る。

前一二九二年頃　軍の総司令パラメセス、ラメセス一世として即位、第一九王朝を確立。

前一二九〇年頃　ラメセス一世の息子セティ一世、シリア・パレスチナ地域の失地回復のため大規模な軍事遠征を実施。

前一二一三年頃　ラメセス二世、六六年一〇ヵ月の長き統治の末に死去。後継者として一三番目の息子であるメルエンプタハ王が即位。

前一一九三年頃　セティ二世の妃タウセレト、王の死後、実権を掌握。

前一一八六年頃　第二〇王朝樹立。

前一一七五年頃　第二〇王朝二代目のラメセス三世の治世第八年、王はデルタに侵入した「海の民」を撃退。

前一一二〇年頃　ラメセス九世時代のアメン大司教アメンヘテプ、絶大な権力を行使。この頃から大規模な盗掘が行われる。アボット・パピルス成立（前一一二〇年頃）。

前一〇八一年頃　ラメセス一一世の治世第一九年にアメン大司祭ヘリホルによる「新紀元（ウヘム・メスウト）」が宣言される。実質的な支配権は、南のテーベのアメン大司祭ヘリホルと北のタニスの宰相スメンデス（ネスバネブジェド）の二人の手に委ねられる。

前一〇七七年頃　ヘリホル、ウンアメン（ウェンアメン）をビブロスへ杉材の買い付けに派遣。『ウンアメン（ウェンアメン）航海記』成立。

第三中間期（第二一〜二五王朝）

前一〇七〇年頃　スメンデス（ネスバネブジェド）王、東デルタのタニスに第二一王朝を開く。第三中間期開始。この頃、アメン神宮団により王のミイラが安全な隠し場所に移動される。

前九四五年頃　リビア人傭兵の末裔であるシェションク一世、第二二王朝を樹立。その後、イェルサレムを略奪。
前八一八年頃〜前七五六年頃　テーベなどを拠点に第二三王朝が成立。
第二二王朝後期、第二四王朝・第二五王朝初期と並存していた。
前七四六年頃　上ヌビアのナパタ出身の第二五王朝のピイ王、エジプトに侵入。
アメン信仰の復興をはかる「アメン十字軍」を行う。
前七〇〇年頃　第二五王朝のシャバカ王、エジプト全土を再統一する。

末期王朝時代（第二六〜三一王朝）

前六六四年　プサメティコス一世、サイスに第二六王朝を樹立。
この王朝のもとで復古主義的政策が採られ、古典文化が大いに栄える。
前六〇九年　ネコ二世がシリア・パレスティナに進出、ユダヤ王メシヤとメギッドで戦い、これを破る。
前五二五年　アケメネス朝ペルシアのカンビュセス二世、エジプトを征服、第二六王朝を滅ぼす。
第一次ペルシア支配時代（第二七王朝）始まる。
前四〇四年　アミュルタイオス、ペルシア支配から独立し、サイスに第二八王朝を樹立。
前三九九年　メンデスのネフェリテス一世、アミュルタイオスを倒し第二九王朝を樹立。
前三八〇年　ネクタネボ一世、第三〇王朝を樹立。
前三四二年　アケメネス朝ペルシアのアルタクセルクセス三世、ネクタネボ二世を破り、
エジプトは再びペルシアの支配下に入る。第二次ペルシア支配時代（第三一王朝）。

プトレマイオス時代

前三三二年　アレクサンドロス大王、ペルシア遠征の過程でエジプト支配。
前三二三年　アレクサンドロス大王、バビロンで病没（三三歳）。
前三〇四年　アレクサンドロス大王の部将の一人プトレマイオス一世が即位し、エジプトにプトレマイオス朝を樹立。
前一九六年　この頃、ロゼッタ・ストーンが建立される。

ローマ支配時代

前三〇年　クレオパトラ七世が自殺。プトレマイオス朝は滅亡し、ローマの支配下に入る。
後二八四年　コプト（エジプトのキリスト教）教徒の大虐殺。殉教の年。コプト教徒はこの年を紀元としている。
後三九五年　ローマ帝国が東西に分裂し、エジプトは東ローマ帝国に入る。
後六四一年　アムル将軍に率いられたイスラーム教徒のアラブ遠征軍が、エジプトに侵入し征服。

アヌビス神

ジャッカルの頭をした人物またはジャッカルの姿で表される。聖地の守護神。またミイラ作りの神としても知られ、ミイラ作りの場面にも登場する。『死者の書』の死後の裁判の場面では、死者の心臓を秤の上に乗せて計量する役割をしている。シリウスをアヌビス神の化身とする説もあるが根拠のないものである。

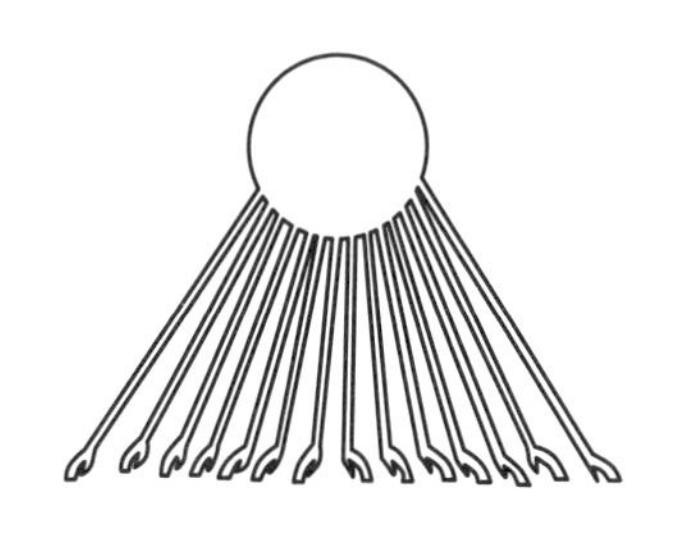

アテン神

先端に掌のついた、たくさんの光線を持つ太陽球として表現される。元来は太陽そのものを表したが、新王国時代に神格化され、第18王朝時代のアクエンアテン王（アメンヘテプ4世）により、唯一神としてアメン・ラー神に代わり国家の最高神に高められた。中部エジプトの都アケト・アテン（太陽の地平線の意）が、アテン神の信仰の中心地であった。

イシス女神

古代エジプト名はアセト。オシリス神の妹であり妻。ホルス神の母。死者の遺体や内臓を守る保護4女神の一人。頭上に王座を載せた女性、あるいは牛の角を持ち、日輪をつけた女性として表現される。シリウスはイシスの化身とみなされ、聖船に乗って、日輪を戴いた姿で描かれることが多い。アスワンのフィラエ島にあるイシス神殿は有名。

アメン神

テーベの市神で、中王国時代になり崇拝されるようになった。太陽神ラーと融合したアメン・ラー神となり国家の最高神となった。アメン神の紀元は現在不明である。テーベ東岸のカルナクがアメン神の聖地であり、この地に第11王朝以来、アメン大神殿が造営された。新王国時代末期には広大な神殿領を背景にして、アメン神官団が政治権力を握った。

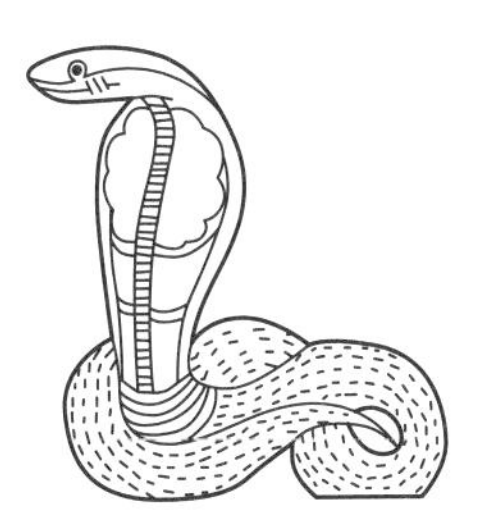

■聖蛇ウラエウス

聖なる蛇を表す。ウラエウスはラテン語表記。下エジプトの王権の守護女神であるウアジェト女神は、コブラの姿で表現されている。聖蛇は、王権の象徴として王冠や王の頭巾の額の部分に付けられるほか、王の厨子などの上部の装飾にも使用された。

■ウプウアウト神

古代エジプト語で「道を開くもの」という意味を持つ。非常に古い起源を持つジャッカルの神である。旗竿に乗るジャッカルとして表現される。中部エジプトのアシュートが信仰の中心地だった。この地は、ギリシャ語でリコポリス（オオカミの町の意）とよばれている。冥界に死者を導く役割を持つ。戦いの神でもある。しばしばアヌビス神と混同される。

■セクメト女神

メンフィスで崇拝されたライオンの頭を持つ女神。プタハ神の妻であり、ネフェルテム神の母。また、セクメトは非常に血腥い逸話を持つ戦闘の女神であり、太陽神ラーの敵に対して破滅をもたらすものと考えられていた。さらには、病を癒す女神としての性格も持っていた。

■オシリス神

冥界の王。元来は穀物の豊穣神である。肌の色は、植物の芽吹きを表す緑色か、肥沃な土壌を表す黒色に塗られている。両手には王権の象徴である殻竿とヘカ杖を持ち、ミイラの姿で表される。オシリス神話では、弟のセトに殺され体をバラバラにされるが、妻であるイシスの働きで復活を果たすとともに、息子のホルスがセトに勝利する。

■ セベク神

ワニまたはワニの頭をした人物で表される神。かつてエジプト全土には、大型のナイルワニが生息していたため、各地で崇拝されていた。とくに、ファイユーム地方や上エジプトのケベレイン、コム・オンボなどの主神で、コム・オンボには、この神を祀った神殿が存在し、ワニのミイラも発見されている。カバの星座の上の位置にワニの星座があった。

■ セト神

嵐と暴力の神。オシリス神話では、オシリス神の弟で、兄のオシリスを殺害したことで、オシリスの息子のホルスと敵対したとされている。特定できない想像上の動物の頭をした人物として表現された。新王国時代には、シリアのバアル神と同一視された。大地の神ゲブと天の女神ヌウトから、オシリス神、イシス女神らとともに生まれたとされる。

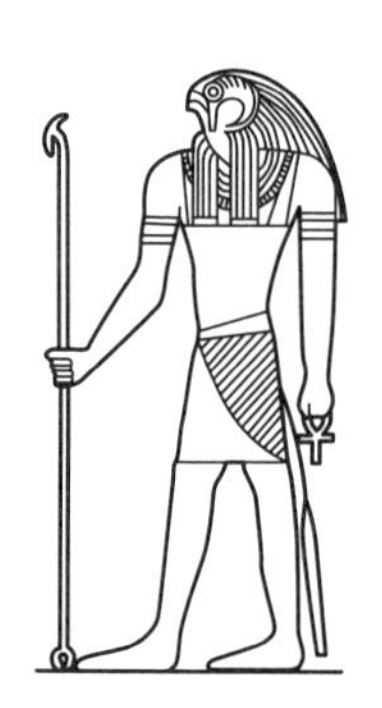

■ ソカル神

メンフィスの墓地の神で、ハヤブサあるいはハヤブサ頭の人物で表された。冥界の神で、不毛の砂漠や死、闇や衰えなどを象徴し、死者の守護神でもあった。メンフィスの墓域であるサッカラは、この神の名に由来する。オシリス神、プタハ神と融合し、プタハ・ソカル・オシリス神として、末期王朝時代以降に広く崇拝された。

■ セルケト女神

頭上にサソリを載せた女性として表現される。イシス女神、ネフティス女神、ネイト女神とともに死者の遺体を守る保護4女神の一人。太陽の灼熱を意味した。女性の頭部を持つサソリの姿で表現されることもあった。

トト神

ヘルモポリスの神。エジプト名はジェフウティ。トキ(アフリカクロトキ)または月の円盤を頭上に載せたトキの頭を持つ人物、ヒヒの姿でも表された。神々の書記、知識と計算など学問の主、書記の守護神、文字、暦などの発明者。ヘルモポリスの天地創造神話ではトキが産み落とした「宇宙の卵」に入っていたラー神から世界は誕生したとされる。

タウレト女神

カバの頭をした妊婦の姿で表される。前足は人間の腕で、後ろ足はライオン、背中と尾はワニの姿をしている。出産や幼児の守護女神として信仰された。「サ」とよばれる「保護」の象徴を手に持っている。北天で北斗七星を表すメスケティウとともに、このタウレト女神のカバの星座は古代エジプトの星座で著名なものの一つである。

ネイト女神

下エジプトのサイスの主神で、赤冠を戴く女性として表現される。戦いの女神で、手には弓や盾を持つ。死者の遺体や内臓を守る保護4女神の一人。サイスを都とする末期王朝第26王朝時代には、王権や国家の守護神となって広く崇拝されていた。

ヌウト女神

天の女神。ヘリオポリスの神学では、大気の神シュウと湿気の女神テフヌウトの娘。シュウに身体を支えられ、夫である大地の神ゲブの横たわる地平線に両手と両足を下ろした裸の女性として表される。天蓋となり、昼には太陽が、夜は星ぼしがヌウトの体を移動する。体には星が描かれている。オシリス、セト、イシス、ネフティスの4神の母。

■ バステト女神

猫の頭を持つ女性あるいは猫の姿で表された女神。下エジプト・デルタのブバスティス（テル・バスタ）に信仰の中心があった。末期王朝時代には、この神の恩恵を受けるために多くの青銅製の猫の像が、ブバスティスの神殿に奉納されていた。また、大量の猫がミイラにされて埋葬された。ライオン頭のセクメト女神と同一視されることもあった。

■ ネフティス女神

古代エジプト名は、ネベト・フウト（館の女主人の意）。頭上にこの神の名のヒエログリフを載せた女性の姿で表される女神。イシス女神の妹で姉とともにオシリス神を復活させたとされる。セト神の妻ともされた。死者の遺体や内臓を守る保護4女神の一人。

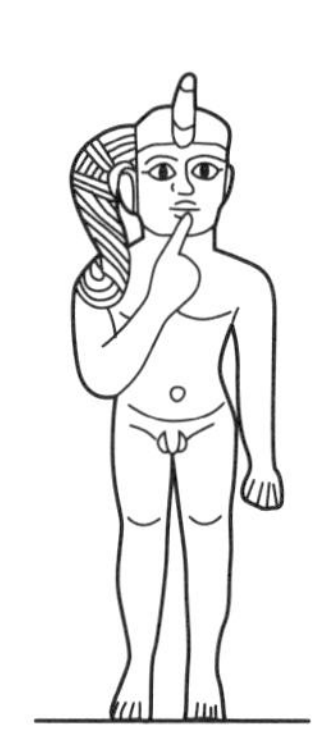

■ ハルポクラテス神

古代エジプト語で「ホル・パ・ケレド（ホルス、その子供）」のギリシャ名。子供のホルス神を表す。末期王朝時代から現れるようになる。母であるイシス女神の膝の上に座る子供として表現される。指を口にくわえ、サイドロックとよばれる子供がする房状髪形をしている。

■ ハトホル女神

「ホルスの家」という意味を持つエジプト語。多くの性格を持った女神で、牝牛または牛の角と耳を持つ女性として表された。愛と美、豊穣、音楽を司る神で、上エジプトのデンデラで崇拝され、かつてデンデラの天体図が描かれていた壮麗な神殿が今も残っている。またテーベの西方砂漠の女主人として、死者の守護神でもあった。

■ベス神

髭のある風貌で舌を出している小人の姿で描かれる。妊婦や幼児の守護神で、蛇やサソリなどの邪悪なものから守ってくれるとされた。植物の冠をつけた特異な風貌の姿で表される神で、中王国時代にスーダンから入ってきたとされる。

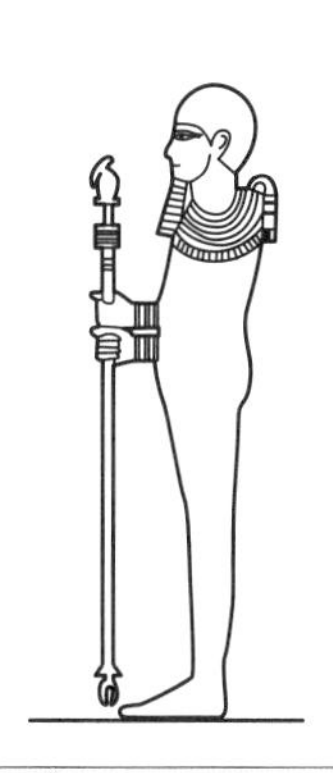

■プタハ神

メンフィスの主神。創造神であり、職人の守護神として知られる。メンフィス神学によれば、他の神々はプタハ神に内在するとされる。この神の手には、生命と安定、支配を表すアンク、ジェド柱、ウアス笏を組み合わせた独特の杖が握られている。プタハ神の妻はセクメト女神である。

■ラー神

ヘリオポリスの太陽神。頭上に聖蛇のついた日輪を載せたハヤブサ頭の人物として表された。太陽の船に乗り、昼は天空、夜は地下を航行すると考えられた。古王国時代から国王の称号に太陽神の息子名が加わり国家の最高神となる。後に太陽神ラーとホルス神の性格をそなえたハヤブサの姿をしたラー・ホルアクティ神が代表的な太陽神として描かれる。

■マアト女神

元来は、宇宙の秩序という抽象概念を表す言葉で、真理、正義、公正などを具体的に表現している。頭に羽根を付けた女神として神格化され、ヘリオポリスの太陽神ラーの娘とされた。『死者の書』の死後の裁判では、マアトの象徴である羽根と死者の心臓とが天秤にかけられ、死者の生前の行いを判断している。

古代エジプト　ヒエログリフの世界

	ヒエログリフ	翻字記号	ローマ字表記	カナ表記
1		*ꜣ*	a	ア
2		*ỉ*	i	イ
3	or	*y*	y	イ
4		*ꜥ*	‘a	ア
5		*w*	w	ウ
6		*b*	b	ブ
7		*p*	p	プ
8		*f*	f	フ

古代エジプトのヒエログリフ（聖刻文字）は、紀元前3200年頃に誕生した文字体系です。84ページで紹介したように、ヒエログリフは一般に「象形文字」といわれますが、ほとんどの文字には「音価」があり、「表音文字」としての機能を持っていて、全部で24種の音価が存在しています。1字1音のアルファベットを表すヒエログリフとそれぞれの翻字記号を表にして紹介してみましょう（翻字記号にはなじみのないものもあるので、便宜的にローマ字表記とカナ表記を併記しました）。

古代エジプト語は、文法構造から、古エジプト語（初期王朝時代～古王国時代）中エジプト（中王国時代～第18王朝中期）、新エジプト語（新王国第18王朝アマルナ時代～第3中間期第24王朝時代）デモティック（末期王朝第26王朝～ローマ支配時代）、そしてコプト語（後3世紀以降）に分類されます。コプト語になると文字は主としてギリシア文字を借用して表現されるようになり、ヒエログリフは使用されなくなっていきました。文字の数も時代によって異なっており、末期のギリシア・ローマ時代には、総数で5000字以上にものぼる多くの種類の文字記号が存在していたとされます。

しかし、中エジプト語では約700字のヒエログリフが使用されており、表に示した24の音価（発音）ですべての単語を表記することができました。その結果、同じ音価で異なった意味を持つ同音異義語が数多く存在しています。

	ヒエログリフ	翻字記号	ローマ字表記	カナ表記
17		*š*	sh	シュ
18		*ḳ*	q	ク
19		*k*	k	ク
20		*g*	g	グ
21		*t*	t	トゥ
22	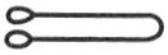	*ṯ*	tj	チュ
23		*d*	d	ドゥ
24		*ḏ*	dj	ジュ

	ヒエログリフ	翻字記号	ローマ字表記	カナ表記
9		*m*	m	ム
10		*n*	n	ヌ
11		*r*	r	ル
12		*h*	h	フ
13		*ḥ*	h	フ
14		*ḫ*	kh	ク
15		*ẖ*	kh	ク
16	 or 	*s*	s	ス

古代エジプトの天文学・文献案内

古代エジプトの星や天文学についての文献は現在も国内ではあまり多くはありません。欧米の文献がおもな資料となっています。とくに古代エジプトの天文学研究の名著として挙げられるのがO・ノイゲバウアー、R・パーカー共著による『エジプト天文学テキスト』三巻（ブラウン大学出版、1960-1969年）です。

1822年にフランスのシャンポリオンが、ロゼッタ・ストーンなどを使って古代エジプトのヒエログリフ（聖刻文字）の解読に成功したことで、膨大な古代エジプトの文字資料の研究が飛躍的に進展しました。

その結果、古代エジプトの歴史や宗教などの分野を中心とする資料の解釈から、古代エジプトの王の名前やその順序なども確立していきました。また、墓内部やパピルスで作られた巻物に記された『ピラミッド・テキスト』、『コフィン・テキスト（棺柩文）』、『死者の書』、『アムドゥアト書』などの宗教テキストの研究によって、古代エジプト人の死生観などの思想や宗教の実態も徐々に判明してきたのでした。

歴史や宗教・文学などの研究と比較して、古代エジプトの科学や技術の研究は、立ち遅れた状況にありました。19世紀までには、ピラミッド内部などの詳細な計測によって得られた数値を使用して、宇宙の真理や人類の歴史を解明しようとする「ピラミッド学」なる怪しげな学問なども登場しました。非常に古い時代に建造された驚くべき記念物である神殿やピラミッドの中には、私たちの知らない謎の知識が隠されているに違いないと考えたわけです。

19世紀から20世紀初頭までの古代エジプトの科学や技術の研究は、神殿やピラミッドの方位の象徴性の問題などがおもなもので、体系的な研究はなされていませんでした。古代エジプトの天文学の実態を体系的にまとめたものが、O・ノイゲバウアーがR・パーカーと共著で刊行した『エジプト天文学テキスト（Egyptian Astronomical Texts）』です。

著者のひとりであるO・ノイゲバウアーは、1899年にオーストリアのインスブルックで生まれた数学者で、数学と天文学を中心とする科学史研究の第一人者です。豊富な資料と優れた科学知識をもって古代オリエントの数学・天文学を紹介しています。古代バビロニアを中心とする古代メソポタミアの数学や数理天文学でも優れた業績を残しています。第二次世界大戦下のヨーロッパからアメリカに移住し、ブラウン大学で研究を続けました。ブラウン大学出版で1960年から一九六九年にわたって刊行された『エジプト天文学テキスト』は三巻からなるもので、それぞれの巻がテキストと図版の二篇から成り立っています。

共著者のR・パーカーは『古代エジプトの暦（The Calendars of Ancient Egypt）』という優れた業績があることで知られた研究者です。古代エジプトの天文学を考えるときに、このノイエバウアーとパーカーの著作は、現在でも、最も役に立つ文献となっています。第一巻が刊行されて約50年にもなりますが、その学問的な重要性は決して色あせるものではありません。将来にわたっても、古代エジプトの天文学に関するこの著作を超える書籍は現れないように思えてなりません。

関連文献

Belmonte, J. A. (2003)
"The Ramesside star clocks and the ancient Egyptian constellations", in *Calendars, Symbols,and Orientations: Legacies of Astronomy in Culture,* Uppsala, 2003, pp.57-65
Belmonte, J. A. and Mosalam Shaltout (2007)
"The Astronomical Ceiling of Senenmut: a Dream of Mystery and Imagination", in *Lights and Shadows in Cultural Astronomy,* Isili, Sardinia, pp.145-154
Belmonte, J. A. and Mosalam Shaltout (ed.) (2009)
In Search of Cosmic Order: Selected Essays on Egyptian Archaeoastronomy, Cairo.
Cauville, S. (1997)
Le Temple de Dendera: Les chapelles osiriennes, IFAO, le Caire.
Depuydt, Leo (1997)
Civil Calendar and Lunar Calendar in Ancient Egypt, Leuven.
Dorman, Peter F. (1991)
The Tombs of Senenmut: The Architecture and Decoration of Tombs 71 and 353, New York.
Etz, D. V. (1997)
"A New Look at the Constellation Figures in the Celestial Diagram", *JARCE* Vol. 34, pp. 143-161.
Faulkner, Raymond O. (1969)
The Ancient Egyptian Pyramid Texts / translated into English, Oxford.
Leitz, Christian (1995)
Altägyptische Sternuhren, Olientalia Lovaniensia Analecta(OLA)62, Leuven,
Locher, K. (1981)
"A conjecture concerning the early Egyptian constellation of the Sheep", *Archaeoastronomy,* (Supplement to *Journal for the History of Astronomy*) 3, pp. 63-65.
Locher, K. (1983)
"A Further Coffin-Lid with a Diagonal Star-Clock from the Egyptian Middle Kingdom", *Journal for the History of Astronomy* 14, pp. 141-144.
Locher, K. (1985)
"Probable identification of ancient Egyptian circumpolar constellations", *Archaeoastronomy,* (Supplement to *Journal for the History of Astronomy*) 9, pp. 152-153.
Locher, K. (1992)
"Two Further Coffin Lids with Diagonal Star Clocks from the Egyptian Middle Kingdom", *Journal for the History of Astronomy* 23, 1992, pp. 201-207.
Locher, K. (1993)
"New arguments for the celestial location of the decanal belt and the origins of the *sah* hieroglyph", in *Atti di sesto congresso internazionale di egittologia,* vol. 2, Turin, pp. 279-280.
Neugebauer, Otto and R. A. Parker (1960-69)
Egyptian Astronomical Texts, I-III, Rhode Island.
Parker, R. A. (1950)
The Calendars of Ancient Egypt, Studies in Ancient Oriental Civilization ,Chicago.
Parker, R. A. (1974)
"Ancient Egyptian Astronomy", in *The Palace of Astronomy in the Ancient World,* London.
Petrie, F. (1940)
Wisdom of the Egyptians, London.
Pogo, A. (1934)
"The astronomical ceiling-decoration in tomb of Senmut,", *Isis,* XIV(2).
Sethe, Kurt (1908)
Die Altaegyptischen Pyramidentexte Pyramidentexte nach den Papierabdrucken und Photographien des Berliner Museums, Leipzig..
Wallin, P. (2002)
Celestial Cycles; Astronomical Concepts of Regeneration in the Ancient Egyptian Coffin Texts, Uppsala Studies in Egyptology 1, Uppsala..
平田 寛 (1974) 『科学の起原：古代文化の一側面』岩波書店
友部直編 (1994) 『世界美術大全集、西洋編』小学館

初版 あとがき

本書[※]は、月刊天文ガイドの二〇〇七年十二月号から二〇〇九年二月号まで、全一五回にわたり連載された「古代オリエントの天文学―エジプト・ナイル星物語」に新たに資料などを加えて一冊にまとめたものです。これまで日本では古代エジプトの天文学や星座物語に関しては、ほとんど紹介されてこなかったといっても過言ではありません。

私は中学生のころから熱心なアマチュア天文家として、東京・杉並の自宅で毎日のように望遠鏡や双眼鏡を使って天体観測を行っていました。あるとき、自宅での流星観測中に偶然に大火球を目撃し、それを和歌山県の有田に住む小槇孝二郎氏に報告したことがきっかけで、日本流星委員会(当時)に入会させていただきました。このことが、後に私が和歌山市に誕生した彗星観測の全国組織である「星の広場」に参加するきっかけとなりました。

また、私は幼いころから、伝記物語や歴史の本を読むことも好きでしたので、野尻抱影氏や山本一清氏などの有名な先生たちが著した星座物語なども数多く読み漁っていました。そこに描かれた星座物語のほとんどが、ギリシア神話の話ばかりであり、古代ギリシア以前の古代メソポタミアや古代エジプトに由来する天文関係の話は、ほんのわずかしかなく、個人的にはそのことを不満に感じていました。

その後、都立西高等学校に進んでからは、宇宙研究部に所属し、昼に高校の屋上で太陽の黒点観測をしたり、望遠鏡をかついで山の上に天体観測に出かけたりと、ますます天文にのめり

※初版『わかってきた星座神話の起源―エジプト・ナイル星物語』(二〇一〇年五月刊行)の「あとがき」を一部改訂し掲載しています。

込んでいきました。高校を卒業後、現役での大学受験に失敗し、一年間、受験浪人をすることになります。この時期に受験勉強ではなく、彗星の軌道計算や位置推算に没頭するようになりました。この浪人時代と翌年の大学一年生の二年間が私にとって最も熱心に天体観測や天文計算を行った時期にあたっています。加茂昭氏をはじめ星の広場の仲間たちとの交流もこのころに始まったものです。

　早稲田大学第一文学部二年生の十月(一九七二年)に、天文仲間の品川征志氏とともに、シベリアのバイカル湖畔にジャコビニ流星群の観測に遠征をするなど、積極的に天文関係の活動を行っていました。大学では西洋史学科に進級し、古代オリエント史の学習をするようになります。卒業論文は、アフガニスタン産のラピスラーズリの交易について調べました。卒業後に早稲田大学の大学院に進学しますが、当時の大学院には考古学専攻がなく、西洋史専攻の修士課程に入学しました。

　この時の大学院の私の指導教授が科学史の平田寛(ひらたゆたか)教授でした。平田先生は、古代ギリシアの科学技術史の専門家でありながら、ギリシア以前の古代オリエントの科学技術史にも造詣が深く、それまで科学技術史は、古代ギリシアから始まるのがスタンダードだったものを古代オリエントからのものとすべきであると、常日頃から主張されていました。平田寛先生が岩波書店から刊行した『科学の起原』は、今でも私にとって重要な書籍となっています。

　私は大学院の修士課程二年の時に新設された考古学専攻に編入し、その年の秋にはじめて早稲田大学のエジプト調査隊に参加しました。一九七六年のことです。それ以来、現在に至るまで、エジプト現地での発掘調査を継続して行うことができたことは、吉村作治先生(現サイバー大学学長)をはじめ、多くの先輩や仲間たちのおかげと感謝しています。今後もエジプトでの研究調査は継続していこうと思っています。

東京大学近くの本郷の天体望遠鏡販売店で口径六センチの屈折望遠鏡を父に買ってもらい、それから四十五年になります。一時は天文学者を夢見た時期もありましたが、アマチュア天文家として、細々と天文活動を続けてくることができました。今回、「天文」と「エジプト」という私の大好きな二つのテーマについて書籍を刊行することができたことは望外の喜びです。

天文ガイドへの連載に関しては、昔からの知人である太田原明カメラマンのお力添えが大きかったと感謝しています。また、二年前に自ら発見した小惑星に私の名前「Kondojiro(6144)」を提案していただいた渡辺和郎氏に感謝します。渡辺君のおかげで今後も天文学史を研究し続ける決意ができました。本当にありがとう。明記して感謝します。

(二〇一〇年五月)

序章

古代メソポタミア天文学の世界

私たちは、現在、毎朝のようにテレビや新聞などで、自分の生まれた日の太陽の視位置を基準に決められている黄道一二星座の中の星座による星占いを、注視しながら一喜一憂しています。これらの黄道一二宮星座は、獣帯とも言われています。春分点から順に一二星座をあげていくと、うお座・おひつじ座・おうし座・ふたご座・かに座・しし座・おとめ座・てんびん座・さそり座・いて座・やぎ座・みずがめ座になります。黄道とは、天球上を太陽が移動していく道になります。これらの一二星座の起源は、古代オリエント地域と考えられています。

現在の「中近東」地域とほぼ同じ地域でもある古代オリエント地域は、古代メソポタミアと古代エジプトという二つの古代文明の中心地とその周辺地域から成り立っていました。これらの地域では、コムギやオオムギといった穀物の栽培、ヒツジやウシなどの家畜化という農耕・牧畜をともなう「新石器文化」が開始された場所でもあり、人々は次第に定住して集落を営み、やがて最初の「都市」が誕生した場所でもありました。初めて文字が考案され、国家が樹立された古代オリエント地域は、ユダヤ教・キリスト教が誕生した場所でもあったため、キリスト教の価値観・世界観が社会の根底にあった西ヨーロッパ社会では、一〇九六〜九九年に実施された第一回十字軍以降、「聖地」に対する関心が急速に高まりを見せ、ルネサンスや宗教改革といった運動の中で、『旧約聖書』やその母体となった古代文化の研究が急速に進展していくようになります。

とくに、イランのケルマンシャー州のベヒストゥーンの地上七〇メートルで発見された磨崖碑には、アケメネス（ハカーマニシュ）朝ペルシアのダレイオス一世（在位：紀元前五二二〜

前四八六年）時代の古代ペルシア語・エラム語・アッカド語による三語併記の碑文が刻されていました。これらの言語は、楔形（くさびがた）文字という古代メソポタミア地域で一般的であった文字が使われていました。イギリスのヘンリー・ローリンソンによって、一八三五〜四五年に碑文の詳細な写本が作成され、研究することによって、楔形文字は解読され、古代メソポタミア地域に残された楔形文字による膨大な量の粘土板文書がものを語るようになりました。アッカド語の解読が、公式に宣言されたのは、一八五七年のことでした。一九世紀後半から、急激なスピードで楔形文字の解読が進んでいき、『旧約聖書』以前の古代メソポタミアの歴史も次第に明らかになっていきました。

一九世紀半ばに、イラク北部のニネヴェのアッシリア王アッシュルバニパル（在位：紀元前六六八〜前六二七年）の「図書館」で、イギリスのレヤードらによって発見された約三万点の粘土板文書のほとんどが大英博物館に収蔵されています。これらの粘土板の解読によって、数多くの天体の観測記録や星座表、星占いなどの記録が明らかになっていきました。しかしながら、新アッシリア時代（紀元前一〇〇〇〜前六〇九年）の粘土板文書には、さらに古い時代のバビロン第一王朝（紀元前一八九四〜前一五九五年頃）やそれ以前の記録の写本と考えられるものも含まれていました。しかし、原本となった文字資料を断定することは困難なことであり、古代メソポタミアの天文学の起源やその後の展開を正確に判断することには、多くの障害が存在しています。シュメール語による星の名前などから考えると、その起源が非常に古いものであったことは容易に想像することはできますが、それをはっきりと証明することは容易なことではありませんでした。また、文字として記録されていても、それが実際の夜空のどの星座や星と一致するのかを同定することは、良好な図示された天体図が残されていないので、これまでは推測の域を出るものではありませんでした。

今回、古代メソポタミアの星座と天文学についてを紹介するにあたり、古代エジプトのプトレマイオス朝最後の支配者であるクレオパトラ女王（クレオパトラ七世）（在位：紀元前五一～前三〇年）が建造にたずさわった、エジプトのデンデラにあるハトホル神殿屋上にあるオシリス神の礼拝堂の天井に描かれた円形天体図（一三〇～一三八頁参照）が、非常に重要な役割を果たしていることに気づかされました。このデンデラのハトホル神殿にあった円形天体図は、現在はパリのルーヴル美術館に所蔵・展示されています。

そのため、今日、私たちがエジプト現地のデンデラにあるハトホル神殿屋上のオシリス神の礼拝堂を訪問しても、石膏で作られ黒く塗られている天体図のレプリカを見るしかありませんでした。白色の石膏の表面の塗装が雑でムラがあるために、ひとつひとつの明瞭な星座の写真を撮影することは不可能でした。

デンデラの円形天体図に関する詳細な図面や報告などは刊行されてはいますが、私は実際の円形天体図を詳細に観察するためにパリのルーヴル美術館に出かけなければならないと思い、デジタル一眼レフカメラをたずさえてパリに向かいました。デンデラのハトホル神殿にあった円形天体図は、ルーヴル美術館のシュリー翼一階の一二室の脇室に展示されています。円形天体図の設置されている脇室の天井は思いのほか低く、天体図の広い範囲を撮影するには、天体図の真下の床に横たわってシャッターを切る必要がありました。その目的が、天体図の撮影だけにあったために、数時間も床に寝そべって夢中でシャッターを切り続ける私の存在は、美術館を訪れる人たちの目に異様な光景にうつったことでしょう。今、思い返してみると見学者には非常に迷惑だったかもしれません。おかげで何百枚という写真を撮影することができました。

もちろん、私も、このデンデラの円形天体図がエジプト固有の星座とバビロニアに起源を持つ黄道一二宮とが一緒に描かれているヘレニズム時代を代表する貴重な天体図であるとの認識を持っていました。ところが、本書でも紹介し、数多く参考にさせていただいたギャヴィン・ホワイトの*Babylonian Star-lore*, 2008を読んで、エジプトのデンデラの円形天体図に、多くのバビロニア起源の星座が存在することを改めて知ることになり、目からうろこの心境でした。

日本ではバビロニア起源の星座に関しては、欧米の最近の研究成果などはほとんど紹介されていない現状があります。この書物が古代メソポタミアの星座と天文学に興味を持つ人に広く読まれることを期待しています。まだまだ不明なことや私自身の不勉強からくる誤りなどもあると思いますが、ご指摘いただけると幸いに思います。

◉古代メソポタミア地方地図と主要遺跡

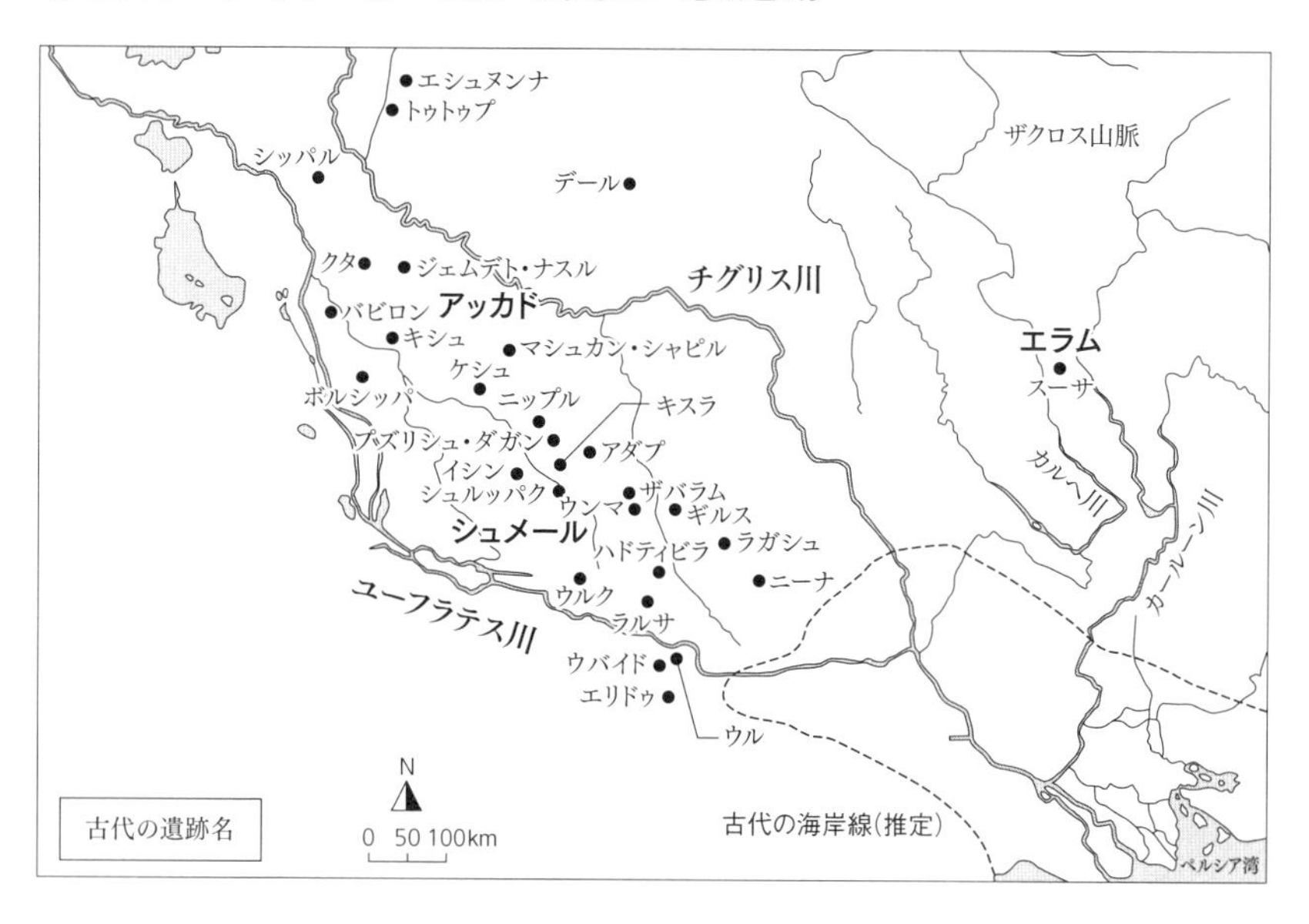

第1章

天文学発祥の地メソポタミア

メソポタミアの天文学

「メソポタミア」とは、ギリシア語で「二つの河川の間（中央）の場所」を意味するMeso（中央）potamia（両河）に由来します。この二つの河川は、いうまでもなくユーフラテス川とチグリス川です。一般に東を流れるチグリス川を先におよび「チグリス・ユーフラテス川」とよんでいます。現在のイラク共和国を中心とする地域が、ほぼ、かつての古代メソポタミアの領域となります。チグリス・ユーフラテス川の二大河川は、一つの川となってペルシア湾（アラビア湾）へと注いでいきます。このチグリス・ユーフラテス川の下流域、すなわち、南メソポタミア地域が、シュメール（Sumer）地方とよばれており、ここにシュメール人により最初の都市国家が建設されました。

メソポタミアの文化——文明誕生まで

西アジア地域では、いわゆる「肥沃な三日月地帯」であるシリア・パレスチナ、アナトリア、北メソポタミア、ザグロスの各地で農耕・牧畜をともなう新石器文化が誕生します。この時代は先土器新石器時代（紀元前八三〇〇年～前六〇〇〇年ごろ）とよばれ、この地域では、土器が出現するより早く、穀物の栽培と牧畜が開始されたことを示しています。北メソポタミア地域では、ハッスーナ期（前六〇〇〇年～前五五〇〇年ごろ）になると最古の農耕集落が登場します。その後、ハラフ期になると初期の農耕集落はさらに発展し、美しい彩文土器なども見られるようになります。

一方、南メソポタミア地域では、最初の文化であるウバイド（Ubaid）文化が紀元前五五〇〇年ごろに起こります。ウバイド文化（紀元前五五〇〇年～前三五〇〇年ごろ）のもとでは灌漑を使用した農耕が発達していきました。その結果、生産性は飛躍的に向上し、徐々に南の地域が北の地域よりも優勢になっていきます。

ウバイド文化に続きウルク（Uruk）文化の時代となります。南部の有名な都市国家であるウルクを標準遺跡とする文化で、この時代をウルク期（紀元前三五〇〇年～前三一〇〇年ごろ）とよんでいます。ウルク期は、メソポタミア文明にとって非常に重要な時期です。このウルク期には、メソポタミア南部を中心に、都市国家が誕生していきます。

ウルク遺跡は、ユーフラテス川下流の北岸に位置しており、現在名は「ワルカ（Warka）」、「ウルク」はアッカド（Akkad）語名で、シュメール語では「ウヌ（グ）」、そして『旧約聖書』では「エレク」とよばれている都市です。都市の中央部には、巨大な神殿群が存在し、最古の粘土板文書も発見されています。粘土板文書の中には、「王」を表現する文字記号も含まれており、王権が確立していたことが判明しています。

都市国家の対立抗争

ウルク期に続くジェムデト・ナスル（Jemdet Nasr）期（紀元前三一〇〇年～前二九〇〇年ごろ）を経て、初期王朝時代（紀元前二九〇〇年～前二三五〇年ごろ）になります。南部メソポタミアを中心として多数の都市国家が誕生し、次第に領土と覇権を競って対立抗争するようになります。各都市には、それぞれ神が祀られていました。

シュメールの最古の都市の一つであるエリドゥ（Eridu）の都市神は、エンキ神（アッカド語でエア神）で、知恵の神で宇宙や社会秩序を司る地下にある大洋（＝アプズまたはアプス：「深淵」の意）の神でした。ウル（Ur）もまた有名な都市国家で、月神ナンナが主神でした。

また、ウルクの都市神は、アン神（アッカド語でアヌ神）とイナンナ女神（アッカド語でイシュタル女神）の二神でした。当初、天空の神アンがウルクの都市神でしたが、その後、アン神の娘とされる〝天の女主人〟であるイナンナ女神にその地位を取って代わられました。

さらに、ユーフラテス川のやや上流に位置するニップルでは、シュメールおよびアッカドの最高神であるエンリル神が都市神として祀られていました。元来、このエンリル神は、その名前が「主人（エン）、嵐（リル）」からなるシュメールの嵐の神で、妻はニンリルでした。また、ニップルは、「アッカドとシュメールの境」とよばれていました。

初期王朝時代の都市国家の対立抗争の中で、やがて北の地域ではキシュが、そして南の地域ではウル、ウルク、ラガシュなどが有力な都市国家として登場するようになります。こうした中で最初にシュメールの地の統一を実施したのがウルクの王たちでした。ウルク王「エンシャクシュアンナ」がキシュを打ち破り征服したのです。その後、ウンマの王で、後にウルクに本拠地を移したルガルザキシ王によってシュメール地域は初めて統一されました。一方、シュメールの地域の北側に隣接しているアッカドの地では、サルゴン王が徐々に勢力を拡大していきました。

そして、紀元前二三五〇年ごろアッカドのサルゴン王は、シュメールのルガルザキシ王を破り、ここにアッカドとシュメール両方を領有するアッカド王朝（紀元前二三五〇年〜前二一〇〇年ごろ）が樹立されます。

サルゴン王の孫でアッカド王朝第四代のナラム・シン王（写真1―1）のときに、「四方

写真1-1　アッカド王朝第4代王、ナラム・シン王の碑
（パリ、ルーヴル美術館蔵）

世界の王」を初めて名乗り、北シリアのエブラや北メソポタミアなどを領有し、自らを神格化したのでした。ナラム・シン王のときに、アッカド王朝は最大版図を誇り、西は地中海から東はペルシア湾までを領有する国家として非常に繁栄しましたが、王の死後、急速に衰退していきます。そして、エラム人やグディ人など異民族の侵入によって、アッカド王朝は崩壊していきます。

その後、ラガシュがグデア王のもとで一時的に繁栄を享受します。そして、ウル第三王朝（紀元前二一〇〇年～前二〇〇〇年ごろ）は、一〇〇年ほどですがシュメール人の最後の王朝として繁栄します。

シュメールとアッカド

初期王朝時代に、都市国家が興亡したメソポタミア南部の地域には、シュメール人が居住していました。しかしながら、都市国家や文字を生み出し、メソポタミア文明を形成したこのシュメール人は、現在までのところ人種や言語系統など不明な謎で包まれた民族です。彼らの故郷がどこにあって、いつメソポタミアの南部に移住してきたのかも判明していません。一方、シュメール人の居住する地域よりも上流には、現在のアラビア語やヘブライ語などと同一の言語系統であるセム語系のアッカド語を話すアッカド人が住んでいました。

前述したように、ニップル市は、「アッカドとシュメールの境」とよばれていました。ニップルのやや上流に位置するキシュの人びとは、一説によればアッカド語とシュメール語の両言語を自由に話すことができたといわれており、現在では「バイリンガル（bilingual）」とよばれる二ヵ国語を自由に使う能力を持っていたのでした。シュメール語とアッカド語は、全く異なった言語構造をもっていましたが、アッカド人たちは、シュメール人によって考案された「楔形文字」を自らの言語を表記する文字記号として導入したのでした。

このことは、私たち日本人が日本語を表記する文字記号として、言語系統が全く異なった中国語を使用する中国人が考案した漢字を導入したことと非常によく似た状況であるといえます。

楔形文字の発明

楔形（くさびがた）文字は西アジア各地で発見されている、粘土板に割り箸状の筆で表面に刻された文字（写真1-2）です。それぞれの文字が、楔の形をしていることからこの名前で一般によばれています。

これまでの研究によれば、楔形も当初は絵文字として考案されたものでしたが、その後、文字は、次第に画数の少ない簡略なデザインを持つ文字記号へと変化していきます（写真1-2・次頁図1-1）。

最古の文字は、ウルク第Ⅳ層（紀元前三二〇〇年ごろ）に出現しますが、「絵文字」的な文字でした。文字は、家畜や穀物を管理するために考案されたものといわれています。「文字」は、ウルクにいたシュメール人により、彼らの言葉であるシュメール語を表現するため使われたのでした。その後、シュメール地方の北に隣接した地域に居住していたアッカ

写真1-2　ジェムデト・ナスル期（前3100〜2900年ごろ）の粘土板に刻された行政テキスト。「楔形文字」は粘土板に割り箸のような筆で書かれた。

図1-1　楔形文字の絵文字起源
（ナヴェー『初期アルファベットの歴史』法政大学出版局、2000年を改変）

ド人によって、彼らの言語であるアッカド語を表記するために使われるようになります。楔形文字は、シュメール語やアッカド語ばかりではなく、エラム語、ヒッタイト語、ウガリト語、ペルシア語などのさまざまな言語を表記する文字として西アジア地域では広く使用され続けます。

星を表す楔形文字

古代エジプトでは「星」を表すヒエログリフ（聖刻文字）は、海の星を意味するヒトデを図案化したものです。エジプトの文字であるヒエログリフは、物の形を象徴的に表現した「象形文字（絵文字）」ともいえるデザインだったため、一般に「星」とされる星形はヒトデの形を借りて表現したものでした。

一方、メソポタミアで考案され、その後、長期にわたって使用され続けた「楔形文字」では、初期の段階でエジプトのヒエログリフと同じように「象形文字（絵文字）」のような形で表現されていたのですが、その後、画数の少ない簡略化したものへと改良されていったので、楔形文字記号を見て、元来の文字の形を類推することは非常に困難です。

図1-2は楔形で記された「星」を意味する文字を示しています。シュメール語で「星」を意味する〝MUL〟は、固有の星の名前や星座名の前に置かれることで、その単語が星を表わすことを決定する、いわゆる「限定符（あるいは決定詞）」としての役割を果たしていた文字記号でした。

アッカド語では星を kakkabu (m) とよんでいました。この星を表現した楔形文字記号は、

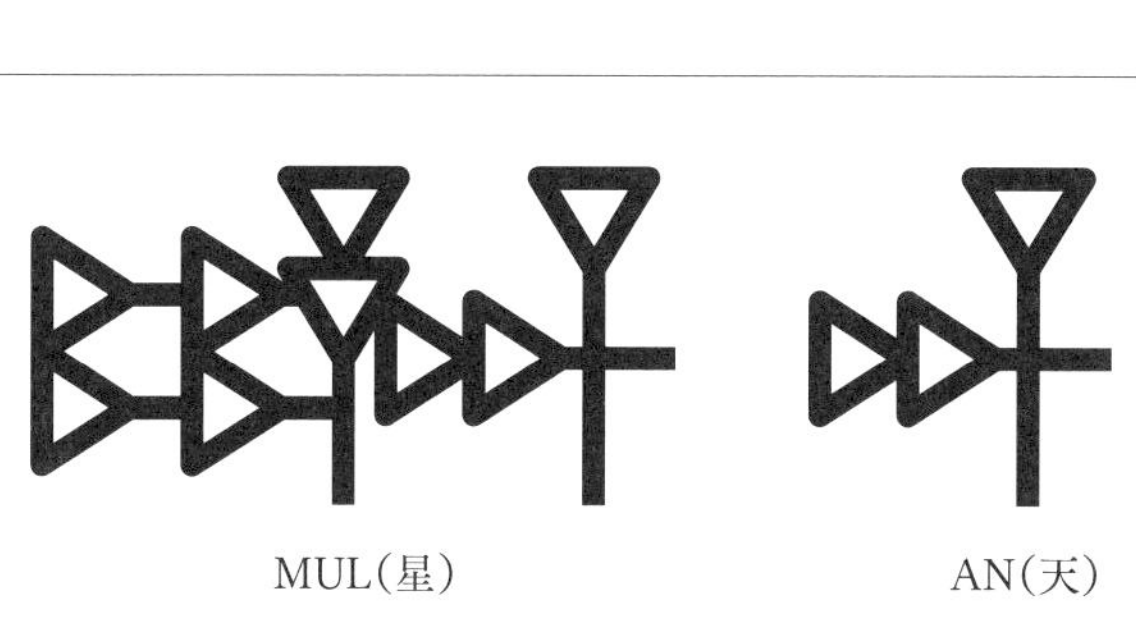

図1-2　楔形で記された「星（MUL）」を意味する文字記号（左）は、天を意味する“AN”（右）を三つ組み合わせて形作っている。

天を表すシュメール語の〝AN〟（アッカド語ではANU）を三つ組み合わせて作られた文字記号（図1−3）でした。このANは、元来はアスタリスクのような〝*〟を単純化して作られたものといわれています。

メソポタミアの天文学の特徴

古代エジプトの天文学では、暦や時刻を作成するなど、実用的な目的のために、太陽や月、天体が観測されていました。そのため、不思議なことに、古代エジプトでは、具体的な日月食の記録や彗星の出現記録、惑星の運行に関する記録などがほとんど残されていませんでした。

それに対して、古代メソポタミアの人びとは、夜空を毎日注意深く観測する中で、異なった変化を丹念に記録として残していく作業を続けていったのでした。そのため、古代メソポタミアでは、古代エジプトとは異なり、日月食の記録から、彗星の出現記録、惑星の運行記録などが残されています。

また、エジプトでは、プトレマイオス朝時代以降のギリシア・ローマ時代になるまでほとんど見られなかった占星術も、古代メソポタミアでは古い時代から行われていました。このようにメソポタミアでは、皆既日食や皆既月食、星座の中を複雑な動きをしながら移動していく惑星、突然、長い尾を引きながら出現する彗星など、天空上の変化を重要視することで、人間の運命をも占おうとしたのでした。

図1-3 「天」を意味する“AN”は“*”を単純化して作られたといわれる。図のように楔形ではないANの表現もあり、三つ描いて“MUL”（星）にする表現も存在した。

ムル・アピン（MUL.APIN）粘土板の星たち

古代メソポタミア地域では、現在までのところ星座や星の名前を具体的に記した初期の文字資料はほとんど発見されていません。「ムル・アピン」粘土板の資料は、現在、大英博物館に所蔵されている紀元前五〇〇年ころのものですが、粘土板の内容をよく伝える資料となっています。

古代メソポタミアでは、しばしばテキストの最初の部分をとって、そのテキストの名前とすることがあります。たとえば、有名なバビロニアの創世神話である『エヌマ・エリシュ(Enuma Elish)』は、物語の冒頭の部分に刻された2語で、「上には…であったときに」を意味するアッカド語の「エヌマ・エリシュ」に由来しています。同じように、『ムル・アピン（Mul Apin)』も粘土板の冒頭の語から命名されたものです。

「ムル・アピン」とは、シュメール語で、直訳すると「APIN（犂）星」となります。一般にMUL.APINと表記されますが、これは必ずしも読み方を表記しているものではありません。MULAPINと先頭のムル（MUL）が上付き文字として表記されると、このMULという語を、後ろに続く単語が、星や星座を表すことを示す「限定符」と見なしたということになり、この場合、MULは実際には発音されなかったと考えられます。ただし、MULが限定符として使用されていたかどうかを確定するのはむずかしいことです。

一般に、楔形文字で書かれた文字を読む際に、限定符（あるいは決定詞）が置かれていれば、文字の意味を決定することができます。限定符は、単語の前（あるいは後ろ）に置かれることにより、その単語の意味を限定する（決定する）働きをするものです。代表的な限定符としては、「神（神名に付く）」はAN（またはDIĜIR）であり、DIĜIRの省略形であるdを上付き文字として神名の前に付加して表記します。たとえば、最高神であるエンリル神は^{d}En-lil、エンキ神は^{d}En-ki、スエン神（月神でアッカド語でシン神）は^{d}EN.ZUなどと表記されます。

「土地（地名に付く）」の限定符はKIで、シュメール語でウヌグとよばれた代表的な都市ウルク（Uruk）はUnug^{ki}、そしてニップル（Nippur）はNibru^{ki}となります。さらに「川（河川名に付く）」はIDで、チグリス川は^{id}Idiginaと表記されます。その他の限定符としては、「木（木製品や樹木の名に付く）」はĜEŠ、「石（石製品や石の名に付く）」はNA$_4$、「魚（魚の名に付く）」はKU$_6$、「鳥（鳥の名に付く）」はMUŠENなどがあります。

大英博物館粘土板No. 86378

現在、『ムル・アピン』粘土板資料としてもっともよくその内容を示しているものに、大英博物館所蔵の粘土板No. 86378があります。この粘土板の内容は、一九一二年にL・W・キング（King, L.W.）により、*Cuneiform Texts from Babylonian Tablets in the British Museum,* Part XXXIII, London, 1912. の中で初めて公表されました。

キングは、この書物で7枚半の図版（Pl.1～Pl.8上）を使用して、その詳細を明らかにしています。この粘土板No. 86378は、高さ八・四センチメートル、幅六センチメートル、厚さ一・九センチメートルという小型のものでありながら、両面に二段ずつの小さな文字で埋め尽くされています。表面では左の段が四四行、右の段が四七行、裏面では左の段に五〇行、右の段には四四行（最後の三行は欠損）の合計一八五行ものテキストが、細かな楔形文字でびっしりと刻まれています（写真1－3）。この粘土板は、刻まれた文字の形から、紀元前五〇〇年ごろにバビロンで製作されたものであると考えられます。あまりにも小さな楔形文字が刻まれているため、読むことが困難なことから、この粘土板が実用的なものではなく、書記の高度な技量を示す目的で神殿に奉納されたものであるとキングは推定しています。

興味深いことに、著書の中でキングはMUL.APINという表記を使っていません。シュメール語のMULではなく、アッカド語の星を意味するkakkabuという語を使い（*kakkabu*）Apinと表現しています。キングによる粘土板の報告書公刊をきっかけとして、『ムル・アピン』や古代バビロニアに関する星や星座の研究が、数多く現れるようになりました。

オーストリア、ウィーン大学のヘルマン・フンガー（Hunger, Hermann）とアメリカ、ブラウン大学のデイヴィッド・ピングリー（Pingree, David）の共著で、*MUL.APIN: An Astronomical Compendium in Cuneiform*, AfO Supplement 24, 1989が刊行され、『ム

写真1-3　大英博物館粘土板No. 86378。高さ8.4cm、幅6cm、厚さ1.9cmの小型粘土板の両面に2段ずつ小さな楔形文字が埋め尽くされている。『ムル・アピン』粘土板Iのほぼ完全な写しが刻まれている。紀元前500年ごろ。

ル・アピン』粘土板文書の詳細が明らかになっています。この二人は、その後、一九九九年には *Astral Sciences in Mesopotamia*, Brill, Leiden を発表するなど、古代メソポタミアの天文学の分野で重要な研究を果たしています。残念なことに、ブラウン大学の教授であったピングリーは、二〇〇五年一一月に七二歳で逝去してしまいましたが、彼らの研究などから、『ムル・アピン』粘土板文書は、記されている内容によって、「粘土板Ⅰ（Tablet Ⅰ）」と「粘土板Ⅱ（Tablet Ⅱ）」の二つのグループに大別されています。

大英博物館粘土板 No. 86378 は粘土板Ⅰのほぼ完全な写本であるとされています（図1−4・図1−5・図1−6）。一方、粘土板Ⅱに相当するものは、アッシリアの中心都市であったアッシュル（Ashur）やニネヴェ（Nineveh）などからも発見されています。これまでに発見されている最古の『ムル・アピン』粘土板は、紀元前六八七年のもので、アッシリアのセンナケリブ（Sennacherib）王（在位：紀元前七〇四〜前六八一年）の治世下に作られたものです。

星や星座について記した『ムル・アピン』粘土板Ⅰ

日本では、『ムル・アピン』粘土板文書は一般に「星表」としての面だけが強調されて紹介されていますが、粘土板Ⅰ（Tablet Ⅰ）に刻された内容は九つの部分から成り立っています。このことは、矢島文夫氏が『占星術の誕生』（東京新聞出版局、一九八〇年）で紹介しています。矢島氏の著書は、加筆、訂正されて、『占星術の起源』（ちくま学芸文庫、二〇〇〇年）として刊行されています。その九つの部分とは次のようなものです。

OBVERSE, COLUMN II.

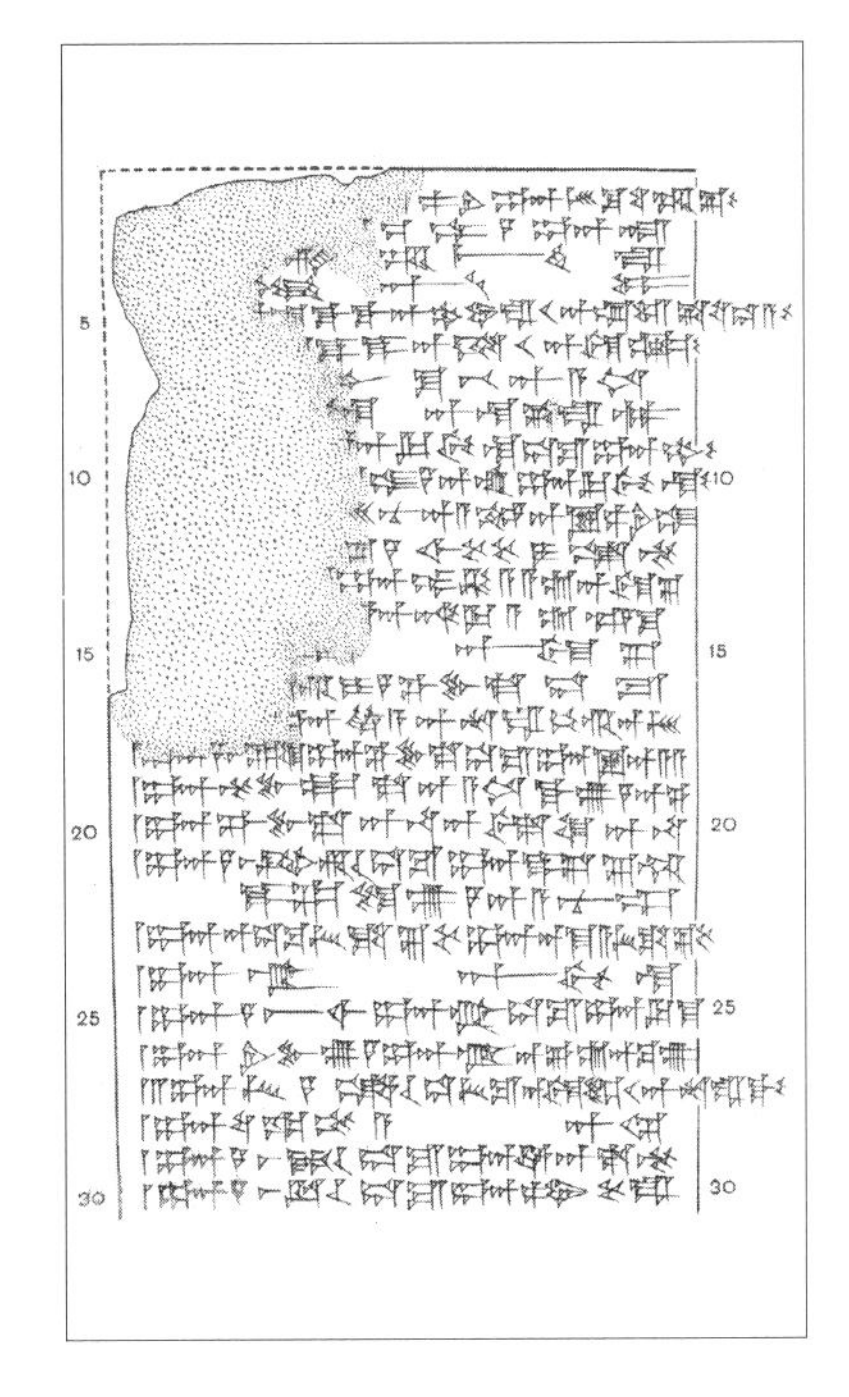

上／図1-4　大英博物館粘土板No. 86378、表の面の左段1行目から30行目に刻まれた楔形文字。テキストの最初の「ムル・アピン」と刻された箇所は欠損している。(*Cuneiform Texts from Babylonian Tablets in the British Museum,* Part XXXⅢ, London, 1912, Pl.1より)

左上／図1-5　大英博物館粘土板No. 86378、表の面の左段31行目から45行目、および右段の1行目から12行目に刻された楔形文字。左段の38行目には、木星が刻されている。また、その次の39行目には「エンリルの道」と最後に刻されている。(*Cuneiform Texts from Babylonian Tablets in the British Museum,* Part XXXⅢ, London, 1912, Pl.1より)

左下／図1-6　大英博物館粘土板No. 86378、表の面の右段13行目から39行目に刻された楔形文字。13行目に金星、14行目に火星、15行目に土星、16行目に水星が、18行目には「アヌの道」、35行目には「エアの道」と刻されている。(*Cuneiform Texts from Babylonian Tablets in the British Museum,* Part XXXⅢ, London, 1912, Pl.3より)

◉七一個の星のリスト（「アヌの道」の三三個の星、「エンリルの道」の二三個の星、「エアの道」の一五個の星）
◉一年三六〇日の暦における決められた三六の星と星座の日出時の出現が起こる日のリスト
◉一年に一五回ある五五個の星の同時の日出時の出と日没時の入りのリスト
◉一六個の星の日出時の出の間隔
◉夜明けと夕暮れ時の星と関連するある現象の時間の長さ
◉日出時の星の出と日没時の星の入りの観測を天文官が確認するための「エンリルの道」の一四個の星のリスト
◉星の南中と日出時の出との関係
◉「月の道」における星と星座のリスト
◉見出し、題名、奥付

七一個の星のリスト

まず、最初に刻されている七一個の星のリストに関して紹介していきましょう。星ぼしは、天空の三つの地域に分けられて記載されています。この三つとは、「エンリル（Enlil）の道」、「アヌ（Anu）の道」、「エア（Ea）の道」の三つです。「エンリルの道」が最上層、「アヌの道」が中層、そして「エアの道」が下層、と天空を三つの部分に分けて命名したものです。エンリルとは、シュメールおよびアッカドの最高神を表しています。元来、エンリル神は、シュメールの大気や嵐の神であり、またニップル市の主神でした。

同じくアヌも、メソポタミアの天空神であり、最古の最高神でもありました。アヌは、シュメール語ではアン（An）で、その文字は、天や神を示すものでした。アヌは紀元前三〇〇〇年紀初めまでに、最高神の地位を息子であるエンリルに譲ることになります。エアは、地下にある大洋アブズ（アプス）の神であり、シュメール語ではエンキ（Enki）とよばれています。エア神はアヌ神に次ぐ地位にありました。この天空の三つの場所を示すのに使われているエンリル、アヌ、エアの三柱の神々は、バビロニアでは最高位を占めていました。こうした意味でも、『ムル・アピン』が、古代バビロニアと密接な関係があることを想起させます。

七一個の星と星座の内訳は、エンリルの道、アヌの道、エアの道にある六〇個の星座、そして、天の北極付近の六つの星座の計六六個の星座と五つの惑星（木星、金星、火星、土星、水星）から成り立っています。北極付近の六星座は、「エンリルの道」に記されています。また、五惑星も、木星は「エンリルの道」のリストの末尾に、その他の金星、火星、土星、水星の四惑星は、「アヌの道」のリストの末尾に記されています。

ムル・アピン粘土板Ⅱの発見

アッシリア『ムル・アピン』粘土板Ⅰに関しては大英博物館に所蔵されているほぼ完全な写しである BM 86378（BM：大英博物館 British Museum の略）により、その全容をほぼ知ることができます。その粘土板Ⅰと異なるグループの『ムル・アピン』粘土板Ⅱという別の内容のテキストが記された一群の粘土板も発見されています。

代表的な『ムル・アピン』粘土板Ⅱの資料には、VAT 9412と名付けられたアッシュル（Assur）遺跡から発見された粘土板があります。アッシュルは、チグリス川中流域にある都市遺跡で、アッシリア国家のおこった土地でした。また、最高神アッシュルの名もこの都市の名前に由来しています。アッシュルは古アッシリア時代（紀元前二〇〇〇～前一六〇〇年ごろ）から中アッシリア時代（紀元前一五〇〇～前一〇〇〇年ごろ）、新アッシリア時代（紀元前一〇〇〇～前六〇九年）にかけて、約一四〇〇年間にわたって継続して存在していました。VAT 9412は、新アッシリアのセンナケリブ（Sennacherib）王の治世下の紀元前六八七年に作られたものであり、現存する『ムル・アピン』粘土板文書としては最古のものです（写真1-4・写真1-5）。

また、『ムル・アピン』粘土板Ⅱの内容を持つ他の多くの粘土板文書の断片が、ニネヴェ（Nineveh）遺跡にある新アッシリア時代のアッシュルバニパル王（在位：紀元前六六八～六二七年）の王宮文書庫の跡から発見されています。

ニネヴェ遺跡は、アッシュル遺跡の北一一〇キロメートルにあり、現在のイラク第三の都市で北部の拠点であるモスール（Mosul）市内のチグリス川東岸に位置しています。この遺跡にあるクユンジュク遺丘で、一八四九年に、イギリスのA・H・レヤード（A. H. Layard）が、新アッシリアの遺構を発見し、この遺跡がニネヴェであることを初めて明らかにしました。その後、アッシュルバニパル王の王宮が検出されます。王宮の壁面には、有

写真1-4　アッシュル遺跡出土の『ムル・アピン』粘土板Ⅱを刻した粘土板VAT 9412の 表（Hunger, H. and D. Pingree, *MUL.APIN,* 1989, Pl.XXXIII-1）

名な「ライオン狩りのレリーフ」が描かれていました。私たちは、今日、このレリーフを大英博物館のアッシリア室で、ごく間近に見ることができます。弓矢を撃たれて苦しむライオンの呻き声が聞こえるような躍動感あるレリーフに驚かされます（次頁 写真1-6）。

続いて一八五二年に、レヤードの助手であったH・ラッサム（H.Rassam）によって、王宮付属図書館が発見されました。「ニネヴェの図書館」ともよばれるアッシュルバニパル王の王宮文書庫跡からは、約二万点もの粘土板文書が発見されました。この文書庫からは、古いシュメールやバビロニアの文学作品や宗教テキスト、そして『ムル・アピン』のような重要な天文学文書の写本なども含まれていました。発見された膨大な粘土板文書は現在、大英博物館に収められています。

アッシュルバニパル王は、古代メソポタミアの王としては例外的に文字の読み書きのできることを誇示しており、バビロニアに伝わる古い宗教テキストや文学作品の写本や粘土板文書の収集に熱心でした。

新アッシリア時代のニネヴェやアッシュルで発見された『ムル・アピン』文書も、粘土板に刻された内容などから少なくとも紀元前一〇〇〇年ごろにまで遡るものと推定されています。新アッシリア時代の『ムル・アピン』文書のいくつかには、奥付けにバビロニアの粘土板の写しであると刻されており、バビロニアで最高位を占めるエンリル、アヌ、エアの三柱の神々との関係でも指摘したように、『ムル・アピン』粘土板文書の編集は、アッシリアの地ではなく、バビロニアで行われたと考えられます。

写真1-5　写真1-4と同じくアッシュル遺跡出土の『ムル・アピン』粘土板Ⅱを刻した粘土板VAT 9412の裏（Hunger, H. and D. Pingree, *MUL.APIN,* 1989, Pl.XXXⅢ-2）

古代の五惑星の運行

『ムル・アピン』粘土板Ⅱの内容に関して、細かく見ていきましょう。粘土板Ⅱには、おもに次のような記述があります。

◉「月の道」における太陽と惑星
◉太陽の季節による運行について
◉グノモン表
◉天体や彗星と関連する前兆

その他、特定の星の出や惑星の運行などに関しても記されています。まず、最初の部分の一～八行目には以下のように、太陽と五惑星（太陽、木星、金星、火星、水星、土星の順に出てきます）が「月の道」に沿って運行していると記されています。

一行目：太陽は、月が旅する同じ道を旅する
二行目：木星は、月が旅する同じ道を旅する
三行目：金星は、月が旅する同じ道を旅する
四行目：火星は、月が旅する同じ道を旅する
五行目：水星ニヌルタは、月が旅する同じ道を旅する

写真1-6　有名なアッシュルバニパル王の「ライオン狩りのレリーフ」。向かって左側の2輪の馬車（チャリオット）に乗る中央の人物が王である。護衛の者たちが馬車の後ろから攻撃するライオンを槍で撃退している。アッシュルバニパル王の王宮文庫跡から『ムル・アピン』粘土板Ⅱの内容を持つ資料が発見された。（大英博物館）

六行目：土星は、月が旅する同じ道を旅する
七、八行目：これら同じ場所を旅する六柱の神々は、
天空の星ぼしの間を旅しながら、常に場所を変えていく

これは『ムル・アピン』粘土板Ⅰの最後の部分の「月の道」における星と星座のリストと関連するものです。今日の天文学では、太陽が運行する軌道を「黄道」、月の運行する軌道を「白道」としていますが、惑星も同じような場所を運行していることを述べたものです。また、太陽も月も他の五惑星と同じ惑星の範疇に入れており、とても興味深いものがあります。

次に、太陽が季節とともに、その位置を変えていく太陽の運行について記しています。アッシリアでは、中アッシリア時代から暦としてバビロニア暦を採用していました。通常、バビロニア暦では、一ヵ月が二九日と三〇日が交互に来る、現在のイスラーム暦と同じく一年が三五四日の太陰暦で、三年に一度、三〇日の閏月を置くことで調整していました。『ムル・アピン』でも登場するバビロニア暦の月の名前は、一月：ニサンヌ（Nisannu）、二月：アヤル（Ayyāru）、三月：シマーヌ（Simānu）、四月：ドゥーズ（Duʾūzu）、五月：アブ（Abu）、六月：ウルール（Ulūlu）、七月：タシュリーツ（Tašrītu）、八月：アラクサムナ（Araḫsamna）、九月：キスリーム（Kislīmu）、一〇月：テベーツ（Tebētu）、一一月：シャバートゥ(Šabātu)、一二月：アッダル（Addaru）の一二の月です。

『ムル・アピン』Ⅱでは、太陽の運行を季節ごとに記していますが、それによれば、春分の日は一月（ニサンヌ月）一五日、夏至の日は四月（ドゥーズ月）三〇日、秋分の日は七

月（タシュリーツ月）一五日、冬至の日は一〇月（テベーツ月）一五日となっています。そして春分の日と夏至の日の間隔は四五日、夏至の日から秋分の日までも同様に四五日、そして秋分の日から冬至の日、冬至の日から春分の日までも、それぞれ四五日でした。このことから、新アッシリア時代の一ヵ月はすべて三〇日、一年三六〇日の暦が使用されていたようです。

『ムル・アピン』粘土板IIに記されている太陽の運行を季節を軸にグラフにすると図1-7のようになります。春分の日に「アヌの道」にあった太陽は、徐々に北に移動し、夏至の日に「エンリルの道」に位置しています。その後は南に移動し、「アヌの道」を通って、冬至の日には「エアの道」に達するのです。

現在の星座の原型が見られる『ムル・アピン』のリスト

ここまで『ムル・アピン』粘土板文書の内容について紹介してきましたが、紹介できたのは『ムル・アピン』のごく一部でしかありません。最後に『ムル・アピン』の七一個の星のリストの中で、五つの惑星を除く六六個の星と現在の星との関係について触れてみることにしましょう（表1-1）。

フンガー(H. Hunger) とピングリー(D. Pingree) との共著である *MUL.APIN*, 1989 を参考にして現在の星座との関係を見ていくと、私たちが今日使用しているいくつかの星座の原型が、すでに古代メソポタミアの『ムル・アピン』粘土板文書に存在していることに気づくでしょう。非常に興味深いことです。

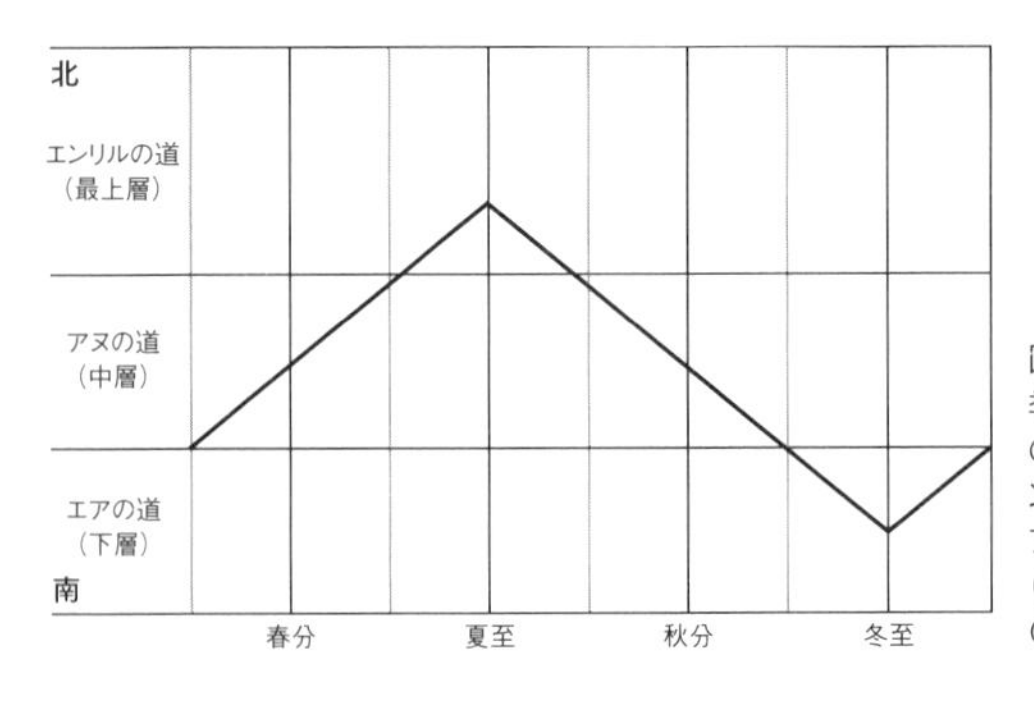

図1-7『ムル・アピン』粘土板IIに記された季節ごとの太陽の運行をグラフに表したもの。星ぼしは天空の三つの層、最上層の「エンリルの道」、中層の「アヌの道」下層の「エアの道」にあると考えられていた。
（Horowitz, W., *Mesopotamian Cosmic Geography,* 1998, p.173）

表1-1 『ムル・アピン』に記された71個の星のリストと、現在の星との対応表。

◎エンリルの道		
1	犂(すき)	さんかく座α, β、アンドロメダ座γ
2	オオカミ	さんかく座α
3	老人	ペルセウス座
4	杖	ぎょしゃ座
5	大きな双子	ふたご座α, β
6	小さな双子	ふたご座ζ, λ
7	カニ	かに座
8	ライオン	しし座
9	王	しし座α(レグルス)
10	ライオンの尾	しし座5?、しし座21?
11	Eru(エル)の葉	かみのけ座γ
12	ŠU.PA(シュパ)	うしかい座
13	豊富なもの	かみのけ座β?
14	威厳あるもの	かんむり座
以下、15〜20は天の北極の星座		
15	荷車	おおぐま座
16	キツネ	おおぐま座80〜86?
17	牝ヒツジ	うしかい座北部
18	くびき	りゅう座α
19	天の荷車	こぐま座
20	荘厳な神殿の相続人	こぐま座α?
21	Ekur(エクル)の立てる神々	ヘラクレス座ζ, η
22	Ekur(エクル)の座す神々	ヘラクレス座ε, π, ρ, θ?
23	牝ヤギ	こと座
24	イヌ	ヘラクレス座南部
25	Lamma(ランマ)	こと座α
26	2つの星	こと座ε,ζ
27	ヒョウ	はくちょう座、とかげ座、カシオペア座とケフェウス座の部分
28	ブタ	りゅう座の頭部と最初のとぐろ部
29	ウマ	カシオペア座α, β, γ, δ?
30	牡シカ	アンドロメダ座東部
31	虹	アンドロメダ座18, 31, 32
32	抹殺者	アンドロメダ座β
33	木星	

◎アヌの道		
34	野	ペガスス座α, β, γ, δ、アンドロメダ座α
35	ツバメ	ペガスス座ζ, θ, ε、こうま座α
36	Anunitu(アヌニツ)	うお座東側
37	雇夫	おひつじ座
38	星ぼし	プレヤデス星団(すばる)
39	天の牡牛	おうし座
40	牡牛の顎	おうし座α、ヒヤデス星団
41	アヌの真の羊飼い	オリオン座
42	双子星	オリオン座π^3,π^4?
43	オンドリ	うさぎ座
44	矢	おおいぬ座
45	弓	おおいぬ座ε, σ, δ, ω
46	ヘビ	うみへび座
47	ワタリガラス	からす座、コップ座
48	畝(うね)	おとめ座α(スピカ)
49	天秤	てんびん座、おとめ座の部分
50	星	へびつかい座、へび座、わし座の部分
51	ワシ	わし座
52	死者	いるか座?
53	金星	
54	火星	
55	土星	
56	水星	
◎エアの道		
57	魚	みなみのうお座
58	偉大なるもの	みずがめ座
59	Eridu(エリドゥ)	とも座
60	Ninmaḫ(ニンマク)	ほ座
61	Ḫabaṣirānu(カバシラーヌ)	ケンタウルス座、みなみじゅうじ座
62	まぐわ	ほ座東部
63	ŠullatとḪaniš(シュルラトとカニシュ)	ケンタウルス座μ, ν
64	Numušda(ヌムシュダ)	ケンタウルス座η?
65	狂犬	おおかみ座
66	サソリ	さそり座
67	Lisi(リシ)	さそり座α(アンタレス)
68	サソリの針	さそり座λ, υ
69	Pabilsag(パビルサグ)	いて座
70	船	いて座ε
71	ヤギ魚	やぎ座

古代メソポタミアのクドゥル（境界石）

古代メソポタミアには星座の形とよく似ている図像を描いたとされる、「クドゥル（境界石）」という石碑が存在しています。そこに描かれたシンボルのいくつかは、今日私たちが知っている星座の図像と非常によく似ています。クドゥルに描かれた図像が星座の起源となったのでしょうか。

クドゥル（Kudurru）とは、アッカド語で「境界」や「境界で囲まれた範囲」、「境界を定めるもの」などの意味を持つもので、古代メソポタミアのカッシート王朝（紀元前一五五〇～前一一五五年ごろ）時代に出現しています。このカッシート王朝は、ハンムラビ王で知られるバビロン第一王朝（紀元前一八九四～前一五九五年ごろ）が、紀元前一五九五年ごろにヒッタイト古王国のムルシリ一世（在位：紀元前一六二〇～前一五九〇年ごろ）が率いた遠征軍により滅亡した後、バビロニアの地に移住し、樹立した王朝です。

カッシート人は、おそらくメソポタミア東方に位置するザグロス山岳地帯を故地とする非セム系の異民族です。かつては、インド・ヨーロッパ系の民族とされたこともありましたが、現在では否定されています。

最古のクドゥル（境界石）は、紀元前一四世紀ごろのものとされています。クドゥルは、その後、紀元前七世紀のバビロニア王であったシャマシュ・シュマ・ウキン（在位：紀元前六六七～前六四八年ごろ）時代まで約七〇〇年間も作られ続けました。クドゥルは、いびつな円柱形の石碑（粘土製のものもある）で、高さが三六センチメートルから一メートルほどのものです。これまでに、一六〇基あまりのクドゥルとその破片が見付かっていますが、正確な数は研究者によっても異なっています。

また、発見されたほぼ半数ものクドゥルが、イラン南西部に位置する古代都市・スーサ（Susa）遺跡から発掘されたものです。スーサに都を置いていたエラム人は、しばしばメソポタミアに侵入しています。そして、彼らは、有名な「ハンムラビ法典」をはじめ、数多くの記念碑を戦利品として、スーサに持ち帰ったのでした。このことから、スーサで発掘されたクドゥルも、戦利品として、バビロニア地方から持ってこられたものと推測できます。

クドゥルには、支配者である王が、王族や祭司、高官たちに広大な土地を与えたり、土地に関する税や義務の免除などを与え、証書の文章が楔形文字で刻され、それに神々のシンボルが配されていました。また、こうしたクドゥルには、クドゥルを破損したり、建っている場所を移動したりする者に対して、神々によって呪いがかけられることが記されていました。クドゥルは刻された土地とその土地の所有権を神々の保護下に置くために、神殿に安置されていました。

クドゥルはいびつな円柱形をしている。写真は紀元前11世紀ごろのものとされる、バビロニアのクドゥル。詳細は不明。大英博物館所蔵。

メリ・シパク王のクドゥル

写真1-7のクドゥルは、現在、パリのルーヴル美術館に所蔵されており、カッシート王朝第三三代目のメリ・シパク王（在位：紀元前一一八六～前一一七二年ごろ）のものです。このクドゥルもまた、イランのスーサで発見されたものでした。表面には、五段にわたって、さまざまな神々のシンボルが描かれています。

第一段目には、上部に三つの天体のシンボルが見えます。向かって左は、月神「シン」を表す三日月が、中央には、八本の光輝があり、これは金星の女神「イシュタール」を表現したものです。一番右側の円の中に星が描かれた図像が、太陽神「シャマシュ」を表したものです。その下には、向かって左に、樹木のように見える「角冠」が描かれています。この二つの角冠は、それぞれアヌ神とエンリル神を表したものとされています。角冠の右には台（祭壇）上に羊の頭があり、その手前には上半身がヤギで下半身が魚である星座のやぎ座の表現と同じ、空想上の動物がおり、これらはエア神を表現しています。エア神は、地下にある真水の大洋と知恵の神です。ヤギの頭を持つ魚や、羊頭の飾りがついた、まがった杖やカメなどで描かれていることから

写真1-7　カッシートのメリ・シパク王のクドゥル（境界石）。クドゥルは、王が、王族や祭司、高官たちに土地などを与えた際の証書の文章が楔形文字と神々のシンボルとで刻された。このクドゥルは、イランのスーサで発見されたもので、5段にわたって、さまざまな神々のシンボルが描かれている。現在は、パリのルーヴル美術館に所蔵されている。

類推できます。右端には母なる女神であるニンフルサグのシンボルとされる、子宮を表現したと思われる、ギリシア語の「Ω」を逆さにしたような記号が見えます。

第二段目には、向かって左側に、二つのライオンの頭を持つ「スタンダード（旗竿）」があり、怪物退治で知られるニヌルタ神か、あるいは冥界神・ネルガルとされています。手前には、有翼のライオンが座った姿勢で描かれています。その右には、ワシ頭の棒があり、戦いの神・ザババを表しています。隣に振り向いた姿の鳥がいますが、これはハルバ神です。その右のライオンの頭の飾りを持つ棒は、ニヌルタ神かネルガル神と見られています。右端には、左端と同じく座った有翼のライオンが描かれています。

第三段目の左には、祭壇の上の鋤と座った竜が描かれています。この図像は、バビロン市の主神・マルドゥクを表したものです。その右には、祭壇上の筆記具と竜が描かれ、これは、ナブー神を表現したものです。右端には、手前に犬がいて奥に女神がいる図が描かれていますが、これは治癒の女神・グラであるといわれています。

第四段目には、向かって左の祭壇の上の二股に分かれた図像は、稲妻を表したもので、手前には牡牛が座っています。これは天候神のアダド神を表したものです。その右には、祭壇上に麦の穂が描かれ、手前に座った羊がいます。これはアダド神の妻であるシャラ女神を表しています。その右上には、ランプが描かれ、火の神・ヌスクを表しています。その下には、牛に引かせて畑を耕す犂が描かれていますが、これは農耕の神でラガシュの都市神でもあったニンギルス神を表現したものです。そして歩く鳥の姿が描かれ、これは伝令の神・パプスカルを表すとされています。また、右端に描かれた杭にとまる鳥はシュカムナ神とシュマリア神とされています。

第五段目には、向かって左端には、祭壇上に何かが描かれているのですが、何を表現しているのかは判明していません。右側には、長くのびたヘビがおり、これは「イシュタラン神」を表しています。また、その下にはサソリの図像がありますが、これは「イシュハラ女神」を表現していると思われます。

このクドゥルの裏側には、土地を授与したことに関する証書の写しが楔形文字で刻されています。

エアンナ・シュム・イッディナのクドゥル

写真1-8は、ロンドンの大英博物館に所蔵されているエアンナ・シュム・イッディナ(紀元前一一二五~前一一〇〇年ごろ)のクドゥルです。エアンナ・シュム・イッディナ(Eanna-Shum-Iddina)は、メソポタミア南東部にあったとされる「海の国」の総督であり、彼によって土地が授与されたことが下段に刻されています。また、碑文の中には、クドゥルを破損したり、移動した者に対して神々が呪うことが書かれています。

このクドゥルの上部にも二段にわたって、さまざまなシンボルが描かれています。最上部には前述のメリ・シパク王のクドゥルと同じように、三つの天体のシンボルがあります。しかし順番が異なり、向かって左がイシュタール女神を表す金星で、ここでは円の中に描かれています。次に月神シンの三日月、そして、太陽神シャマシュを表した太陽が並んでいます。その下には、五つの祭壇の上にシンボルが描かれています。向かって左の二つに

◀写真1-8　エアンナ・シュム・イッディナのクドゥル。エアンナ・シュム・イッディナはメソポタミア南東部にあったとされる「海の国」の総督で、彼によって土地が授与されたことが下段に刻されている。このクドゥルにも、クドゥルを破損したり、移動したりした者に対して神々が呪うことが書かれている。高さ36cm。大英博物館所蔵。

は角冠が置かれ、アヌ神とエンリル神を表しています。三番目の祭壇の上にはカメがいますが、これはエア神と見られます。その右には、二つ渦巻のあるシンボルがありますが、おそらく「ニンフルサグ女神」を表現したものでしょう。右端には三角形の形があります。これはおそらく筆記具と思われ、ナブー神を表現したものと想像できます。

二段目には、首の長いライオンの頭が描かれていますが、ニヌルタ神かネルガル神を表しています。その隣には座ったライオンが描かれています。その隣のサソリはイシュハラ女神を表しています。このように、クドゥルの表面には、さまざまな神々のシンボルが描かれています。

メソポタミアの星座の起源とされたクドゥル

大英博物館には、メソポタミアの星座の起源としてこれまで数多く紹介されてきた有名なクドゥル（次頁 写真1-9・図1-8）が所蔵されています。高さが五六センチメートルある石灰岩製のクドゥルで、イシン第二王朝四代目の王、ネブカドネツァル一世（在位：紀元前一一二五〜前一一〇四年ごろ）時代のものです。

写真1-9　紀元前12世紀のネブカドネツァル1世時代のクドゥル（境界石）。このクドゥルには、いて座の原形と考えられる弓を構えたサソリの体をした神の姿が描かれるなど、メソポタミアの星座の起源を示している、と紹介されてきた。石灰岩製、高さ56cm。大英博物館所蔵。

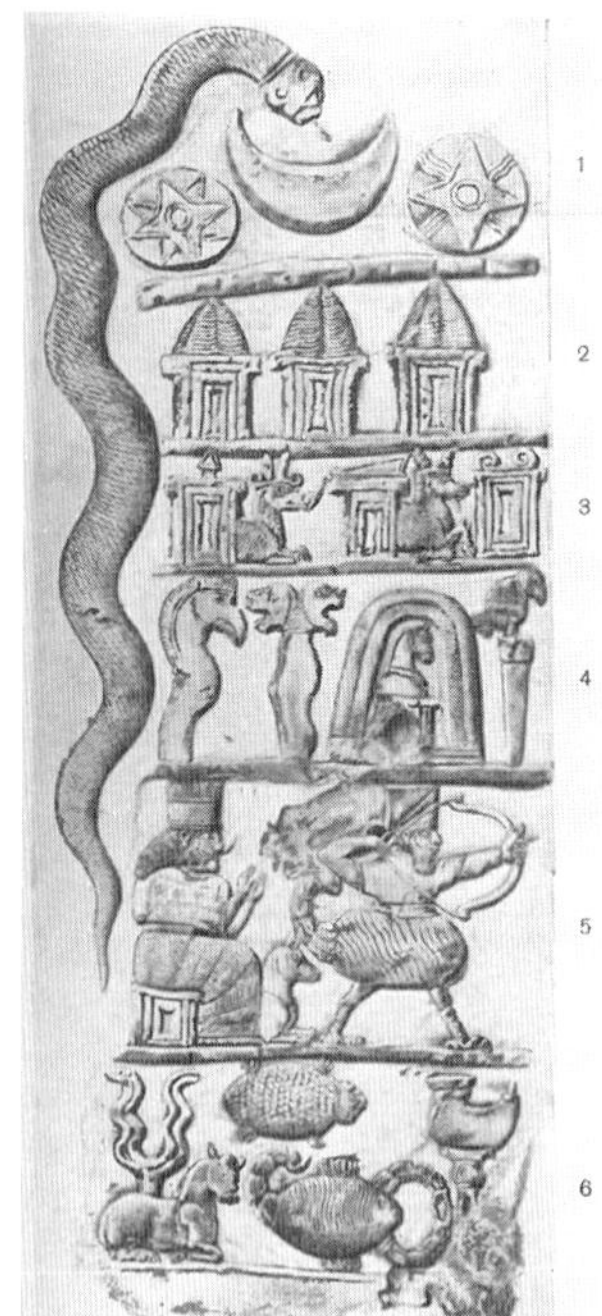

図1-8　ネブカドネツァル1世時代のクドゥルのシンボルを描いた図像。クドゥルの表面には、数多くの神々を表現したシンボルが描かれており、当時のメソポタミアの星座の図像との関連が指摘されている。

イシン第二王朝（紀元前一一五七〜前一〇二六年ごろ）は、先述のカッシート王朝が紀元前一一五五年ごろにエラムに滅ぼされた後、イシンを本拠として樹立された王朝でした。都をバビロンに移し、一三〇年あまりメソポタミアを支配しました。

このクドゥルには、六段にわたりさまざまなシンボルが配されています。向かって左には、最上段から五段目に達する長さでヘビが描かれています。このヘビはニラフ神、あるいはイルハン神を表しているとされます。

このクドゥルにも、最上段には三つの天体のシンボルがあり、左からイシュタール女神を表す金星、月神シンを表す三日月、そして太陽神シャマシュを表す太陽が描かれています。二段目には、祭壇（祠堂）に載せられた三つの角冠があり、これらはアヌ神、エンリル神、そしてエア神を表しているとされます。

三段目には、上部に鋤の載った祭壇に入った竜が描かれ、マルドゥーク神を表現しています。その右には、筆記具が載った祭壇にいるヤギがおり、書記の神・ナプーを表し、右端の渦巻きの装飾の付いた祭壇は、母なる女神・ニンフルサグを表現したものです。

四段目のシンボルも他のクドゥルと同じように、左からザババ神、ネルガル神と同定することができますが、その右の馬の首が中にある小屋の図（？）は、どの神のシンボルか不明です。右端の、杭の上にとまった鳥はシュカムナ神（あるいはシュマリア神）です。五段目のイヌをともなって座る女神はグル女神を表しています。弓を構えたサソリの体をした神は、戦いの神であるニヌルタ神を表現したものと見られます。このサソリの神は、これまで、いて座の原形であるといわれたことがよくありました。

最下段の六段目も、他のクドゥルとの比較で左から、アダド神（稲妻形と牛）、エア神と思われる図（カメ）、イシュハラ女神（サソリ）、ヌスク神（ランプ）などが表現された図像であると思われます。

クドゥルと星座との関係

これまで見てきたように、クドゥルとよばれる境界石の表面には、神々のシンボルとしての図像が描かれています。特徴的なシンボルのいくつかは、今日、私たちが知っている星座の図像と非常によく似たものとなっています。それでは、クドゥルに描かれた図像が、星座の起源となったのでしょうか？

おそらく答えは「ノー」でしょう。クドゥルの起源が紀元前一四世紀であり、一方、古代メソポタミアの星座の成立が、少なくともバビロン第一王朝時代にまで遡るものと考えるとクドゥルに描かれた神々のシンボルは、それ以前に作り上げられていた星座の図像と関連していると推定できます。神々のシンボルが星座の図像としても使用されたと考えることができます。

それでは、古代メソポタミアでは、星座はいつごろ誕生したのでしょうか？　次章からは古代メソポタミアの星座について紹介していきます。

第2章

黄道十二宮の星座

古代メソポタミアの星座のはじまり

星の神話や伝承を広く一般に紹介したことで有名な野尻抱影氏（一八八五〜一九七七年）のたくさんの著作は、今でも星座や星の名前の由来を調べる場合には、とても貴重で有益な資料です。野尻抱影氏は、東京の早稲田中学校で英語の教師をするかたわら、数多くの天文に関する書物を著しています。日本の星の和名やそのいわれを多数集め、紹介もしています。

また、外国の星にまつわる神話や伝承など、一九世紀後半から二〇世紀前半にかけて、英語やドイツ語などで記された欧米の多くの文献を参考に書いています。そのような意味では、日本でこれまでに刊行されている星座物語に関する書物のなかでも、信頼のおけるものであると評価することができます。

私も中学生のころから天体に興味を持つようになり、毎晩、小さな屈折望遠鏡で天体観測をしながら、野尻抱影氏の書かれた星の神話や伝承の世界に心を躍らせました。気が付くと本棚には、野尻抱影氏の著作のほとんどすべてが並ぶようになっていました。

しかし、野尻抱影氏が参考にした欧米の文献のなかにも、今ではその信憑性に問題のあるものも存在しています。だからといって野尻抱影氏の業績が、何も否定されるものではありません。そのなかのひとつに、有名な「カルデア人による星座起源説」があります。

「カルデア人の羊飼いが夜ごと空を見上げて星座を作った」という話は、現在でも日本だけではなく、世界中のプラネタリウムの解説で繰り返し説明されています。私も二〇〇八年三月にロンドン郊外のグリニジ天文台を訪れた際に、付属のプラネタリウムの解説で、カルデアの羊飼いの話を聞きました。その瞬間、「ここでも羊飼いか！」と内心、微笑んだことを覚えています。

野尻抱影氏は、その著書『星の神話・傳説集成』（写真2－1）の中で、星座の誕生について次のように述べています。

「今の天文学、従って星座が誕生したのは、西アジアにあったバビロニヤであると考えられている。即ち、メソポタミヤ（「河の間の国」という意味で、チグリス・ユーフラテス両河の間にある）地方に栄えた最古の文明国である。しかし、バビロニヤに、こういう天文の知識を伝えたのは、西紀前三千年ごろ、東の山岳地方からメソポタミヤへ侵入して、そこに建国したカルデヤ人であった。彼らは牧羊の民族だったので、夜どおし羊の番をする間に星をながめた。それで星のことを「天の羊」、惑星を「年よりの羊たち」とよんでいた。そして、星うらないを深く信じていたので、その必要から黄道に一二の星座をもうけ、その他の部分にも、いろいろの星座を考え出した。

カルデヤ人はやがてバビロン人に征服されたが、同化されたのは国語だけで、法律や、宗教や、特に天文知識と星うらないは、そっくりバビロニヤに取り入れられて、ますます盛んになった。どこの都会にもジッグラトという

写真2-1　野尻抱影著『星の神話・傳説集成』（恒星社、1955年）。この写真は1976年刊行の第15版の表紙。

段々になった四角な塔を建てて、頂上にその地方の神をまつり、神官は段の上から広い沙漠の上の清澄な空をあおぎ、天文の観測をやった。」（野尻抱影『星の神話・傳説集成』恒星社、一九五五年、二八六〜二八七頁より引用）

野尻抱影氏の書いている「カルデヤ人（Caldeans）」は、紀元前三〇〇〇年ごろに東方の山岳地帯からメソポタミアに侵入して建国した民族としていますが、現在では、カルデア人といえば、紀元前九世紀ごろに初めて碑文に名前が登場する民族のことを指します。このカルデア人は、本来の居住地も不明で、アラム人に遅れてバビロニアに侵入し、新バビロニア（カルデア）王国（紀元前六二五〜前五三九年）を建設した民族で、野尻抱影氏が記している「カルデヤ人」とは時代的にも大きく異なっています。

「カルデア人」とは誰か？

どうしてこのようなことが起こったのでしょうか？　キリスト教徒である欧米の人々が、慣れ親しんでいる『旧約聖書』には、メソポタミア南部の都市国家として知られるウルは、すべて「カルデア人のウル」と表現されています。また、ユダ王国が滅ぼされ、住民の多くがバビロニアに強制的に移住させられた有名な事件である「バビロン捕囚」も、新バビロニアのネブカドネツァル二世（在位：紀元前六〇四〜前五六二年）のもとで起こっています。このように、欧米の人々にとってもっとも知られているメソポタミアの国が、カルデアであったのです。そのため、カルデアという語は、しばしば、メソポタミアを表現しています。

野尻抱影氏の時代の古代メソポタミアの年代観が、ずれているとしても、この大きな年代的な相違は何が原因で起こったのでしょうか。野尻氏が「カルデヤ人はやがてバビロン人に征服された」と記しています。このバビロン人は、ハンムラビ王で知られるバビロン第一王朝（紀元前一八九四～前一五九五年ごろ）を指していると考えられます。

また、古代メソポタミアの歴史の中でウル第三王朝の滅亡からバビロン第一王朝の滅亡まで（紀元前二〇〇四～前一五九五年ごろ）の約四〇〇年間を「古バビロニア時代」とよんでいます。そして、この古バビロニア時代の前半をイシン・ラルサ時代（ウル第三王朝の滅亡からバビロン第一王朝のハンムラビによるバビロニア統一直前の時代のこと）、後半をバビロン第一王朝としています。この前半と後半の間には、さまざまな外来民族の侵入が相次いだ時期でした。そうした外来民族の代表が、アムル（Amorites）人でした。アムル人は、現在のシリアやサウジアラビア北部のステップ地帯を原住地域として、そこからメソポタミア地域に移住・侵入を繰り返した西セム系部族民の総称を指しています。このアムル人と東方のイラン南部にいたエラム人の二つの民族が、メソポタミアの歴史に大きな影響を与えた民族だったのです。

ですから、野尻氏が記した、メソポタミアへ侵入した「カルデヤ人」は、アムル人のことを指していると思われます。ただし、「カルデヤ人」が「東の山岳地方から」と記している部分は、エラム人と混同しているようですが、真相は依然不明です。

それでは、現在知られている古い形の星座はいつごろ考案されたのでしょうか。具体的にいくつかの星座を例として取り上げ、その古い形がいつごろできあがったのかについて紹介していきましょう。最近、ギャヴィン・ホワイト（White, Gavin）が刊行した *Babylonian Star-lore: An Illustrated Guide to the Star-lore and Constellations of Ancient Babylonia*, London, 2008.（『バビロニアの星の伝承：古代バビロニアの星の伝承と星座の図説ガイド』）と題される本は、イラストも豊富で見ていてとても楽しい本です。このホワイトの著作を参考にして、黄道一二宮のなかのいて座、やぎ座の二つの星座の起源について見ていくことにしましょう。

いて座の原型「パビルサグ」

黄道一二宮のひとつであるいて座は、下半身が馬で上半身が弓を構える男の姿で知られています。ギリシア神話では、半人半馬の姿をした賢人ケイローンであるとされています。古代バビロニアでは、パビルサグ（Pabilsag）とよばれる奇妙な合成された姿で表されています。パビルサグとは、元来、シュメール語で「祖先」を意味する「パビル」と、「長」を意味する「サグ」からなる語で「祖先の長」という意味であったとされています。このパビルサグの図像は、非常に多くのバリエーションがあることが知られています。古代バビロニアのパビルサグの姿は　古代ギリシアのケイローンとは、かなり異なったものでした。紀元前一二世紀のクドゥル（境界石）には、図2-1のような翼を持ち、射手の頭の後ろにはイヌの頭が描かれています。

また尻尾は、馬の尻尾とは別にサソリの尾が上に向かって生えています。翼やイヌの頭などが省略されている図像も多く見られるようです。紀元前一千年紀のバビロニアの印章

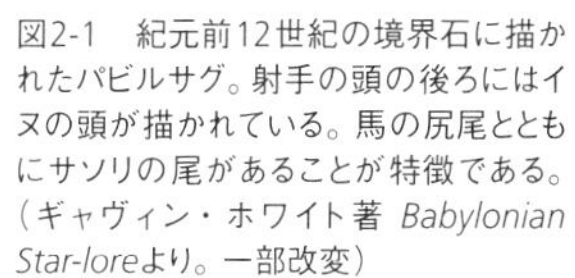

図2-1　紀元前12世紀の境界石に描かれたパビルサグ。射手の頭の後ろにはイヌの頭が描かれている。馬の尻尾とともにサソリの尾があることが特徴である。（ギャヴィン・ホワイト著 *Babylonian Star-lore*より。一部改変）

図2-2　紀元前1千年紀のバビロニアの印章に描かれた悪魔を射るパビルサグ。イヌの頭は省略されている。（ギャヴィン・ホワイト著 *Babylonian Star-lore*より。一部改変）

図2-3　大英博物館にあるネブカドネツァル1世時代のクドゥル（紀元前12世紀）。サソリの足が鳥のものになっている。（ギャヴィン・ホワイト著 *Babylonian Star-lore*より。一部改変）

図2-4　セレウコス朝シリア時代の印章に描かれたパビルサグ。馬の後ろ脚が鳥の足のように描かれている。（ギャヴィン・ホワイト著 *Babylonian Star-lore*より。一部改変）

の図像（前頁 図2－2）には、悪魔を射るパビルサグの図像が表現されていますが、この図ではイヌの頭はなく、かわりに矢を入れたえびらが描かれています。

このパビルサグは、しばしばエンリル神の息子であるニヌルタ神と同一視されています。第一章で紹介した大英博物館にある紀元前一二世紀のネブカドネツァル一世時代のクドゥルに描かれているサソリの体をした弓を射る男の図像（前頁 図2－3）もまた、ニヌルタ神を表現したものとされており、パビルサグのバリエーションのひとつと考えることができるようです。このサソリの体についている二本の足が鳥のものになっていることは興味深いものです（前頁 図2－4）。

やぎ座の原型「スクル・マシュ」

上半身がヤギで下半身が魚である不思議な図像が、やぎ座と同じ空想上の動物を表したものと考えられています。ヤギ魚（Goatfish 図2－5・図2－6）と一般によばれている図像ですが、とてもユニークな姿をしています。

この図像もまた、第一章で紹介したメリ・シパク王のクドゥルに描かれています（図2－7）。この不思議な図像は、エア神（シュメール語ではエンキ神）を表現したものです。エア神は、地下にある真水の大洋と知恵の神です。シュメール語では、スクール・マシュ（suḫurmašu）とよばれています。シュメール語の「スクール」とは、「巨大な鯉」を意味しており、「マシュ」が「牡ヤギ」あるいは「若いヤギ」という意味の語であり、この二語を合成した語「巨大な鯉＋牡ヤギ」となるものです。牡のヤギの前半身に鯉の後半身がくっついた空想上の動物「ヤギ魚」の姿が作り上げられています。

いて座とやぎ座の原型と考えられるパビルサグとスクル・マシュ（ヤギ魚）を紹介しました。しかしながら、これらがいつ誕生したかについては、明瞭な答えは得られていません。

図2-5　一般的にやぎ座に描かれるのは「ヤギ魚」とよばれる空想上の動物。（ギャヴィン・ホワイト著 *Babylonian Star-lore*より。一部改変）

図2-6　セレウコス朝シリア時代の印章に描かれたヤギ魚。（ギャヴィン・ホワイト著 *Babylonian Star-lore*より。一部改変）

図2-7　メリ・シパク王のクドゥルに描かれた上半身がヤギで下半身が魚の図像。羊の頭の載った祠堂に下半身を入れている。ヤギ魚は、しばしば羊の頭の付いた曲がった杖や、カメなどとともに描かれることがあるが、これらの図像もエア神の象徴である。（ギャヴィン・ホワイト著 *Babylonian Star-lore*より。一部改変）

みずがめ座、うお座、おひつじ座、おうし座

みずがめ座の原型「偉大なるもの」

黄道一二宮の一つであるみずがめ座は、古代バビロニアの「偉大なるもの」という意味を持つ「グラ（Gula）」が原型となっています。このグラのさらに古い形としては、アッカド時代にまで遡る裸の英雄があり、次第に水の神エンキと結びつくことで古バビロニア時代までに水が流れ出る壺を手にした姿で描かれるようになります（図2−8）。紀元前一四世紀の円筒印章に刻されたグラも、手に水が流れ出る一つかそれ以上の壺を持った髭をのばした巨人が山の上に立った姿で表現されています（図2−9）。壺から流れ落ちる水は、冬季から初春にかけての降雨の増大と河川の氾濫を象徴していると考えられています。

さらに、この「偉大なるもの」は、灌漑の意も表現していました。降雨の増大、河川の氾濫、そして灌漑などは、豊かな農業の恵みを意味していました。小麦が収穫される春から初夏の季節の直前の時期に、これらの星座は東天に姿を現すようになり、収穫の前の灌漑を意味しているともいわれています。

また、水との関連から、「偉大なるもの」の足下に魚が表現された図像（図2−10）も存在しています。この魚は、いうまでもなく今日のみなみのうお座に相当するものです。み

ずがめ座の南にみなみのうお座が位置していることも、壺から流れ出ている水との関連が大きいようです。

前節で紹介したやぎ座も後ろ半身が魚となっているヤギ魚と表現されているように、やぎ座、みずがめ座、うお座と続く冬（冬至のころ）から春（春分のころ）にかけてのメソポタミアの星座は、「水」との関連が強く、冬季の降雨と河川の氾濫などを象徴したものなのです。

図2-8　古バビロニア時代の壺を持った裸の英雄の図像。壺から水が溢れ出ている場面が表現されている。このような裸の英雄像はアッカド時代にまで遡ることができる。その後、水の神であるエンキ神の図像と結びつくこととなる。（ギャヴィン・ホワイト著 *Babylonian Star-lore*より。一部改変）

図2-9　みずがめ座の原型と考えられる、前14世紀の円筒印章に刻まれた「偉大なるもの」の図像。この印章は、ギリシア本土のテーバイで発見された。（ギャヴィン・ホワイト著 *Babylonian Star-lore*より。一部改変）

図2-10　「偉大なるもの」の足下に描かれた魚の図像。偉大なるものは、みずがめ座、足下の魚は、みなみのうお座の祖形となっている。バビロニア時代の円筒印章の図像。（ギャヴィン・ホワイト著 *Babylonian Star-lore*より。一部改変）

うお座の原型「尾」、「ツバメ」

うお座の原型としては、「尾」とよばれる二匹の魚を表現したものが考えられます。図2－11には二本の縄で結ばれた二匹の魚で表されていますが、この二本の縄は、メソポタミアの語源でもある両河（チグリス川とユーフラテス川）であるといわれています。二本の縄が、一つに合わさっているのは、この両河が下流で合流して、海へと注いでいるシャトル・アル＝アラブ（Shat al-Arab）川を表しています。両河の流れを表現した縄の先端に二匹の魚が描かれていますが、それらの魚の間には長方形の大きな空間が存在しています。

この四方形は、古代バビロニアの拠点となった都市であるバビロン市を表現したものであるとか、広大な耕作地を表しているといわれています。これはバビロン市の形が長方形であることが根拠となっています。また、うお座から北に延長していった場所には有名なペガススの大四辺形あるいは秋の大四辺形があることから、この長方形がペガススの大四辺形であると考えられます。秋の四辺形を間に挟んでいることを考えると、うお座は意外にも大きな星座だと改めて気付かされます。

この耕作地（あるいは耕地、野）が、『ムル・アピン』粘土板文書（第一章 三三頁参照）のアヌの道の三四番の「野」にあたるものです。四角い大きな空間を古代バビロニアの人びとは、麦の実る豊かな野原（耕作地）と表現したのでした。

二匹の魚の中で、向かって左側のものはAnunitum（アヌニツム、北魚）とよばれています。これは、疑いなく「みなみのうお」に対して命名された名前です。この北魚を表す

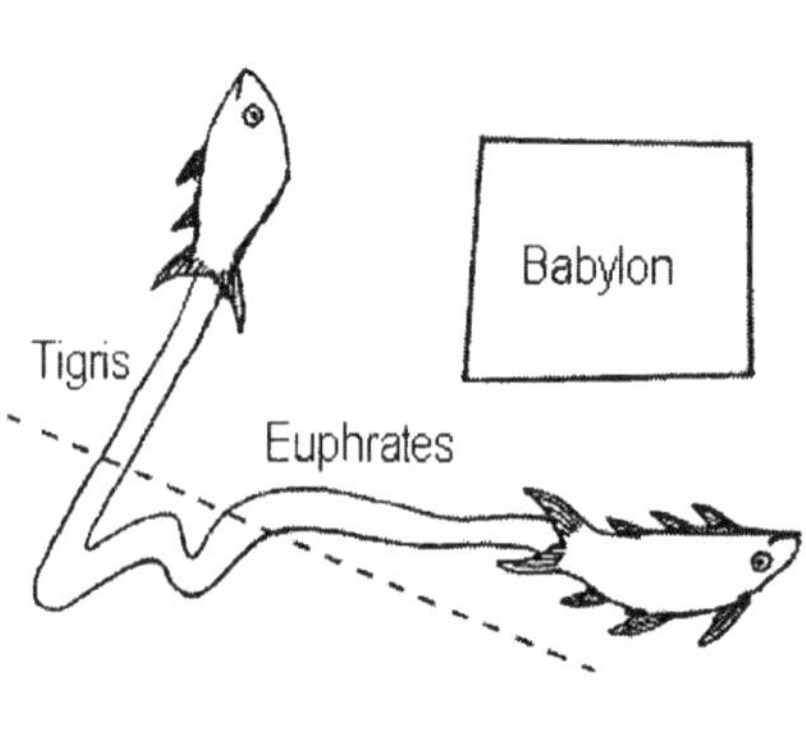

図2-11　うお座の2匹の魚をつなぐ縄は、メソポタミア地方を象徴するチグリス川とユーフラテス川を表している。また、2匹の魚の間には、巨大な四辺形が描かれており、バビロニアの中心拠点であるバビロン市と見られている。（ギャヴィン・ホワイト著 *Babylonian Star-lore*より。一部改変）

アヌニツムも、『ムル・アピン』粘土板文書のアヌの道の三六番のAnunitu（アヌニツ）に相当するものです。一方、右側の魚は、しばしば魚ではなく、ツバメとして描かれています。そのため、二匹の魚が縄でつながれるのではなく、ツバメと魚がつながれている図像（図2−12・図2−13・図2−14）が登場しています。

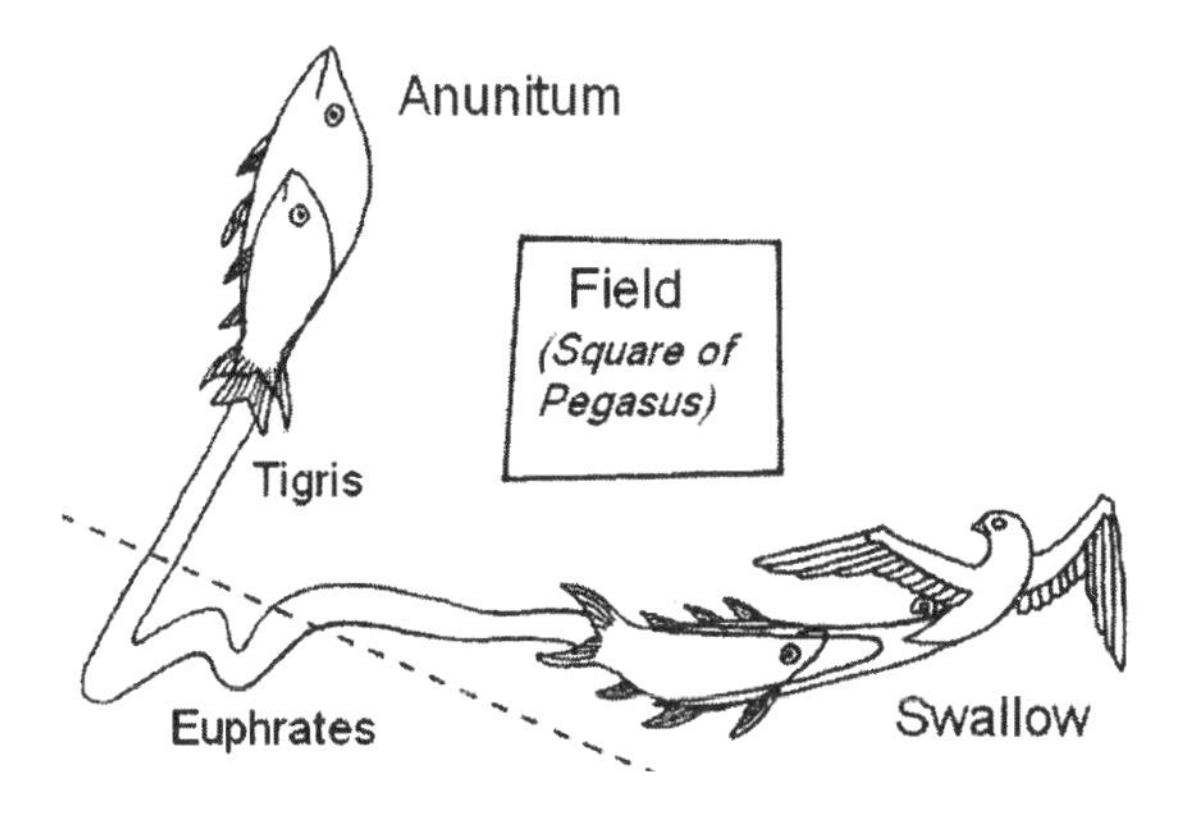

図2-12　うお座のつながれた2匹の魚。
向かって右側の魚の頭に被さるように、ツバメの尾羽がかかっている。
（ギャヴィン・ホワイト著 *Babylonian Star-lore*より。一部改変）

図2-13　つながれた2匹の魚のかわりに、魚とツバメがつながれた図像。
間には四辺形の畑が描かれている。
（ギャヴィン・ホワイト著 *Babylonian Star-lore*より。一部改変）

図2-14　うお座を表現したものには、魚と鳥（ツバメ?）がつながれた図像もある。図はウルク出土の印章の印影。（ギャヴィン・ホワイト著 *Babylonian Star-lore*より。一部改変）

おひつじ座の原型「雇夫」

うお座の次に来る黄道一二宮は、おひつじ座です。『ムル・アピン』粘土板文書では、アヌの道の三七番の「雇夫」とされているものが、これにあたっています。「雇夫」と「羊」とが同一視されていると考えられますが、それは「男」と「羊」を表す語がともにル（lu）と発音することに由来するとされています。また、雇夫は、うお座の中央に位置する「野（耕地）」を耕すために存在していると解釈できます。

おひつじ座は、黄道一二宮の最初にあたる星座です。春分の日のあとに太陽が入る星座で、非常に重要な星座といえます。そのため、今日でも星占いの一番最初におひつじ座が登場します。春先に新たに誕生した幼い羊（図2－15）やヤギ、牛などは、冬季の時期を過ぎて迎える春季の再生の象徴です。

カッシート王朝のメリ・シパク王（在位：紀元前一一八六〜前一一七二年ごろ）のクドゥル（境界石）にも麦の穂が上にある祭壇の前に座る羊（写真2－2）が描かれています。この羊は、アダド神の妻であるシャラ女神を表してい

図2-15　クドゥル（境界石）に描かれた幼い羊。春季に生まれたばかりの子羊を表現している。（ギャヴィン・ホワイト著 *Babylonian Star-lore*より。一部改変）

写真2-2　カッシート王朝のメリ・シパク王のクドゥル（境界石）に描かれた羊。麦の穂がある祭壇の前に座る羊が描かれている。紀元前12世紀。ルーヴル美術館所蔵。

ると思われます。この祭壇の上にある「麦の穂」とされる図像は、アマル（Amar）とよばれる楔形文字記号で、矢羽状になっています。これは羊の顔を表しているという説もありますが、定かではありません。

おうし座の原型「聖なる天の牡牛」

おうし座を象徴する牡牛は、古代オリエント地域で広く神格化され崇拝を集めていました。古くはアナトリア（現在のトルコ）の新石器時代から銅石併用期にかけて（紀元前七五〇〇～前五七〇〇年ごろ）のチャタル・ホユック（Çtalhöyük）遺跡では、床面に牛の角を一列に並べた痕が発見されています。アナトリアのほかにもクレタ島、エジプトなどでも崇拝の対象となっていました。メソポタミアにおいても、初期から牡牛は、信仰の対象として存在していました。

新石器時代になって、牛は家畜化され、人々に富をもたらしました。そのため、牛は繁栄と富の象徴と考えられていました（次頁 図2-16）。

紀元前四〇〇〇年紀になると牡牛の象徴は、神と関連したものとなっていきました。そして、「天の牡牛」、「アヌの牡牛」と表記されるようになっていきます。次頁 図2-17はウルク期の円筒印章の図像で、金星を象徴するイナンナ女神と天の牡牛を表現しています。次頁 図2-18は紀元前三〇〇〇年紀の後半のアッカド王国時代の円筒印章の図像で、有翼の門の前に、頭上に星を戴きうずくまった姿勢をとる牡牛の姿が描かれています。頭上に星を持つことから、この牡牛が天体に関連することを示唆しています。

図2-16　シュメールの円筒印章に描かれた牡牛と麦の穂。牛は、非常に古くから家畜化されていた。また「麦の穂」は、農耕を象徴しており、牛と麦は、初期の豊かな農耕・牧畜社会を象徴するものである。（ギャヴィン・ホワイト著 *Babylonian Star-lore*より。一部改変）

図2-17　金星を象徴するイナンナ女神と天の牡牛。ウルク時代の円筒印章より。（ギャヴィン・ホワイト著 *Babylonian Star-lore*より。一部改変）

図2-18 紀元前3000年紀後半のアッカド王国時代の円筒印章の図像。有翼の門の前にうずくまっている牡牛の頭上には星が描かれており、星座を表現している可能性がある。（ギャヴィン・ホワイト著 *Babylonian Star-lore*より。一部改変）

図2-19　数少ないおうし座を表現したヘレニズム時代（セレウコス朝シリア）のウルク出土の印章の図像。星座としてのおうし座を表現した図像は非常に数少なく、現在のおうし座が形作られていった経緯にはいまだ不明な点が多い。（ギャヴィン・ホワイト著 *Babylonian Star-lore*より。一部改変）

その後、どのような経緯で、現在のおうし座が形作られていったかは、いまだに不明な点が多く残されています。『ムル・アピン』粘土板文書では、アヌの道の三九番が「天の牡牛」と記されており、今日のおうし座になります。星座としてのおうし座を表現した図像は、非常に数少ないのですが、黄道一二宮図が描かれた図像が比較的多く見つかっているセレウコス朝シリア時代の印章にはおうし座を表現した図像が描かれているのが見られます（図2－19）。

ふたご座、かに座、しし座

ふたご座の原型「大きな双子」

黄道一二宮の一つふたご座は、カストルとポルックスという二つの目立った星がある、覚えやすい星座の一つです。シュメール語でマシュタブバ・ガルガル（Maštabba-Galgal）（次頁図2－20）とよばれています。このマシュ（Maš）とは「双子／連れ／仲間」といった意味です。ガル（Gal）は「偉大な、あるいは大きい」という意味のシュメール語です。

この「大きな双子」は、武器を持った二人の武人の姿で表現されています。古代エジプトでも「二つの星ぼし（一対の星ぼし）」を意味する「セバウイ」とされ、ヒエログリフの星（セバ）を二つ並べて表現されていたようです。

「大きな双子」に続く「小さな双子」

シュメール語でマシュタブバ・トゥルトゥル（Maštabba-Turtur）とよばれています。「トゥル（Tur）」は「小さな」あるいは「若い」という意味の語です。この「小さな双子」（図2-21）は、『ムル・アピン』粘土板文書などによれば、「かに座とともに東天に昇り、ふたご座（大きな双子）とともに西天に没する」とされています。

「大きな双子」と同様、この「小さな双子」に関しても、詳細はよくわかっていませんが、ふたご座のζ星とλ星の二つが、この小さな双子を表す星ぼしと推定されています。占星術のテキストに、わずかに記されているだけですが、「大きな双子」と同じように武器を持った武人の姿で表現されています。

図2-20　武器を手にしたふたりの武人の姿で表された「大きな双子」の図像。ふたご座の原型のマシュタブバ・ガルガルの星座。（ギャヴィン・ホワイト著 *Babylonian Star-lore*より。一部改変）

図2-21 「小さな双子」の図像。この「小さな双子」（マシュタブバ・トゥルトゥル）の星座の詳細は不明である。（ギャヴィン・ホワイト著 *Babylonian Star-lore*より。一部改変）

かに座と水との関係

かに座（図2－22）の「カニ」は、水の中に生息しているので、シュメール語で「水の生物」を表すクシュ（Kušu）と記述されています。この語は、同じ水の生物である「カメ」または「スッポン」を表すのにも使われています。第一章の古代メソポタミアのクドゥル（境界石）の項で紹介しましたが、現在、大英博物館にある紀元前一二世紀のエアンナ・シュム・イッディナのクドゥル（写真2－3）にあるカメの図像は水の神エアのシンボルでもあります。このことからクドゥルに見られるカメとの関連も指摘できると思われます。

この星座は、古代の占星術のテキストでは、水との関連から洪水を予言する星とされていたようです。「かに座の星ぼしが、きらめくと大きな洪水が起き」、「かに座の星ぼしが、ぼんやりとしていると、大きな洪水は起こらない」と書かれています。

図2-22　紀元前2世紀のカニと三日月が表現されたスタンプ印章の図像。ヘレニズム時代のセレウコス朝シリア時代のウルクで出土したもの。（ギャヴィン・ホワイト著 *Babylonian Star-lore*より。一部改変）

写真2-3　エアンナ・シュム・イッディナのクドゥル（境界石）の上部。月神シンのシンボルである三日月の下に描かれたカメもクシュと称する。このことから、かに座との関連も指摘できる。紀元前12世紀、高さ36cm、大英博物館所蔵。

しし座の原型「大きなライオン」

ちょうど、しし座流星群の極大日の一一月一七日の夜半に東天から昇り、中天に見えるしし座は実に堂々とした大きく目立つ星座です。百獣の王ライオンの姿を星座としたもので、現在では、ライオンはアフリカ大陸のサバンナを中心に生息するアフリカ・ライオンとインド北西部のグジャラート州ギル保護区の林の中にわずか三〇〇頭だけが残るインド・ライオンの二種のライオンが存在しています。インド・ライオンは、アフリカ・ライオンよりも小型で、古代においては、南西ヨーロッパからインドにかけて広く分布していた肉食獣ですが、乱獲や、気候の変動による獲物の草食獣の減少などで、インド以外の地域では絶滅してしまったものです。

ライオンの姿は、古代メソポタミアやバビロニア、アッシリア、ペルシアなどの円筒印章やレリーフなどに見られるほか、ギリシアのミケーネ遺跡の「獅子門」、シリアのウガリト遺跡の象牙製品など、各地の古代遺跡からライオンをモチーフにした作品が発見されています。これらのことからも、ライオンがかつては広範な地域に生息していたことがわかります。また、アッシリアやエジプトなどでは、王権のシンボルとして、王がライオン狩りをすることが行われていました（写真2-4）。

『ムル・アピン』粘土板文書の「エンリルの道」の星のリスト（第一章 二二七頁）を見ると、五番目の「大きな双子」から順に、「6 小さな双子」、「7 カニ」、と続き、それに続いて「8 ライオン」、「9 王」、「10 ライオンの尾」と記されています。八番目のライオンと一〇番目のライオンの尾に挟まれて「王」とあることは、非常に興味深いことです。なぜならば、私たちが、しし座といって思い浮かべる星に、しし座のα星レグルス（Rēgulus）とβ星デネボラ（Denebola）の二つの星がありますが、α星のレグルスは、ラテン語で「小さな王、あるいは王子」を意味する語に由来しており、また、β星のデネボラはアラビア語に由来する名で「ライオンの尾」を意味しているのです。ただし、これまでの研究では、『ムル・アピン』粘土板文書にある「ライオンの尾」はしし座のβ星を指すのではなく、しし座5あるいは、しし座21を表しているのではないかとされています。

初期の文献ではしし座は（ムル）・ウル・マク（Mul）Ur-mahとよばれています。このウル・マクとは、シュメール語でライオンを意味する語で「力強い肉食獣」という意味があります。その後しし座は（ムル）・ウル・グ・ラと書かれるようになります。このシュメール語のウル・グ・ラ（Ur-gu-la）もライオンを表す語ですが、「グ・ラ」とは「偉大な」あるいは「大きい」という言葉であり、「偉大な肉食獣」といった意味になります。

「百獣の王」であるライオンは、古代バビロニアやエジプトなどの古代の国々では、王や、王との関連から王国を象徴する動

写真2-4　アッシュルバニパル王の「ライオン狩りのレリーフ」。
王がライオンを倒すことに象徴的な意味があった。大英博物館所蔵。

物と見なされていました。そのため、しし座は、占星術では王や王国の命運をにぎる星と考えられていたようです。そのことは、次のような文章からもうかがえます。「もし、しし座が黒くなれば、国士は不満となるであろう」、「王の星（しし座α星）が黒ければ、宮殿の司令官は死ぬであろう」。

しし座とうみへび座の関係

プトレマイオス朝時代に作成された「デンデラの天体図」には、古代エジプト固有の星座とともに、古代メソポタミアで考案された黄道一二宮などの星座が描かれています（図2－23・二六〇頁 図2－24）。これまで、デンデラの天体図は、ヘレニズム時代における古代エジプトと古代メソポタミアの融合といった点から考察が行われてきました。しかし、ギャヴィン・ホワイト（White, Gavin）は、『バビロニアの星の伝承（*Babylonian Star-lore*, London, 2008）』の中で、エジプトのデンデラ神殿の天体図に描かれたメソポタミア起源の星座の図像を参考にして、古代メソポタミアやバビロニアの星座の形を考えていこうとしており、とても興味深いことです。

そうしたことを踏まえ、再びしし座に関して考えてみましょう。古代エジプトのプトレマイオス朝時代末に作られたデンデラのハトホル神殿に描かれたしし座の図像は、ヘビに乗っているライオンの姿をしています（二六〇頁 写真2－5）。しし座に踏まれているヘビは、現在の私たちが知るうみへび座を表現しているように見えます。そこで、ライオンとヘビとの関係について少し考察してみましょう。

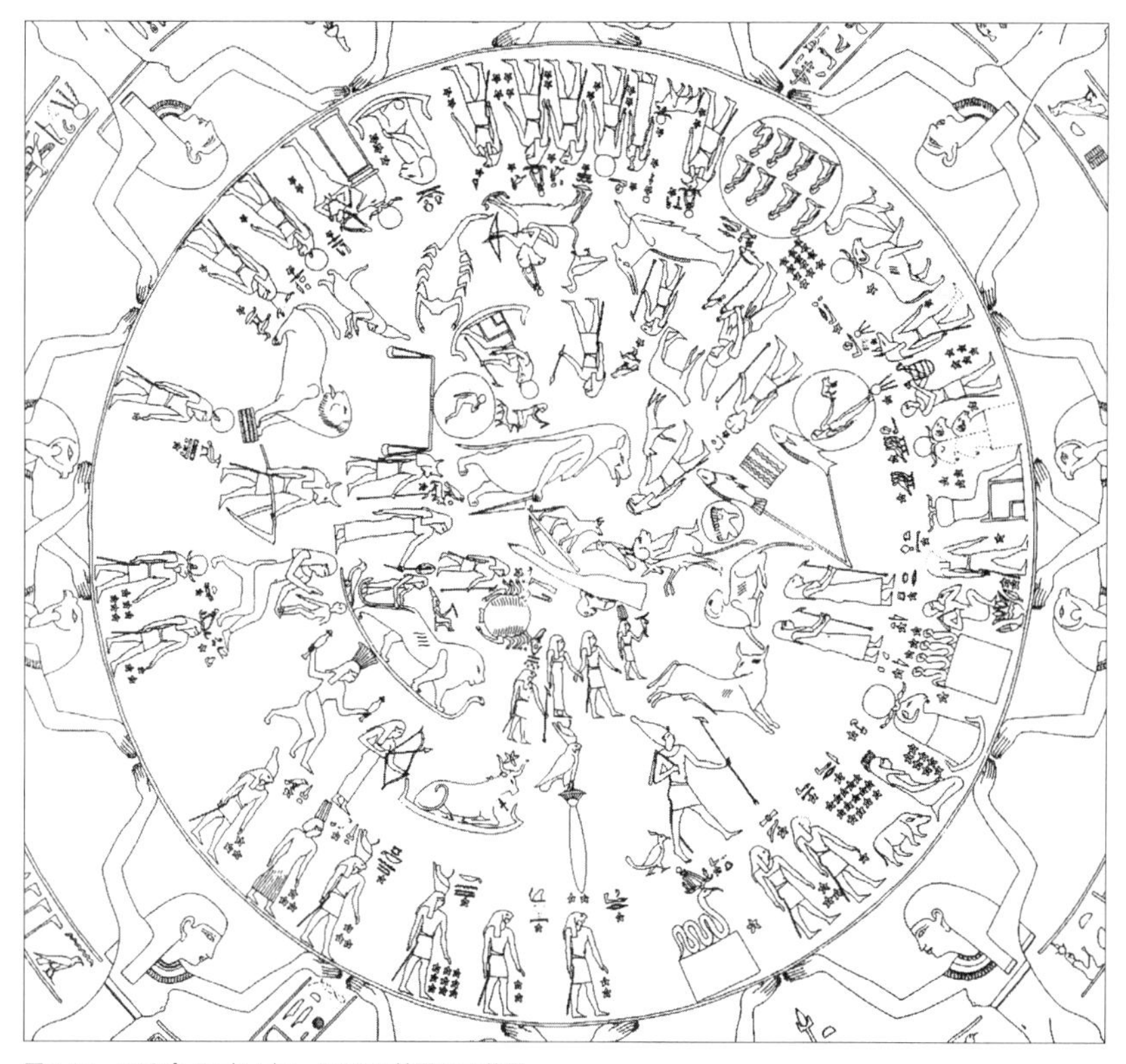

図2-23　エジプトのデンデラ・ハトホル神殿の天体図。
ほぼ正方形で中央の円形部分に古代メソポタミアで考案された黄道12宮図、
古代エジプト固有の星座などが描かれている。
天体図の四隅には天を支えるように両腕を広げた四体の女神が描かれている。
前1世紀。ルーヴル美術館蔵。

図2-24　エジプトのデンデラ・ハトホル神殿の天体図に見られる12宮図部分。
中央の左端にヘビに乗るライオンの姿で表現されたしし座が見られる。
前1世紀、ルーヴル美術館所蔵。

写真2-5　エジプトのデンデラ・ハトホル神殿のしし座の拡大写真。ルーヴル美術館所蔵。

ヘビに乗ったライオンの図像としては、ウルク出土の後期の占星術を刻した粘土板（図2－25）に描かれています。ただ、このライオンの下に描かれているヘビをよく見てみると、頭には角があり、また肩には翼が生えています。また胸の前には、前足が描かれており、ヘビというよりも竜に見えます。ヘビの図像は、ルーヴル美術館にあるカッシート王朝の第三三代目メリ・シパク王のクドゥルにも描かれています（次頁 写真2－6）。このクドゥルに描かれたヘビは、イシュタラン神を表しているとされていますが、やはり頭には角が生えています。

ギャヴィン・ホワイトは、こうした図像からバビロニアの星座として次頁 図2－26のようなものを復元しています。彼はヘビ（Serpent）としていますが、有翼の角のあるもので、前足を持つ姿をしています。また尻尾の上には、カラスが描かれています。デンデラの天体図にもこの鳥が描かれています。このヘビ（竜）が、どのような過程を経てうみへびへと変化していったのかは不明ですが、非常に興味深いものといえます。また、カラスもからす座の原型と思われます。

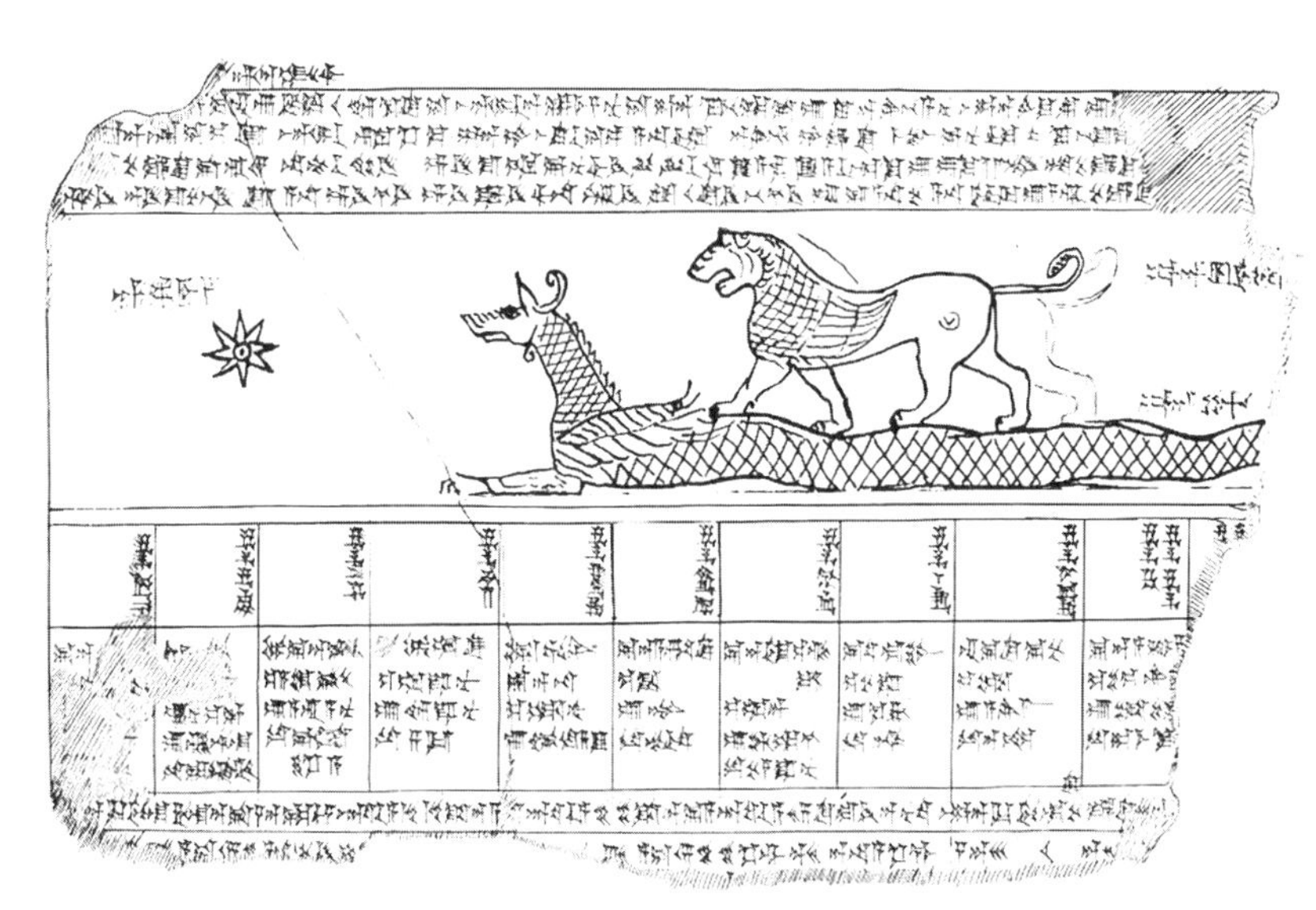

図2-25　有翼のヘビの上に乗るライオンの図像。
ウルク出土の後期の占星術を刻した粘土板。
デンデラの天体図にある図像とはライオンとヘビの向きが左右逆転している。
ただし、このヘビには翼だけではなく、前足も描かれており、竜のように見える。
セレウコス朝時代、前2世紀ごろ。

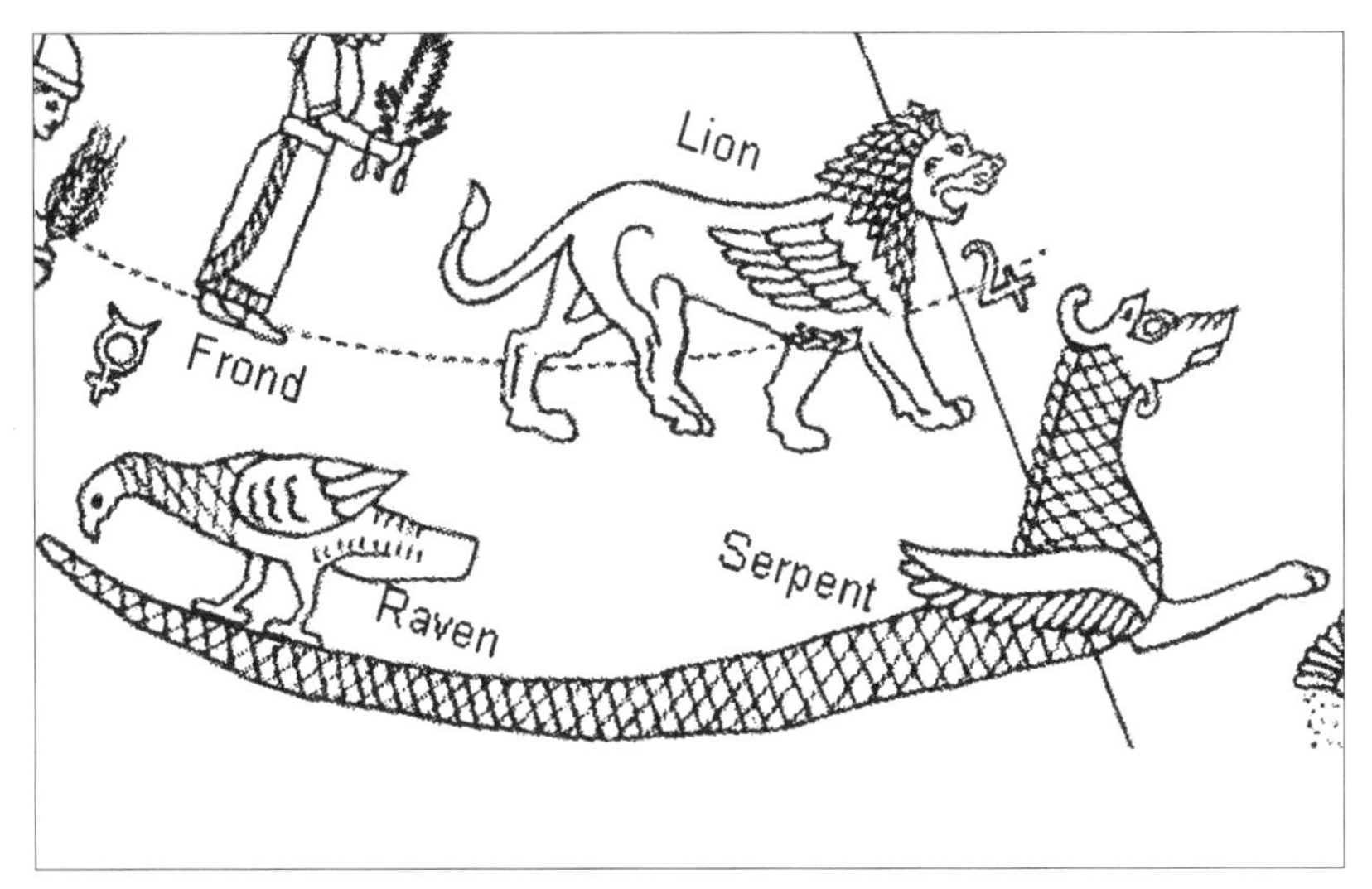

図2-26　ギャヴィン・ホワイトによるバビロニアのしし座とヘビの星座の復元。
この有翼で角と前足を持つヘビが、どのような過程をへてうみへび座となっていったのであろうか。
（ギャヴィン・ホワイト著 *Babylonian Star-lore*より。一部改変）

写真2-6　メリ・シパク王のクドゥルに描かれたヘビ。頭上には角が描かれている。
前12世紀、ルーヴル美術館蔵。

おとめ座、てんびん座、さそり座

おとめ座の原型「畝(うね)」と「葉」

しし座の次の黄道一二宮の星座はおとめ座です。このおとめ座は、古代バビロニアの星座である「畝(うね)（Furrow）」と「葉（Frond）」という二つの星座で作られています。これら二つの星座は、古代エジプトのプトレマイオス朝時代のデンデラ・ハトホル神殿の天体図に描かれています（図2-27）。しし座であるライオンの尻尾を両手でつかんでいる女性が畝という星座を表しています。畝という星座は、シュメール語で、通常、（ムル）・アブ・シン（Mul）Ab-sinと書かれます。「ab-sin」とはシュメール語で「種をまいた畝」、「灌漑をした（畝）」などの意味を持つ語です。また、占星術のテキストでは、（ムル）キ・カル（Mul）Ki-ḫalとも記されています。シュメール語で「ki」は「大地」を、そして「ḫal」は「分ける」、「（灌漑するために）水を引く」などを意味するようです。

この図像は、新アッシリアのテキストではライオンの尻尾を指す、ムチを持つ女性として登場しています。このムチを持った女性の図像を私たちは、エジプトのデンデラ神殿に見出すことができます。デンデラのハトホル神殿には、現

図2-27　エジプトのデンデラ・ハトホル神殿の天体図に描かれた畝（Furrow）と葉（Frond）の図像。しし座のライオンの尻尾をつかんでいる女性が畝で、その後ろに立ち、手に葉を持つ女性が葉である。プトレマイオス朝時代、前50年ころ、ルーヴル美術館蔵。（Cauville, S. *Le Temple de Dendera: Les chapelles osiriennes,* IFAO, le Caire, 1997, pl.X-60を参考に筆者作図）

在、パリのルーヴル美術館に所蔵・展示されている円形のデンデラの天体図のほかに、神殿本体に描かれた四角形をした天体図が存在しています。この四角形の天体図も、プトレマイオス朝時代のものです。そのしし座の場所には、片手でライオンの尻尾をつかみ、もう一方の手にはムチを握っている女性の姿が描かれています（図2-28）。

葉（Frond）という星座は、手に葉を持った女性の姿で描かれています。この葉は、「エルアの葉」とよばれ、ナツメヤシの葉を表したものであるとされています。ナツメヤシは中近東地域では、もっとも重要な果樹の一つです。暑い夏の終わりに、黄色いナツメヤシの実が赤く色付きはじめると、人びとは夏が終わり、やがて秋が来ることを知ります。木材資源の乏しい乾燥した中近東地域で、樹木といえばナツメヤシといわれるくらい代表的なもので、幹や葉は、建築資材やロープの材料としても使われ、甘いナツメヤシの実は、好んで食べられるフルーツです。

いずれにせよ、現在のおとめ座に該当する畝（Furrow）と葉（Frond）の二つの星座は、秋の季節の農耕と結び付いているとの指摘があります。

現在、秋分点は、このおとめ座にあります。私たちが住んでいる東アジアでは、イネが主要穀物として栽培されていますが、メソポタミアがある西アジアでは、主要穀物はムギでした。イネが秋に収穫されるのに対して、ムギは秋に種まきをし、六月ごろに収穫するのが一般的でした。そのため秋の農耕とは、収

図2-28　エジプトのデンデラ・ハトホル神殿の天体図に描かれた葉（Frond）の図像。片手でしし座の尻尾をつかみ、もう一方ではムチを握っている。

穫を指すのではなく、耕作や種まきなどの農作業と関連していると思われます。

おとめ座の原型と考えられる麦の穂を手にした女神の姿（図2－29）もメソポタミアで作られたものです。この女神は、初秋の麦畑を象徴したものとされています。現在のおとめ座は、非常に面積の広い星座として知られていますが、先にのべたように元来は畝と葉という二つの星座で東西に二分されていたようです。しかし、西側を占めている葉がライオンのすぐ後ろに描かれている図像も存在しているなど、この二人の女性は統合されて一つの星座、後のおとめ座になっていったと考えられます。右手に麦の穂、左手にナツメヤシの葉を持つ女神の姿も残されており、畝と麦の穂との関連から、初秋の麦畑の象徴となっていったのでしょう。

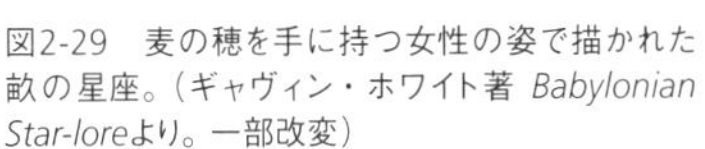

図2-29　麦の穂を手に持つ女性の姿で描かれた畝の星座。（ギャヴィン・ホワイト著 *Babylonian Star-lore*より。一部改変）

『ムル・アピン』粘土板文書においても「アヌの道」の星座である「ワタリガラス（現在のからす座）」と「天秤（もちろん現在のてんびん座）」との間に「畝」と記されています。

おとめ座のα星スピカ（Spica）とは、ラテン語で麦の穂を意味する言葉から命名されたものとされています。おとめ座は、麦の穂を手に持った女神の姿で描かれています。この明るく輝く一等星スピカの名前からもわかるように、現在のおとめ座の原型は間違いなく、古代メソポタミアの畝と葉という二つの古い星座から作り上げられたものです。

ルネサンス時代に描かれたおとめ座の図像（写真2－7）は、左手に麦の穂、そして右手に植物の葉を持った女性の姿として描かれており、この星座の歴史を考えると非常に興味深いことです。右手に握られている葉は、元来はナツメヤシの葉であったと考えられますが、この絵を描いたヨーロッパの画家には、ナツメヤシは見慣れない植物であったと思われます。

写真2-7　ルネサンス時代のおとめ座の図像。左手に麦の穂、左手に葉（ナツメヤシとも考えられる）を持つ女性の姿で描かれている。この星座の歴史を考えると、非常に興味深い。

さそり座から分かれたてんびん座

てんびん座は、初めはさそり座の一部でした。「サソリの爪」とよばれるサソリの前足のハサミの部分だったのです。そのため、現在でもてんびん座の二つの天秤皿は、サソリの前足の左右のハサミと同じ場所を示しており、完全に重なり合っているのです（図2－30）。てんびん座が誕生してからも、星占いとしてこのサソリの爪が、しばしば言及されています。「もし、サソリの爪が輝きを運べば、王は敵を征服するであろう」この占い文の「輝きを運ぶ」は惑星（たぶん土星？）などがサソリの爪の間に位置している状態を表している

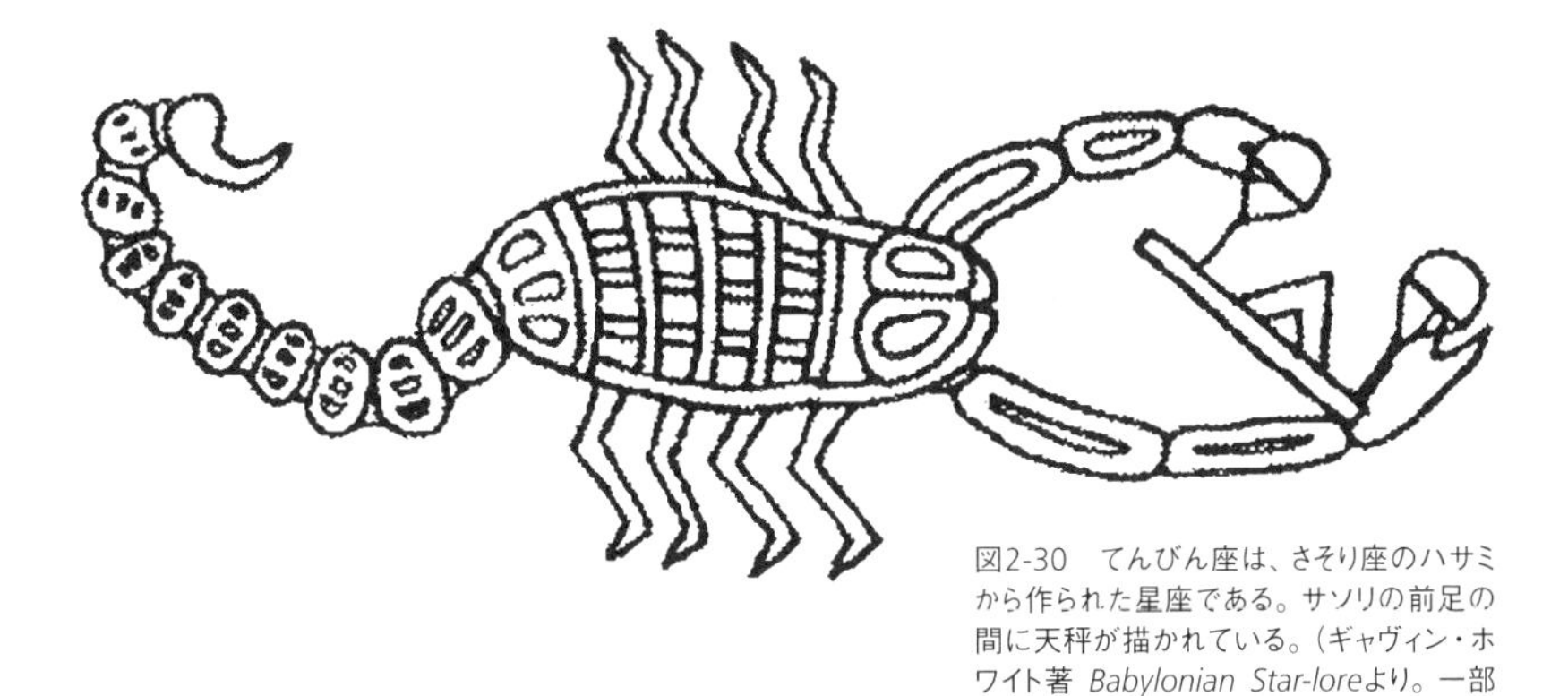

図2-30　てんびん座は、さそり座のハサミから作られた星座である。サソリの前足の間に天秤が描かれている。（ギャヴィン・ホワイト著 *Babylonian Star-lore*より。一部改変）

図2-31　太陽神シャマシュと天秤を描いたアッカド朝時代の円筒印章の図像。天秤とともにシャマシュ神の武器であるノコギリも表現されている。

図2-32　「大きな双子」とともに描かれた天秤。セレウコス朝シリア時代のウルクから出土したスタンプ印章の図像2点。（ロナルド・ウォーレンフェルス、*Uruk; Hellenistic Seal Impressions*, 1994より）

という見方もあります。天秤ばかりは、英語でバランス（balance）といい、左右の天秤が釣り合うことで重さをはかるものです。こうした天秤ばかりの特徴から、「均衡」、「公正」、「正義」などを象徴するものとして古くから扱われてきました（前頁 図2-31・図2-32）。古代エジプトの『死者の書』では死者の心臓を計量するのに天秤ばかりが使われ、古代ローマ神話の正義の女神であるユスティティアも左手に天秤ばかりを持って描かれているのはとても興味深いことです。

なにゆえ、この場所にてんびん座が作られたかといえば、現在ではおとめ座にある秋分点が、古代においては歳差運動の影響で、てんびん座付近にあったからであると思われます。春分点や秋分点は不動ではなく、西に徐々に移動しています。秋分のころは、昼と夜の長さが等しいことから、てんびん座となったと考えられます。

てんびん座は、初期にはアッカド語で（ムル）・ジ・バ・アン・ナ（Mul)Zi-ba-an-naと書かれ、のちには、（ムル）・ギシュ・エリン（Mul)Giš-Erin とも記されています。

さそり座の原型

西アジアや北アフリカでは、今日でもサソリをふつうに見かけます。遺跡などでは、日乾煉瓦の陰などに、サソリが隠れていてびっくりさせられることが多くあります。サソリは、尻尾の先にある毒針を誤って裸足で踏みつけ、被害に遭う人びとが今も数多くいる非常に危険な生き物です。足を大きく腫らしたり、毒をそのままにしておくと最悪の場合は足を切断しなければならなかったり、幼児などでは死に至ることもあるほどです。砂漠の

写真2-8　エアンナ・シュム・イッディナのクドゥル（境界石）に描かれたサソリ。紀元前12世紀、高さ36cm、大英博物館所蔵。

テント生活では、朝起きて靴を履くときには、必ず靴を逆さにふってから足を入れないと夜のうちにサソリが靴の中に忍び込んでいることがあるので要注意です。もっとも私の経験では三〇年間で、靴をふってサソリが出てきたことは、今までに一度だけしかありませんが。

サソリの姿は、とても印象的です（写真2-8・図2-33）。大きなハサミとカーブした体のラインが特徴となっています。『ムル・アピン』粘土板文書では、「エアの道」の星座として「サソリ」、「Lisi」、「サソリの針」の三つが与えられていることからもわかるように非常に大きな星座です。さそり座は、シュメール語で（ムル）・ギル・タブ（Mul）Gir-tab とよばれています。

サソリは、アッカド語でズカキープ（zuqaqip）という語で表されますが、この単語は、「直立する」、「起立する」などの意味を持つザカープ（zaqāpu）という動詞から派生したとされます。

また、真っ赤な色に輝くさそり座のα星は、ギリシア語で「火星に対抗するもの」という意味のあるアンタレス（Antares）とよばれる有名な赤色巨星ですが、シュメールの母なる女神リシ（Lisi）と同一視されていました。このリシ女神は、アメリカのシカゴ大学が、一九六三〜六五年に発掘調査を実施し、約五〇〇の粘土板文書が発見された中部シュメールのアブ・サラビク（Abu Sarabikh）遺跡があった古代都市（ケシュ：Kesh?）の都市神ともされていますが詳細は不明です。このリシ女神は、のちに男神として再定義されています。女神か男神かの区別は別としても、リシという語は、「火」や「赤」などと関連してい

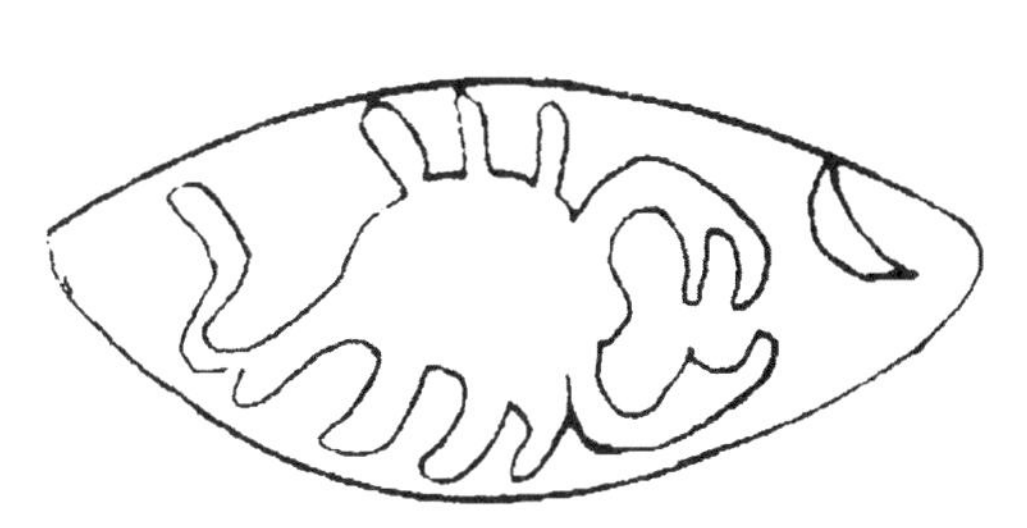

図2-33　セレウコス朝シリア時代のウルクから出土したスタンプ印章に描かれたサソリと三日月の図像。（ロナルド・ウォーレンフェルス、*Uruk; Hellenistic Seal Impressions*, 1994より）

るようです。

このα星アンタレスがある場所が、サソリの胸部分であるため、後代のアラビア語やラテン語などでは、「サソリの心臓」という意味の語でよばれています。

さそり座の尻尾には、一・六等のλ星と二・七等のυ星の肉眼で見える二重星があります。この二星は、アッカド語でシャルウル（Šarur）とシャルガズŠargazと名付けられていました。そして、これら二星の名は、シュメールの神であるニヌルタ（Ninurta）が、手に持っている戦闘用棍棒（メイス）の名として登場しています。猛毒のあるサソリの針は、必殺武器であり、もっとも重要な部分です。そのため、ニヌルタ神は、右手にシャルウル、左手にシャルガズという名の棍棒を持つことで、武器の威力を増大させようとしたに違いありません。

第二章で黄道一二宮の星座の原型についてはすべて紹介しました。次章以降は、黄道一二宮以外のメソポタミア起源の星座について引き続き解説していきましょう。次章では、北天の星座について紹介していきます。

第3章

北天の星座

北天の星座

北天の周極星

古代メソポタミアの人びとも、地平線の下に没することなく北の空で輝き続ける周極星に強い関心をいだいていました（図3－1）。

紀元前三〇〇〇年ごろには、天の北極は、歳差の影響で現在の北極星ではなく、りゅう座α星のトゥバーン付近に位置していました。メソポタミア地方はエジプトよりも緯度が高く、おもに北緯三〇度から北緯三六・五度に位置しており、古代では、北斗七星などが周極星であったことになります。『ムル・アピン』粘土板文書では、天の北極の星座として、「エンリルの道」の一五〜二〇まで以下にあげる六つの星座が記されています。「荷車」、「キツネ」、「牝ヒツジ」、「くびき」、「天の荷車」、「荘厳な神殿の相続人」の星座です。

これらの星座と現在の星ぼしとの同定に関しては、デイヴィッド・ピングリー（David Pingree）による説を第一章 二二六頁で紹介しました。この説は、ヘルマン・フンガー（Hermann Hunger）との共著として刊行された*MUL.APIN: An Astronomical Compendium in Cuneiform, AfOSupplement* 24,1989. の中で記述されているものです。しかし、この同定案は必ずしも完全なものではありません。

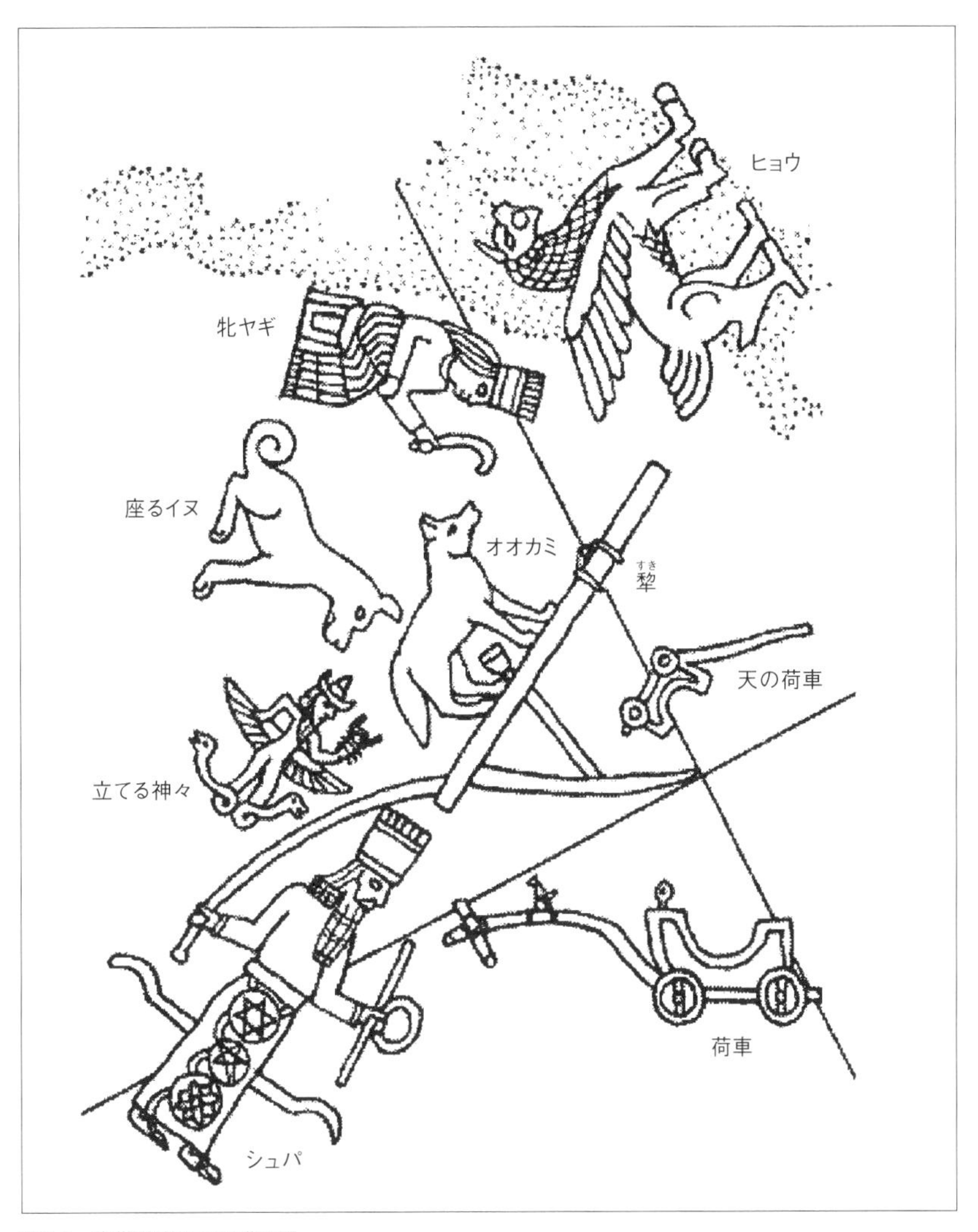

図3-1　古代バビロニアの北天図。
周極星が描かれていると考えられる。
（ギャヴィン・ホワイト著 *Babylonian Star-lore*より。一部改変）

そこで、ここでは、ギャヴィン・ホワイト（Gavin White）により、最近、彼の著書（*Babylonian Star-lore*, London 2008）で発表されている彼の北天の星座の同定案を紹介するとともに、ピングリーの同定案との違いについて見ていきましょう。

「荷車」の星座：北斗七星

北斗七星は、ひしゃくの部分から柄にかけて順番に光度が一・八等、二・四等、二・五等、三・四等、一・八等、二・二等、一・九等という明るい七つの星からなる、北天でもっとも目立つ星の並びです。北斗七星が一晩中見えていた古代の空はどのようなものであったのでしょうか。

『ムル・アピン』粘土板文書にある「荷車」という星座が、北斗七星にあたることは、ほぼ間違いないと思われます。荷車は四輪で、古代メソポタミアにおいて、非常に古い時代から使われていました。

写真3－1は、メソポタミア南部のシュメール人の都市・ウルの紀元前二六〇〇年ころの王墓から発見さ

写真3-1　シュメール人の都市ウルの王墓から発見された「ウルのスタンダード」とよばれる箱。写真は側面に象嵌された「戦争」の場面。前2600年ころ、大英博物館蔵。

写真3-2　「ウルのスタンダード」の「戦争」の場面から、最上段に描かれた2頭のペルシアノロバに牽かれた荷車。荷車の後ろに兵士がいる。前2600年ころ、大英博物館蔵。

れ、現在ロンドンの大英博物館に所蔵・展示されている「ウルのスタンダード（The Standerd of Ur)」です。これはラピスラーズリや貝殻、赤色石灰岩などで全面に象嵌（ぞうがん）が施された箱で、一九二九年にイギリス人考古学者レオナード・ウーリー（Leonard Woolly）によって発見されました。ウーリーは、この箱が竿の上に載せられていたと推定し、「旗印（standerd)」と考えたことからこの名があります。現在では、この箱を楽器の共鳴箱ではないかとする説もあります。

この箱には両面に象嵌された図像が描かれています。その題材から、それぞれの場面を「戦争」と「平和」とよんでいます。その戦争の場面には、四輪の荷車が描かれています（写真3－2）。荷車を牽く馬のような動物は、ペルシアノロバ（onager）ではないかとされています。いずれにせよ、古代メソポタミアの荷車がどのようなものであったのかを知ることができます。荷車という星座は、シュメール語で、通常、（ムル）・マル・ギド・ダ（Mul）Mar-gid-da と記されていますが、（ムル）・マル（Mul）Mar と省略された形をとることもあります。一方、アッカド語で、車、荷車を意味する語はエレク（ereqqu）となります。

キツネ（Fox）と牝ヒツジ（Ewe）

ピングリーは、荷車を北斗七星に、そして、それにつづく「キツネ」をおおぐま座の八〇～八六番にあたる暗い星ぼしにあてはめています。このおおぐま座八〇番星こそ、北斗の柄の二番目のζ星ミザール（Mizar）の有名な肉眼二重星である四等星アルコル（Alcore）のことです。おおぐま座の八一～八六番星は、すべて五～六等星という暗いものでした。

『ムル・アピン』粘土板文書には、キツネの部分に「その星は、荷車のシャフトに位置する（DIŠ MUL ša KI za-ri-I ša ^{mul}MAR.GID.DA GUB-zu）」と刻されています。そのことから、ホワイトは、キツネを荷車のシャフトにちゃっかりと乗った姿で描いています（図3–2）。また、「牝ヒツジ」の部分にも、「その星は、荷車の前に位置する、牝ヒツジ、アヤ女神（DIŠ MUL ša ina SAG-KI ^{mul}MAR.GID.DA GUB-zu ^{mul}U$_8$ ^{d}A-a）」と記されています。この「荷車の前」という意味をピングリーは、「荷車の前方」と解釈して、牝ヒツジをうしかい座北部の星と見ています。

エジプトのデンデラ神殿の円形天体図の中心に近い北天の部分に、北斗七星を表す「メスケティウ」が牛の前脚として描かれています。この牛の前脚をよく見ると、腿から脚にかけての部分に、うずくまったヒツジがいることがわかります（図3–3・写真3–3）。このうずくまったヒツジこそが、『ムル・アピン』粘土板文書に刻された「牝ヒツジ」と同一のものと考えられます。北斗七星を表すメスケティウを示す牛の前脚の腿の部分に接して描かれていることから、ピングリーの推定のように、うしかい座北部の星とすることはむずかしいように思います。

ギャヴィン・ホワイトは、「荷車の前」を「車本体の前の部分」と考え、牝ヒツジを荷車本体の前の部分のおおぐま座のδ星と考えています。このδ星は北斗七星の中でももっとも暗い三・四等の星であり、なにゆえ、この暗い星を牝ヒツジと名付けていたのかは疑問が残るところです。

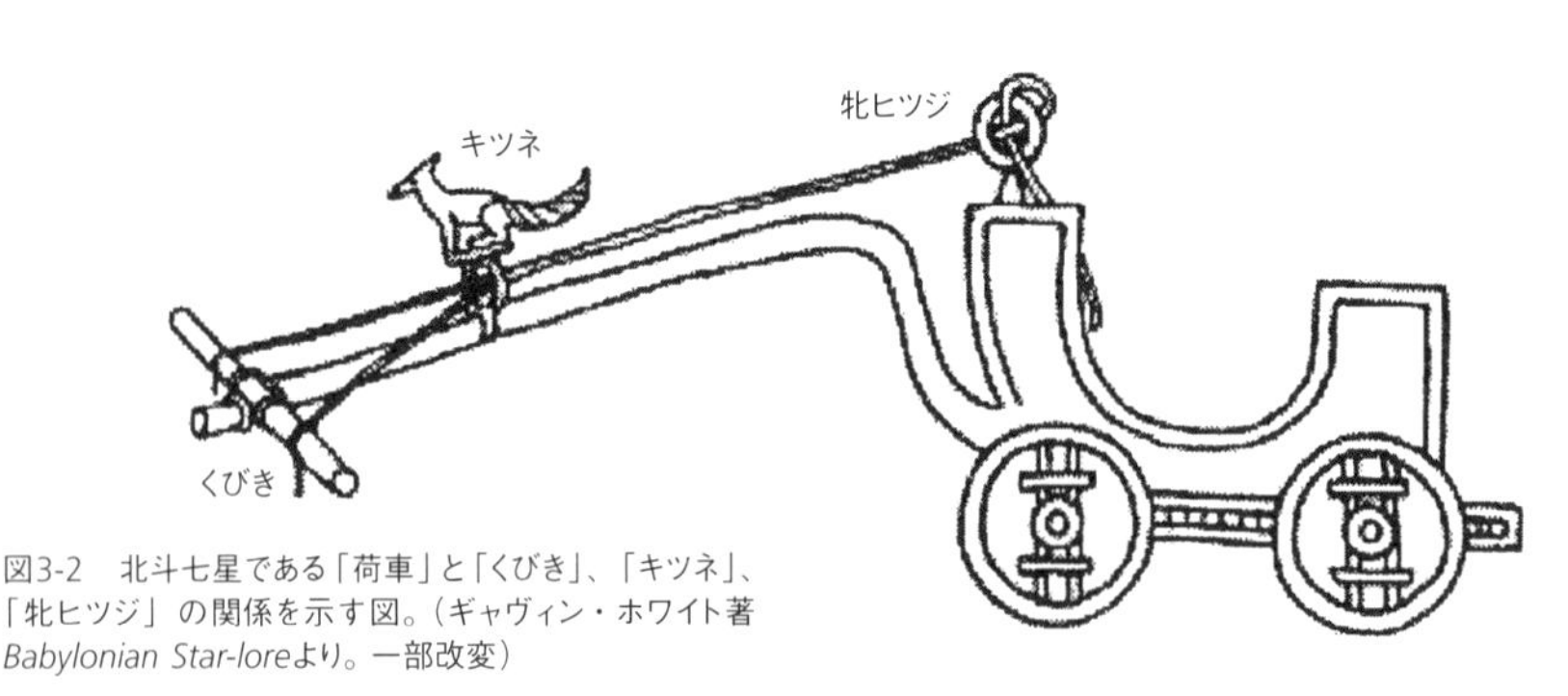

図3-2　北斗七星である「荷車」と「くびき」、「キツネ」、「牝ヒツジ」の関係を示す図。（ギャヴィン・ホワイト著 *Babylonian Star-lore*より。一部改変）

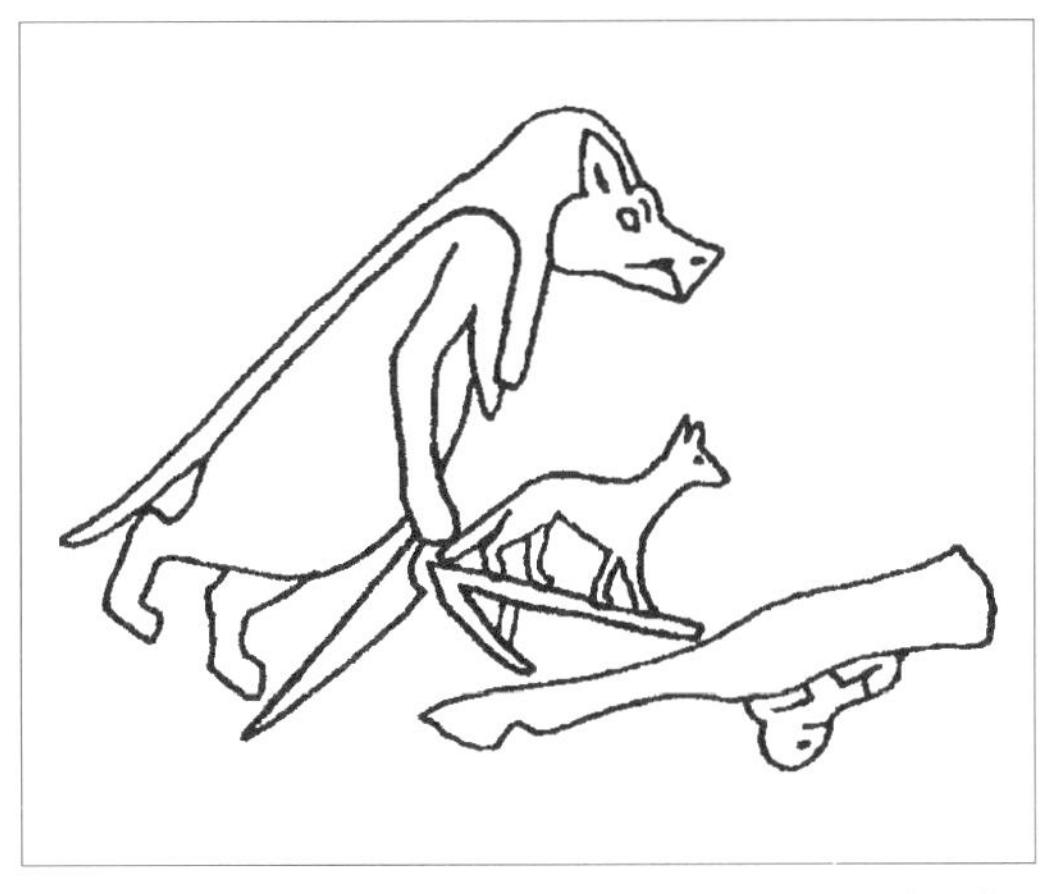

図3-3　北斗七星を表す「メスケティウ」を示す牛の前脚の下に小さく牝ヒツジがうずくまって描かれている。（ギャヴィン・ホワイト著 *Babylonian Star-lore*より。一部改変）

写真3-3　エジプトのデンデラ神殿の天体図の一部。カバや牛の前脚など古代エジプト固有の星座とともに、オオカミや犂、牝ヒツジなどメソポタミア固有の星座も一緒に描かれている。前50年ころ、ルーヴル美術館蔵。

天の荷車：こぐま座

現在、北天におおぐま座とこぐま座があるように、古代メソポタミアにおいて「荷車」と「天の荷車」の星座が存在していたことは興味深いことです。荷車の小型版として天の荷車を設定していました。ギャヴィン・ホワイトは、現在の北極星であるこぐま座α星を天の荷車のシャフトの先のくびきの位置としています。古代バビロニアでは、北極星を「荘厳な神殿の相続人」としていました。シュメール語で（ムル）・イビラ・エ・マフ（Mul）Ibila-E-mahと記されています。イビラとは「相続人」あるいは「息子」を表す言葉です。そして、マフは、「並はずれた」とか「非常にすばらしい」という語で、そのため、エ・マフは「荘厳な神殿」や「崇高な神殿」を意味しています。

「犂（すき）」と「オオカミ」

『ムル・アピン』の名の由来でもある「犂（すき）（アピン）」は、『ムル・アピン』粘土板の星表の一番最初に登場する星座で、「エンリルの道」の一番目の星座です。従来、この星座は、さんかく座α星、β星、アンドロメダ座γ星とみなされ、二番目の「オオカミ」もまた、さんかく座α星とされてきました。しかしながら、ギャヴィン・ホワイトは、従来の説を再検討することで、「犂」と「オオカミ」が北天の周極星ではないかと推定しています。

古代バビロニアの粘土板文書やエジプトのデンデラ神殿の円形天体図の図像などが、彼の考え方を支持しているように思えます。デンデラの天体図の北天部分（前頁 図3-3・

写真3−3）を見ると、エジプト固有のカバと牛の前脚（メスケティウ）との間に犂に乗ったオオカミが描かれています。このことから、ホワイトは、犂とオオカミを北天にある星座と結論付けています。犂は、シュメール語で（ムル）・ギシュ・アピン（Mul）Giš-Apinと記されています。「ギシュ」とは「木製」を意味し、犂が木製であることを示しています。牛に牽かせて畑を耕すために使われました。アッカド語ではエピンヌ（epinnu）とよばれていました。

オオカミは、シュメール語で（ムル）・ウル・バル・ラ（Mul）Ur-Bar-raと記され、アッカド語ではシュメール語から借用されたと思われるバルバル（barbar）という形で表されています。それでは、なぜオオカミが犂の上にいるのでしょうか。ホワイトは、犂は、古代メソポタミアの社会を象徴するものであり、オオカミは、世界の秩序を破壊するものとして描かれているのではないかと推測していますが、明確な理由は不明です。

「シュパ（Šupa）」

シュパ（Šupa）は、謎に満ちた星座です。リングと棒を手にした男神の姿で描かれています。おそらく、最高神エンリルを表現したものと思われます（次頁 図3−4）。

バビロニア暦の正月であるニサンの月の第一日から第一二日までバビロンで行われた新年祭で大祭司によって唱えられた祈りの章句に、エンリルとシュパとの関係を示す次のような一節があります。この『バビロンの新年祭』の文章は、後藤光一郎氏の訳で、『古代オリエント集（筑摩世界文学大系一）』（筑摩書房、一九七八年、一九七〜二〇六頁）に収められています。シュパは、荷車との関係などから、現在のうしかい座にあたる星座であると推定されています。


「(前略)わたしの主よ、鎮まってください。荒れ狂う火神、アン星(火星)こそわたしの主です。

わたしの主よ、鎮まってください。海の水を量るもの、カクシ〔サ〕星(狼星)こそわたしの主です。

わたしの主よ、鎮まってください。上位神たちの主、(うしかい座の)シュパ星(大角星)こそわたしの主です。(中略)わたしの主よ、鎮まってください。海の縁をふみつけるもの、(さそり座の)《サソリの胸》星こそわたしの主です。(後略)」

(後藤光一郎訳「バビロンの新年祭」、二〇二頁、『筑摩世界文学大系一』杉勇(他)訳、一九七八年、筑摩書房)


後藤光一郎氏は、「エヌマ・エリシュ(天地創造物語)」も翻訳されており、同じ『筑摩世界文学大系一』に収められています。この筑摩書房のシリーズには、シュメール、アッカド、ヒッタイト、エジプトなど古代オリエントの数多くの重要な文字資料が収められており、三〇年も前に刊行されたものですが、現在でも類書がないため非常に貴重な文献となっています。

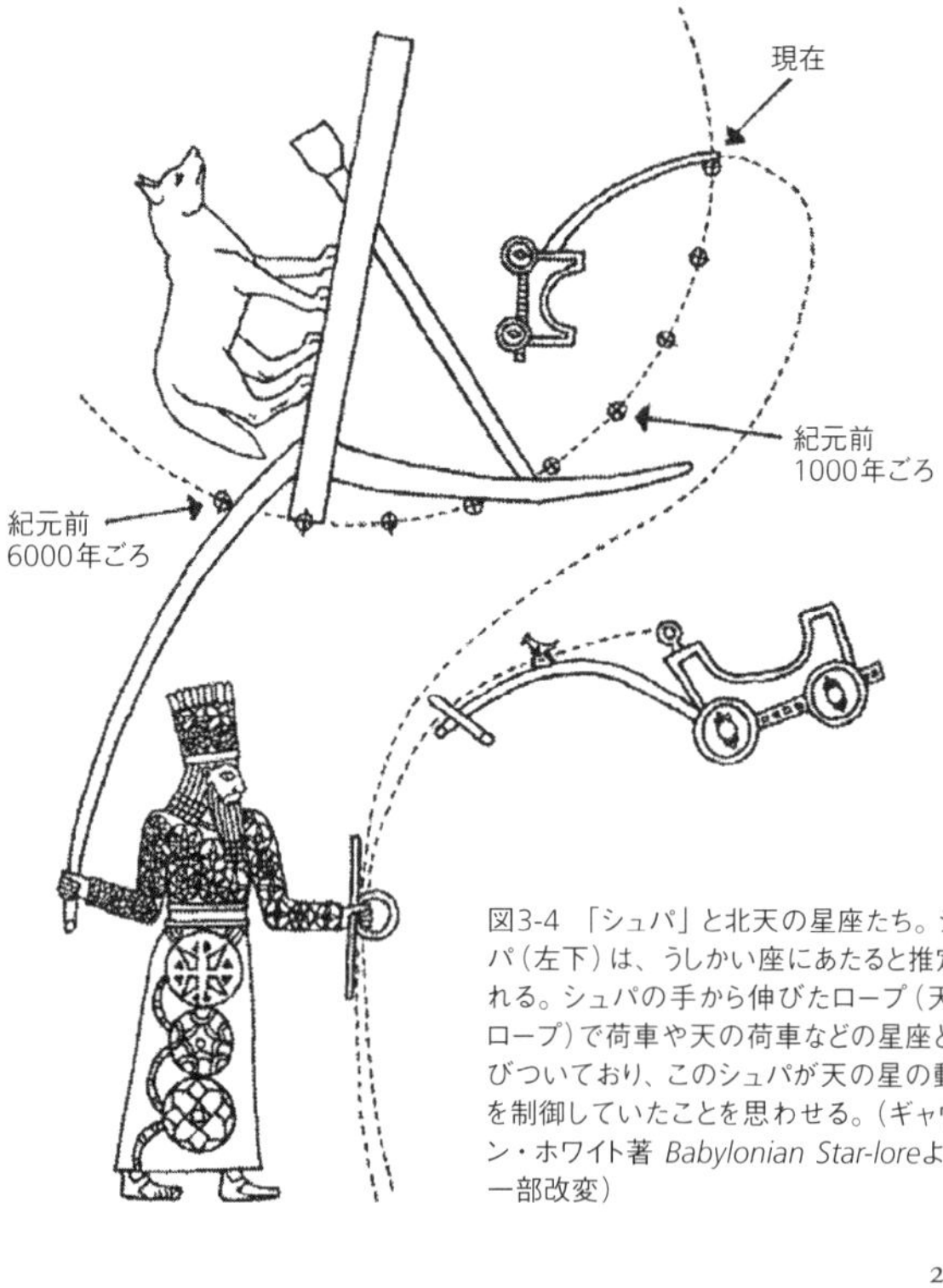

現在
紀元前
1000年ごろ
紀元前
6000年ごろ

図3-4 「シュパ」と北天の星座たち。シュパ(左下)は、うしかい座にあたると推定される。シュパの手から伸びたロープ(天のロープ)で荷車や天の荷車などの星座と結びついており、このシュパが天の星の動きを制御していたことを思わせる。(ギャヴィン・ホワイト著 *Babylonian Star-lore*より。一部改変)

北天をとりまく星座

ヒョウ

北天の星座に続き、北天の星座のまわりをとりまく星座を紹介していきましょう。七九頁図3－1の「ヒョウ」は、私たちが知っているアフリカやアジア各地に広範に分布する実在の肉食獣であるヒョウとはまったく違うもので、ヒョウのようなネコ科の猛獣の頭と体、前脚を持ち、ワシの翼と脚、尾羽を組み合わせた空想上の動物です。英語でPantherとよばれるためヒョウと訳していますが、その姿が実際のヒョウとは、あまりにもかけ離れているために、「有翼のライオン・ドラゴン（winged lion-dragon）」や「ライオン・グリフィン（lion-griffin）」、「ライオンのような鳥の怪獣（leonine bird dragon）」などともよばれていました。

このような空想上の動物は、古代メソポタミアだけではなく、古代イランや古代エジプトなどでも見ることができます。ワシの頭と翼にライオンの体を組み合わせたグリフィン（グリフォン）という空想上の動物も有名です（次頁 図3－5・図3－6）。

このヒョウの図像は、紀元前二一世紀のウル第三王朝の円筒印章にも描かれています（次頁 写真3－4）。大きな翼が印象的な動物です。

図3-5 「ヒョウ」の拡大図。カッシート朝時代。有翼のライオン・ドラゴンともよばれていた。(ブラックとグリーン著、*Gods, Demons and Symbols of Ancient Mesopotamia, Austin*,1992)

図3-6 「ヒョウ」を描いた図像。崇拝者は祭壇の上に浄めの水をたらしている。
祭壇の右側に、イシュクル神の乗ったチャリオット(二輪馬車)を引くヒョウと、
それに乗る裸の女神が描かれている。アッカド時代の円筒印章から。
(ブラックとグリーン著、*Gods, Demons and Symbols of Ancient Mesopotamia,* Austin,1992)

写真3-4 古代シュメールの円筒印章に刻された「ヒョウ」の印影。上段の中央に描かれている。ウル第3王朝第2代のシュルギ王か、第3代のアマル・シン王時代(紀元前21世紀)の印章と考えられる。(B.ブキャナン著、*Early Near Eastern Seals in the Yale Babylonian Collection,* New Haven,1981.)

また、カッシート朝時代のバビロンのマルドゥク・アプラ・イッディナ王（在位：前一一七一〜前一一五九年ころ）の境界石（クドゥル 図3－7）の最下段には、いて座の原型となったパビルサグの図像の後ろに描かれています。堂々たる立派な翼が特徴的です。

同様な図像は、新アッシリア時代の円筒印章（写真3－5）や都の一つであったカルフ（現在のイラク北部のニムルド）のニヌルタ神殿のレリーフ（次頁 図3－8）にも登場しています。ニヌルタ神殿のレリーフは、アッシュル・ナツィルパル二世（在位：前八八三〜前八五九年ころ）のものです。このレリーフのヒョウは、この空想上の動物の姿をみごとに表現しています。頭と前脚は、ヒョウかライオンであり、大きな翼を持っています。下半身は、ワシの姿をしています。後ろ脚の形は、ライオンのものですが、足先は鋭い爪のあるワシのものとなっています。大きな口を開けた獰猛な姿で描かれている、とても不思議な怪物です。このヒョウの右手にいる有翼の神は、ニヌルタ神かアダド神と推定されています。

ヒョウは、「嵐の悪魔」として、冬の嵐を象徴する怪物と考えられ、しばしば、暴風神であるアダド（Adad）神やイシュクル（Iškur）神と関連付けられていました。

ヒョウの星座は、シュメール語で、（ムル）・ウドゥ・カ・ドゥク・ア（Mul）Ud-Ka-Duh-A」と記されています。アッカド語における星座の名も、シュメール語に由来すると

図3-7　カッシート朝のバビロニア王、マルドゥク・アプラ・イッディナ王（在位：前1171 〜前1159年ころ）の境界石（クドゥル）。最下段の左から2番目、パビルサグの後ろに「ヒョウ」が描かれている。大英博物館蔵。（U.ザイドゥル著、*Die Babylonischen Kudurru-Reliefs,* Göttingen, 1989.）

写真3-5　新アッシリアの円筒印章に刻された「ヒョウ」の印影。中央に描かれている。（B.ブキャナン著、*Early Near Eastern Seals in the Yale Babylonian Collection,* New Haven, 1981.）

思われるウカドゥクカ（ukaduḫḫa）ですが、占星術のテキストでは、アッカド語で、ヒョウを意味するニムル（nimru）と記されるためにこの名があります。

この星座は、『ムル・アピン』粘土板文書のリストでは、「エンリルの道」の二七番目に記され、ピングリーは、はくちょう座、とかげ座、カシオペア座とケフェウス座の部分にあたると考えています。

牝ヤギ

牝ヤギは、グラ（Gula）という名の女神の化身であると見られていました。このグラは、癒しと健康、薬の女神であり、医者のパトロン（後援者）であると見なされていました。また、「偉大な母」や「母なるグラ」、「生命の夫人」などともよばれていました。このグラ女神は、天空の神アヌの娘であるとされていました。グラ女神の配偶者は、嵐の神ニヌルタや武人のニンギルス神、イシンの主パビルサグであったりと、都市により異なっていました。グラ女神の七人の子供には、ダム神とニンアズ神がおりましたが、両者とも癒しと冥界の神としての性格を持つものでした。

図3-8　新アッシリアのアッシュル・ナツィルパル二世時代のカルフ（現在のニムルド）のニヌルタ神殿のレリーフ。「ヒョウ」の姿が生き生きと表現されている。
（ブラックとグリーン著、*Gods, Demons and Symbols of Ancient Mesopotamia,* Austin,1992）

グラ女神の図像は、多くの境界石（クドゥル）に見ることができます（次頁 図3-9・図3-10）。椅子に腰かけて両手を体の前にあげ、独特の帽子を被った姿で描かれています。この女神の傍らには、女神の聖なる獣であるイヌが座っています。大英博物館に所蔵されているネブカドネザル一世のクドゥルにも、この座っているイヌが、牝ヤギに続く星座として登場しています。グラ女神と関連のある牝ヤギと座るイヌが星座の名前として記されていることは興味深いことです。

牝ヤギの星座は、『ムル・アピン』粘土板文書の星のリストでは、「エンリルの道」の二三番目に記されており、こと座にあたるとされています。牝ヤギの星座は、シュメール語で、（ムル）・ウズ（Mul）Uz_3と記されています。アッカド語では、エンズ（enzu）と書かれています。

座るイヌ

この「座るイヌ」は先述したように、グラ女神の聖なる獣であったイヌを表現した星座です。グラ女神の図像の傍らには、常に座ったイヌの姿が描かれていました。また、イシンには、「イヌの家」という意味をもつエ・ウル・ギ・ラ（E-ur-gi_7-ra）と称するイヌの神殿がありました。

座るイヌの星座は、『ムル・アピン』粘土板文書の星のリストでは、グラ女神の化身であった牝ヤギ座に続く「エンリルの道」の二四番目に記されています。ピングリーは、この座るイヌの星座が、現在のヘラクレス座南部にあたるとしています。座るイヌは、シュメ

図3-9　ネブカドネツァル1世（在位、前1171～前1159年ころ）の境界石（クドゥル）に描かれたグラ女神と傍らに座るイヌの図像。右側には弓を構えるサソリ男がいる。大英博物館蔵。（U.ザイドゥル著、*Die Babylonischen Kudurru-Reliefs,* Göttingen, 1989.）

図3-10　グラ女神と横に座るイヌの図像。前10世紀のバビロニアの王、ナブ・ムキン・アプリの境界石の部分。（ブラックとグリーン著、*Gods, Demons and Symbols of Ancient Mesopotamia,* Austin,1992）

写真3-6　エジプトのデンデラ神殿の天体図の一部。写真左端、カバの星座のおしりの背後には、小さく座った女性とイヌの姿が描かれている。これがグラ女神（牝ヤギ）とイヌ（座るイヌ）を表しているものと思われ、興味深い。前50年ころ、ルーヴル美術館蔵。

ール語で、（ムル）・ウル・ギ（Mul）Ur-gi$_7$と記されています。アッカド語では、カルブ（kalbu）と書かれています。

現在、パリのルーヴル美術館に収蔵・展示されているエジプトのデンデラ神殿の天体図にも、バビロニアの牝ヤギと座るイヌにあたる星座と思われる図像が描かれています（写真3-6）。古代エジプト固有の星座である牝カバのおしり付近にイスに腰掛けた女性（牝ヤギ）とイヌがいます。イヌは座っていませんが、座るイヌを表したものと思われます。

立てる神々

七九頁図3-1には、座るイヌの前、オオカミの後ろに、「立てる神々」と記された星座が存在しています。「エクル（Ekur）の立てる神々」ともよばれています。

『ムル・アピン』粘土板文書の星表の「エンリルの道」の二一番目と二二番目には、「Ekur（エクル）の立てる神々」と「Ekur（エクル）の座す神々」と並んで記されています。この神々とは、元来はヘビの神々を表すものです。イラク中部のエラムとの境付近に位置したデール（Der）市では、ニラフ（Nirah）というヘビの神が崇拝されていました。ニラフ神は、ニップル市にあったエンリ

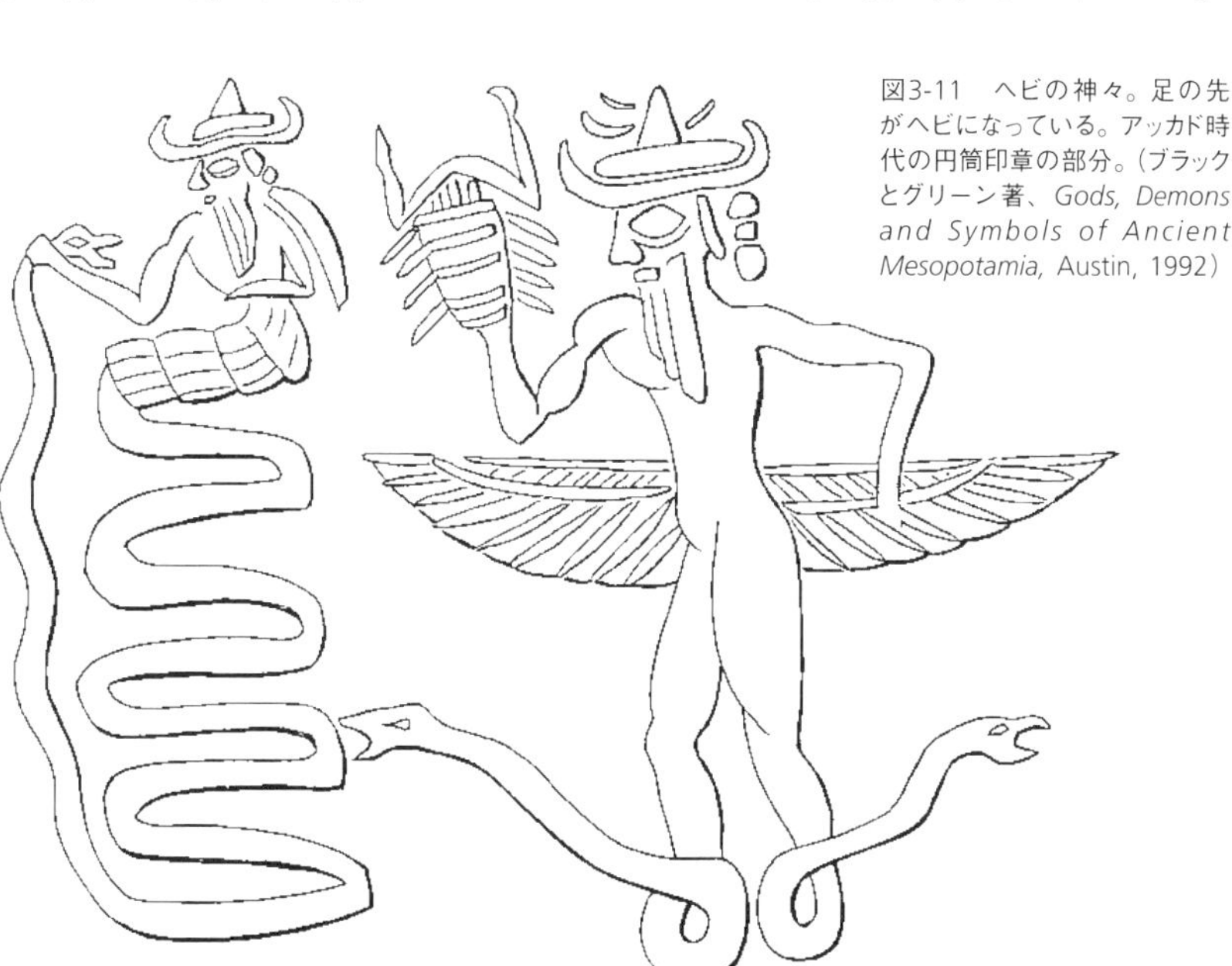

図3-11　ヘビの神々。足の先がヘビになっている。アッカド時代の円筒印章の部分。（ブラックとグリーン著、*Gods, Demons and Symbols of Ancient Mesopotamia*, Austin, 1992）

ル神殿では、中バビロニア時代（前一六世紀初〜前一〇三〇年ごろ）まで崇拝されていました。このエンリル神殿は、「山の家」の意味を持つエクル（E-kur）という名でよばれていました。つまり「エクルの立てる神々」のエクルは、ニップルにあったエンリル神殿を表していたのです。

立てる神々の星座は、シュメール語で（ムル）・ディンギル・グブ・バ・メシュ（Mul）Dingir-Gub-Ba^{meš}と記されています。アッカド語でもシュメール語からの借用と考えられるディンギルグブブ dingirgubbū とされています。ヘラクレス座を表すものとされています。

◉アッカド王朝第4代の王、ナラム・シン王の碑
アッカド王朝はメソポタミア南部のシュメールの地と北側に隣接するアッカドの地を初めて領有した。第4代のナラム・シン王のときに西は地中海から東はペルシア湾までの最大版図を領有した。パリ、ルーヴル美術館蔵。（第1章）

**◉ジェムデト・ナスル期の
粘土板に刻された行政テキスト**
楔形文字は当初絵文字として考案され、その後、画数の少ない簡略なデザインを持つ文字記号へと変化したとされる。前3100～2900年ごろ。（第1章）

**◉『ムル・アピン』粘土板Iを
刻した粘土板**
古代メソポタミアの重要な天文資料である『ムル・アピン』粘土板Iのほぼ完全な写し。高さ8.4cm、幅6cmの小型粘土板の両面に2段ずつ小さな楔形文字が埋め尽くされている。紀元前500年ごろ。大英博物館粘土板No.86378.（第1章）

◉『ムル・アピン』粘土板Ⅱを刻した粘土板（表）
新アッシリアのセンナケリブ王の治世下の紀元前687年に作られた、アッシュル遺跡出土の『ムル・アピン』粘土板Ⅱを刻した粘土板VAT 9412の表。現存する『ムル・アピン』粘土板文書としては最古のものとなる。（第1章）

◉『ムル・アピン』粘土板Ⅱを刻した粘土板（裏）
同じくアッシュル遺跡出土の『ムル・アピン』粘土板Ⅱを刻した粘土板VAT 9412の裏。（第1章）

◉アッシュルバニパル王「ライオン狩りのレリーフ」
新アッシリア時代のアッシュルバニパル王の王宮壁面に描かれていた「ライオン狩りのレリーフ」。左側の二輪の馬車に乗る中央の人物が王。大英博物館蔵。（第1章）

◀◉「ライオン狩りのレリーフ」（部分）
アッシリアやエジプトなどでは王権のシンボルとして、王がライオン狩りをすることが行われていた。
大英博物館蔵。（第1章）

◉「ライオン狩りのレリーフ」（部分）
弓矢を全身に受けたライオンたち。上段に2頭のオス、下段にはメスが倒れている。大英博物館蔵。（第1章）

◉カッシートのメリ・シパク王のクドゥル（境界石）
クドゥルには、王が王族や祭司、高官たちに土地などを与えた際の証書の文章が楔形文字と神々のシンボルとで刻された。5段にわたってさまざまな神々のシンボルが描かれている。（第1章）

◉メリ・シパク王のクドゥルに描かれたヘビ
最下段には頭に角のあるヘビの姿が描かれている。紀元前12世紀。ルーヴル美術館蔵。（第2章）

◉メリ・シパク王のクドゥル（境界石）に描かれた羊
4段目には、麦の穂がある祭壇の前に座る羊が描かれている。
紀元前12世紀。ルーヴル美術館蔵。（第2章）

◉エアンナ・シュム・イッディナのクドゥル
最上段に金星、三日月、太陽の3つの天体のシンボルが描かれている。2段目にはニヌルタ神かネルガル神を表す首の長いライオン、その隣にサソリが描かれている。紀元前12世紀。大英博物館蔵。（第1章）

◉ネブカドネツァル1世時代のクドゥル
下から2段目には、いて座の原型と考えられる
弓を構えたサソリの体をした神の姿が描かれ、
メソポタミアの星座の起源を示していると紹介されてきた。
紀元前12世紀。大英博物館蔵。(第1章)

◉エアンナ・シュム・イッディナのクドゥルに描かれたサソリ
サソリはイシュハラ神を表していると考えられる。紀元前12世紀。大英博物館蔵。(第2章)

◉バビロニアのクドゥル
紀元前11世紀ごろのものとされるバビロニアのクドゥル。クドゥルはいびつな円柱形をしている。クドゥルに描かれた神々がメソポタミアの星座の起源となったとされてきたが、クドゥルの作られた時期が、メソポタミアの星座の成立より後であることを考えると、従来の説は考えにくい。大英博物館蔵。（第1章）

◉バビロニアのクドゥル
同じく紀元前11世紀ごろのものとされるバビロニアのクドゥル。
大英博物館蔵。（第1章）

◉ウルのスタンダード
シュメール人の都市ウルの王墓から発見された「ウルのスタンダード」とよばれる箱。
側面には戦争の場面が象嵌されている。古代メソポタミアの荷車が描かれており、
古代メソポタミアの星座である「荷車」を知る資料としても重要である。
紀元前2600年ころ。大英博物館蔵。（第3章）

◉円筒印章に描かれた「ヒョウ」
古代シュメールの円筒印象に描かれた「ヒョウ」の印影。
上段中央に大きな翼を持った動物として描かれている。古
代メソポタミアの星座のヒョウも、有翼の猛獣の姿をした
空想上の動物である。紀元前21世紀。（第3章）

◉アッシリアの「ブル・マン」

アッシリアのコルサバード出土の「ブル・マン」。牡牛の体に翼と人間の頭が付けられている。古代メソポタミアの「バイソン・マン」とよばれる星座も牛の下半身に人間の上半身を組み合わせた姿をしており、古代ギリシアのケンタウルス座に影響を与えたと思われる。ルーヴル美術館蔵。（第3章）

◉イシュタル女神の図像

新アッシリア時代の円筒印章に刻されたイシュタル女神の図像。イシュタルは愛と豊穣の女神であり、金星の象徴として古代メソポタミアでは広く崇拝されていた。紀元前8〜7世紀ごろ。大英博物館蔵。（第3章）

◀◉アンミ・ツァドゥカ王の金星粘土板

ニネヴェのアッシュルバニパル王の王宮文書庫でみつかったバビロン第1王朝のアンミ・ツァドゥカ王の金星粘土板の写本。王の21年間の治世に観測された、金星の朝夕の見え方を記録したもの。大英博物館蔵。（第5章）

◉ハンムラビ法典
バビロン第1王朝の6代目の王、
ハンムラビ王が作らせた「ハンムラビ法典」を刻した碑。
玄武岩製で高さ2m。
パリ、ルーヴル美術館蔵。（第5章）

◉ハレー彗星の位置観測を刻した粘土板
紀元前87年のハレー彗星の位置観測を
楔形文字で刻した粘土板文書。（第5章）

◉バイユーのタペストリー
1066年に出現したハレー彗星を描いたもので、フランスのバイユー市にあるバイユー大聖堂内に所蔵されている。70mの亜麻布に刺繍がほどこされている。（第5章）

◉ウルのウルナンム王のジッグラト
古代メソポタミアの都市国家にはジッグラトとよばれる小高い基壇建築が
存在しており、頂部では天体観測が実施されたと考えられる。
ウルのウルナンム王のジッグラトは非常に状態がよく残っている。（第5章）

◉クノッソス宮殿のイルカの壁画
クレタ島のクノッソス宮殿のイルカの壁画。中期ミノア期のもので、幾何学文様で装飾されている。
古代ギリシアの星座の起源には、メソポタミア、エジプトなどの古代オリエント地域の影響のほか、
ギリシアのクレタ島やミケーネなどの古代文化も影響を与えたと考えられる。（第6章）

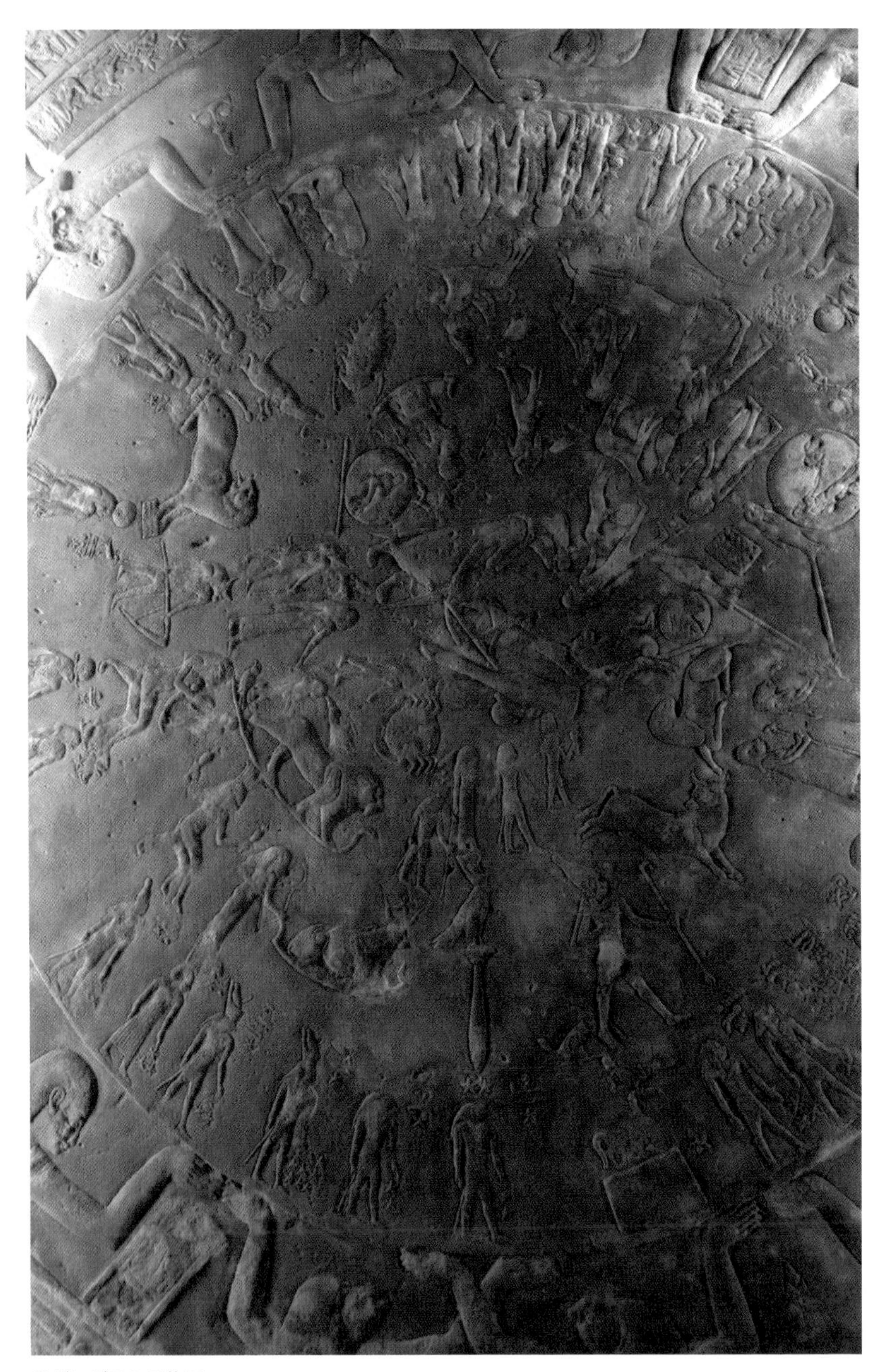

◉デンデラの天体図
デンデラ・ハトホル神殿にレリーフとして描かれていた「デンデラの天体図」。
約3m四方の図像で中央の円形部分に古代エジプト固有の星座とメソポタミア起源の黄道12宮などが描かれている。現在はフランスのルーヴル美術館に収蔵されている。（第2章）

■おうし座

古くから家畜化され人々に富をもたらした牛は、古代オリエント地域で神格化され信仰の対象とされた。やがて牡牛の象徴は神と関連したものとなっていき、「天の牡牛」と表記されるようになっていった。図はおうし座を表現したヘレニズム時代のウルク出土の印章。

■おひつじ座

おひつじ座は『ムル・アピン』粘土板文書で「雇夫」とされている。雇夫はうお座の中央に位置する耕地を耕すために存在していると考えられる。図は境界石に描かれた幼い羊の図像。春先に誕生した幼い羊は冬季を過ぎて迎える春季の再生の象徴だった。

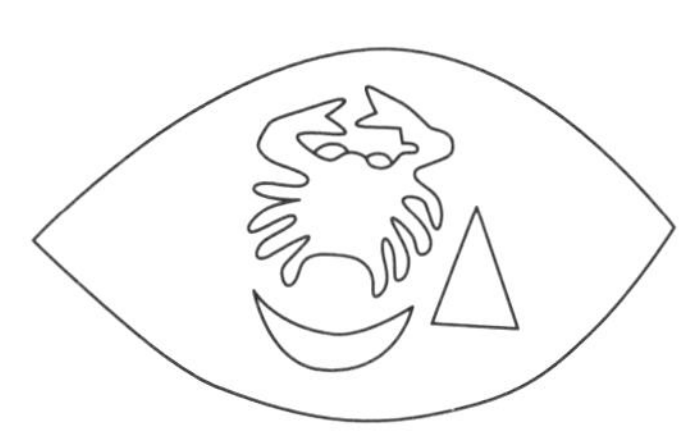

■かに座

シュメール語でカニは「水の生物」を表す「クシュ」といわれる。クシュはカメのことも指し、カメの図像は水の神エアの象徴である。古代の占星術では洪水を予言する星とされていたようである。図は紀元前2世紀のカニと三日月が表現されたスタンプ印章の図。

■ふたご座

「大きな双子」とよばれる、武器を持った二人の武人の姿の図が原型と考えられる。また、「小さな双子」とよばれる星座があり、『ムル・アピン』粘土板文書では、ふたご座とともに東天に昇り、大きな双子とともに西天に没するとされているが詳細は不明である。

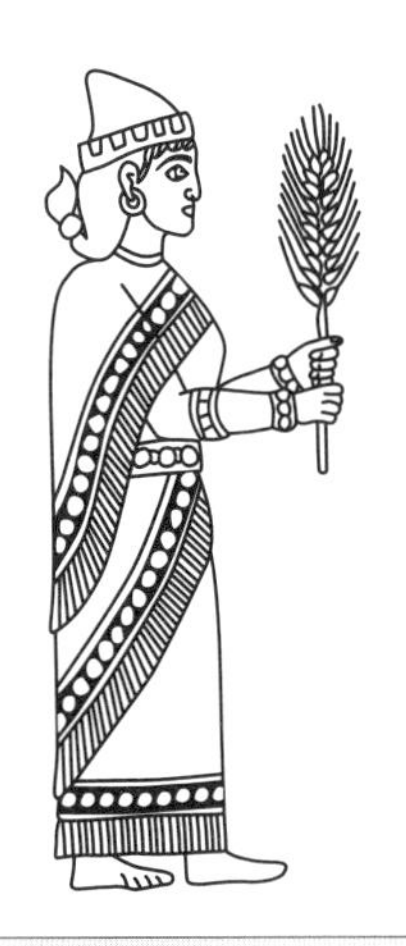

■ おとめ座

古代バビロニアの星座の「畝」と「葉」という星座が原型と考えられ、これらは秋の農耕を象徴している。メソポタミアでは秋に種まきをするムギが主要穀物だった。図はムギの穂を手にしたメソポタミアの女神の姿で、同じくおとめ座の原型と考えられる図像である。

■ しし座

ライオンは、古代バビロニアやエジプトなど古代の国々では王や王との関連から王国を象徴する動物とされており、しし座は占星術では王や王国の命運をにぎる星と考えられていた。また、レグルスはラテン語で「小さな王、あるいは王子」を意味する語に由来している。

■ いて座

古代バビロニアのパビルサグという半人半獣の姿の図像が原型と考えられている。図は紀元前12世紀に描かれたもの。射手の頭の後ろに犬の頭があり、馬の尻尾とサソリの尾が描かれている、後ろ足が鳥の足のものなど、ほかにもさまざまな図像が発見されている。

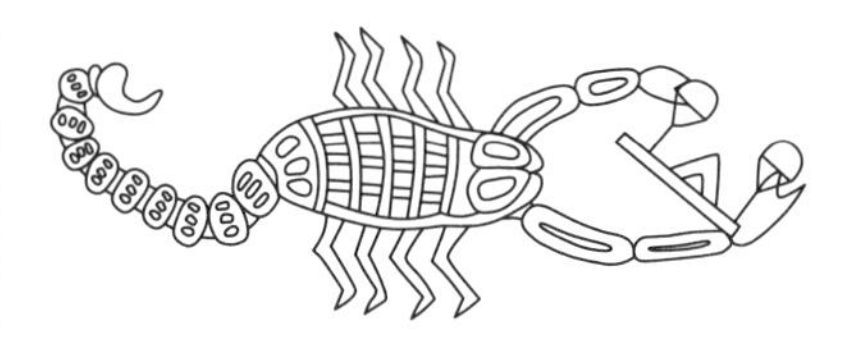

■ さそり座、てんびん座

てんびん座はかつてはサソリの前足にあたり、さそり座の一部とされていた。現在でもてんびん座の2つの天秤皿はサソリの前足の左右のハサミと同じ場所となっている。古代では歳差運動の影響で、秋分点がてんびん座付近にあったと考えられる。

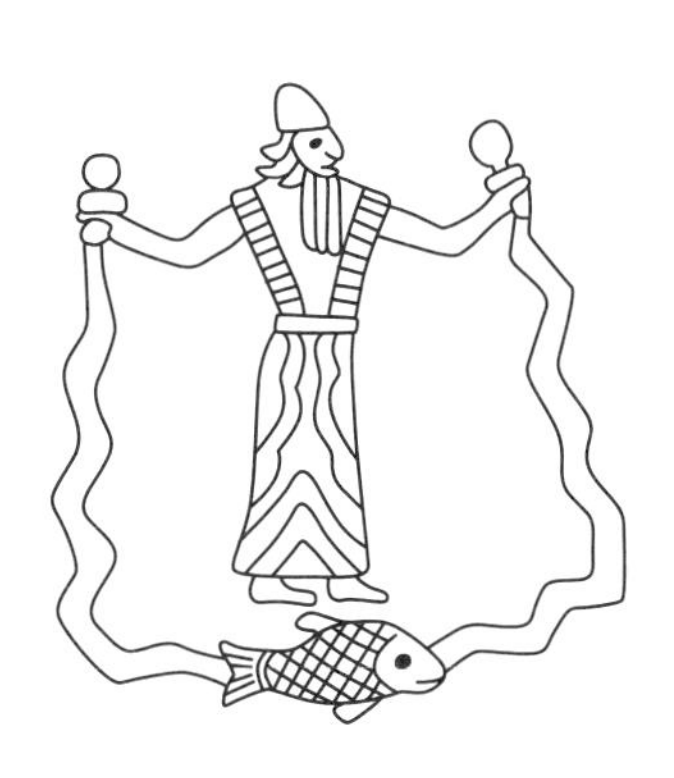

■みずがめ座

古代バビロニアの「偉大なるもの」という意味を持つ「グラ」が原型。図はバビロニア時代の円筒印章の図像。「偉大なるもの」は降雨の増大、河川の氾濫を象徴する水が流れ出る壷を持った姿をしており、足下にみなみのうお座と思われる魚が描かれている。

■やぎ座

上半身がヤギで下半身が魚の姿をした「ヤギ魚」が原型と考えられている。ヤギ魚は、真水と太洋と知恵の神・エア神を表現している。図は羊の頭の載った祠堂に下半身を入れている図像で、紀元前12世紀ころのメリ・シパク王の境界石に描かれていた図像である。

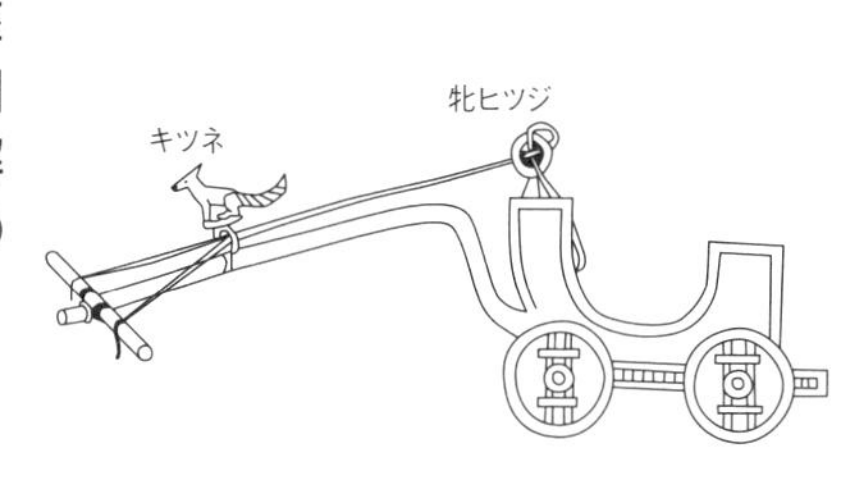

■荷車、キツネ、牝ヒツジ

『ムル・アピン』粘土板文書にある「荷車」という星座が現在の北斗七星にあたると考えられている。『ムル・アピン』で荷車に続く「キツネ」はおおぐま座の80～86番にあたる星ぼし、「牝ヒツジ」はうしかい座北部の星と考えられている。

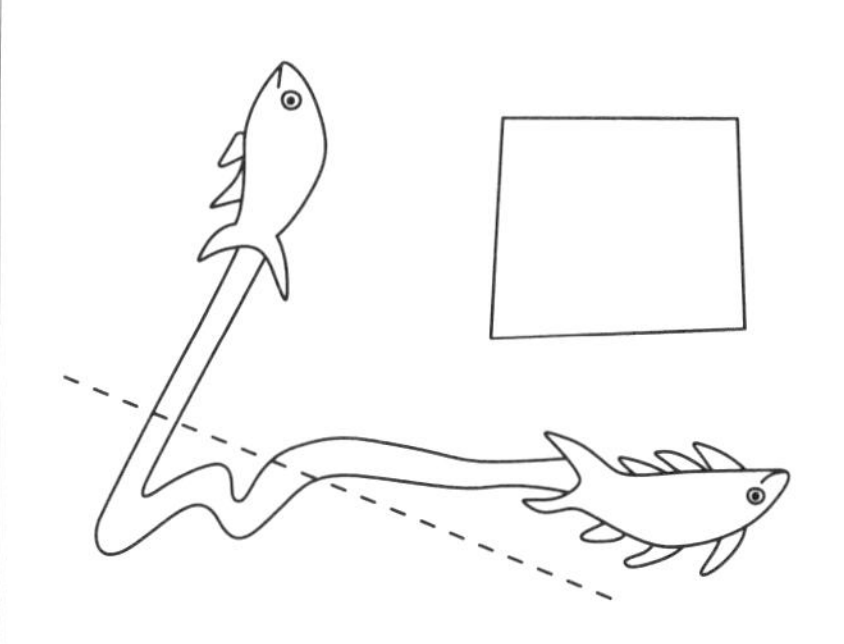

■うお座

「尾」とよばれる2匹の魚が原型と考えられる。図は2匹の魚が2本の縄で結ばれており、この縄はチグリスとユーフラテス川であるといわれている。2匹の魚の間の四辺形はバビロン市、または巨大な耕作地を表しており、ペガススの大四辺形であると考えられる。

シュパ

リングと棒を手にした男神の姿で描かれ、最高神エンリルを表現したものと考えられている。現在のうしかい座にあたる星座であると推定されている。シュパの手からのびたロープは「荷車」などの星座と結びついており、天の星の動きを制御していると考えられる。

犂(すき)とオオカミ

犂は古代メソポタミアの社会を象徴し、オオカミは世界の秩序を破壊するものとして表現されているのではないかと考えられる。2つの星座は従来、さんかく座α星とされてきたが、エジプトのデンデラ神殿の天体図から、北天の周極星ではないかと考えられている。

牝ヤギ、座るイヌ

牝ヤギは「グラ」という癒しと健康、薬の女神の化身と考えられている。傍らには女神の聖なる獣であるイヌがおり、この星座は現在のヘラクレス座南部と考えられている。図は紀元前10世紀のバビロニアの王、ナブ・ムキン・アプリの境界石に描かれた図像。

ヒョウ

北天にあった星座として考えられている。ヒョウといっても、頭と前足がヒョウまたはライオンで、有翼の獣の姿をした空想上の動物として表現されている。「嵐の悪魔」として冬の嵐を象徴する存在として、アダド神やイシュクル神と関連付けられて考えられている。

矢と弓

シリウスは古代メソポタミアでは「矢」を意味する語でよばれていた。「弓」はその対となる星座。エジプトのデンデラ神殿の天体図には矢をつがえた弓を構えた女性の姿が描かれている。古代メソポタミアではイナンナ女神が弓矢を持って表されている。

立てる神々

「エクルの立てる神々」ともよばれ、この神々は、ヘビの神々を表している。「エクル」はニップル市にあったエンリル神殿を表していると考えられている。現在のヘラクレス座にあたるとされている。図はアッカド時代の円筒印章に描かれたヘビの神々。

エリドゥの星

両手に壷を持ち、冠を被ってイスに腰掛けている女性の姿で表されている。エリドゥはメソポタミア南部に存在したシュメール最古の都市国家で、エリドゥ市のシュメール語名は「王子たちの地」という意味を持ち、この地に最初に王権が授けられた場所とされている。

アヌの真の羊飼い

古代エジプトではオリオン座の三ツ星を中心としたサフという星座があるが、古代メソポタミアの「アヌの真の羊飼い」はそれよりも大きく、現在のオリオン座の原型となったと考えられる。足下のオンドリは『ムル・アピン』粘土板にも記されているオンドリ座。

■ イノシシ

古代メソポタミアでも比較的新しい星座で、紀元前3000年ころ成立したと考えられる。イノシシはメソポタミア南部の都市国家ギルスで崇拝されていたニヌルタ神と関連すると考えられている。前脚の下の四角形は豊かな耕作地を表していると考えられる。

■ ニンマク

古代バビロニアの記録ではニンマクの星座のイメージはほとんど残されていないが、エジプトのデンデラ神殿の天体図には手のひらの上に子供を乗せてイスに座る女性の姿として表現されている。ニンマクは地母神としての性格を持ち、妊婦の守護女神でもあった。

■ バイソン・マン、狂犬

右がバイソン・マン、左が狂犬という星座。バイソン・マンは古代メソポタミアでもっとも古い星座であり、後のケンタウルス座に影響を与えていると考えられている。狂犬は南天のさそり座の隣の星座で、おおかみ座の原型となったと考えられている。

■ まぐわ

ニンマクの隣に位置する星座。おとめ座、からす座とほぼ同じころ夏の東天に姿を現すことから、秋の種まきの前の畑を耕す時期の星座であり、まぐわという名からも農作業と関連した星座と考えられている。牡牛の頭をし、手に犂を持つ人物の姿で表されている。

第4章

南天の星座・黄道一二宮以外の星座

オリオン座とその周辺の星座

「アヌの真の羊飼い」と「オンドリ」

エジプトのデンデラ神殿の天体図には、古代メソポタミア起源の黄道一二宮の星座のほかにも、多くのメソポタミア起源の星座が含まれていることがわかっています。写真4-1には、黄道一二宮のおうし座とエジプトのオシリス神の姿をとった「サフ」（オリオン座の三ツ星）が描かれています。このサフの足下に、オンドリの姿が見えます。

写真4-1でもわかるように、古代エジプトでは、サフは、エジプトの冥界の支配者であるオシリス神の姿で表現されていました。頭には上エジプトの王冠であるコブラの付いた白冠をかぶり、左手に支配を意味するウアス杖を右手にはネケクとよばれる殻竿を持っています。腰布の後ろには、エジプト王が着ける牛の尾が見られます。

古代メソポタミアでは、現在のオリオン座に相当する場所に、「アヌの真の羊飼い」とよばれる星座がありました。星座の名は、シュメール語で（ムル）・シパ・ジ・アン・ナ（Mul）Sipa-Zi-An-Na と記されています。シュメール語のシパ（sipa）またはシパド（sipad）は、羊飼いを意味する語です。この星座名は、アッカド語では、シタッダル（šitaddaru または šitaddalu）」とよばれていました。この星座は、『ムル・アピン』粘土板

写真4-1　エジプトのデンデラ神殿の天体図の一部。オシリス神の姿で描かれたエジプト固有の「サフ」という星座は、オリオン座の三ツ星を表現している。その足下にオンドリがいるが、これはメソポタミアの星座であり、現在のうさぎ座に相当する。右側には黄道12宮のおうし座が見える。前50年ころ、ルーヴル美術館蔵。

図4-1　「アヌの真の羊飼い」と「オンドリ」の図。ギャヴィン・ホワイトによる復元図。（ギャヴィン・ホワイト著 *Babylonian Star-lore*より。一部改変）

文書の星表では、「アヌの道」の四一番目に記されていました。

古代エジプトのサフ（sah）は、オリオン座の三ツ星を中心としており、三ツ星の南側を指す星座でしたが、メソポタミアのアヌの真の羊飼いは、それよりも大きく、おそらく現在のオリオン座の原型となったと考えられます。前頁図4-1は、ギャヴィン・ホワイトによるアヌの真の羊飼いとオンドリの星座の復元図です。ホワイトは、この図を描く際にエジプトのデンデラ神殿の図像を参考にしているようです。

オンドリの星座は、『ムル・アピン』粘土板文書の星表では、「アヌの道」の四三番目に記されています。その名は、シュメール語で（ムル）・ダル・ルガル（Mul）Dar-Lugalと記されています。アッカド語では、シュメール語からの借用と思われるタルルガル（tarlugallu）という語が使われていました。

図4-2は、オンドリ座をシュメール語の初期の象形文字で表現したものです。ダル（Dar）は、鳥を描いたものでコジュケイやシャコなどの狩猟の対象となる大型の野鳥を表しているとされます。ルガル（Lugal）とは、シュメール語で奴隷に対する「主人」を意味する語で、「王」を意味する語としても使用されます。そのため、ダル・ルガルとは、「鳥の王」を表現する語ですが、これはオンドリのとさかが王の被る王冠にたとえられるからであるといわれています。

MUL　DAR　LUGAL

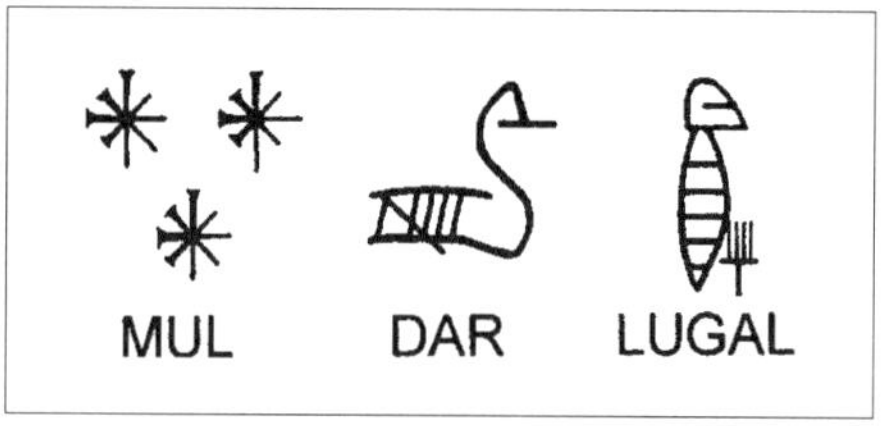

図4-2　シュメール語の初期の象形文字で書かれた「オンドリ座」。（ムル）ダル・ルーガル（Mul）Dar-Lugalはシュメール語で「鳥の王」という意になる。（ギャヴィン・ホワイト著 *Babylonian Star-lore*より。一部改変）

矢と弓

全天でもっとも明るい恒星、おおいぬ座α星のシリウスは、メソポタミアでは、シュメール語で「矢」を意味するカク・シ・サ（Kak-si-sa）あるいはガグ・シ・サ（Gag-si-sa）とよばれていました。また、この矢と対となる星座として「弓」がありました。

このメソポタミアの弓と矢の星座の図像もまた、エジプトのデンデラ神殿の天体図の中に見つけることができます（次頁 写真4－2）。エジプトのプトレマイオス朝では、サティス女神との関連から、聖船にうずくまり、角の間に星を戴く牝牛として表されています。その牝牛の船の左隣りに、弓矢を構える女性の姿が描かれています。『ムル・アピン』粘土板文書の星表では、「アヌの道」の四四番と四五番目に記されています。

オランダ人数学者で古代科学史の研究者でもあったB・L・ファン・デル・ヴェルデン（Van der Waerden, B. L.）は、弓と矢の星座を次頁 図4－3のように推定しました。矢は、シリウス（gag.si.sa）とおおいぬ座o^2星の二星とし、弓は、とも座のξ星とκ星、おおいぬ座η星、κ星、ε星、σ星、δ星で構成されるとしました。この推定では、弓座の位置は、赤緯がマイナス二五度からマイナス三二度三〇分におよぶので、同氏は、弓は「アヌの道」ではなく、「エアの道」に属すべきではないかとしています。

このかなり南に位置する弓座が、もっとも南の星座のグループである「エアの道」ではなく、中緯度にあたる「アヌの道」に分類されている理由としては、弓矢という一対のものとして、矢にあたるシリウスと分離することを嫌ったためであるとしています。しかし、赤緯から考えれば、カク・シ・サとよばれたシリウスも紀元前一三〇〇年から前一〇〇〇年ごろにはマイナス一七度以南であり、完全に「エアの道」の範囲に入るとしています。それでは、なぜシリウスは「アヌの道」に分類されたのでしょうか。

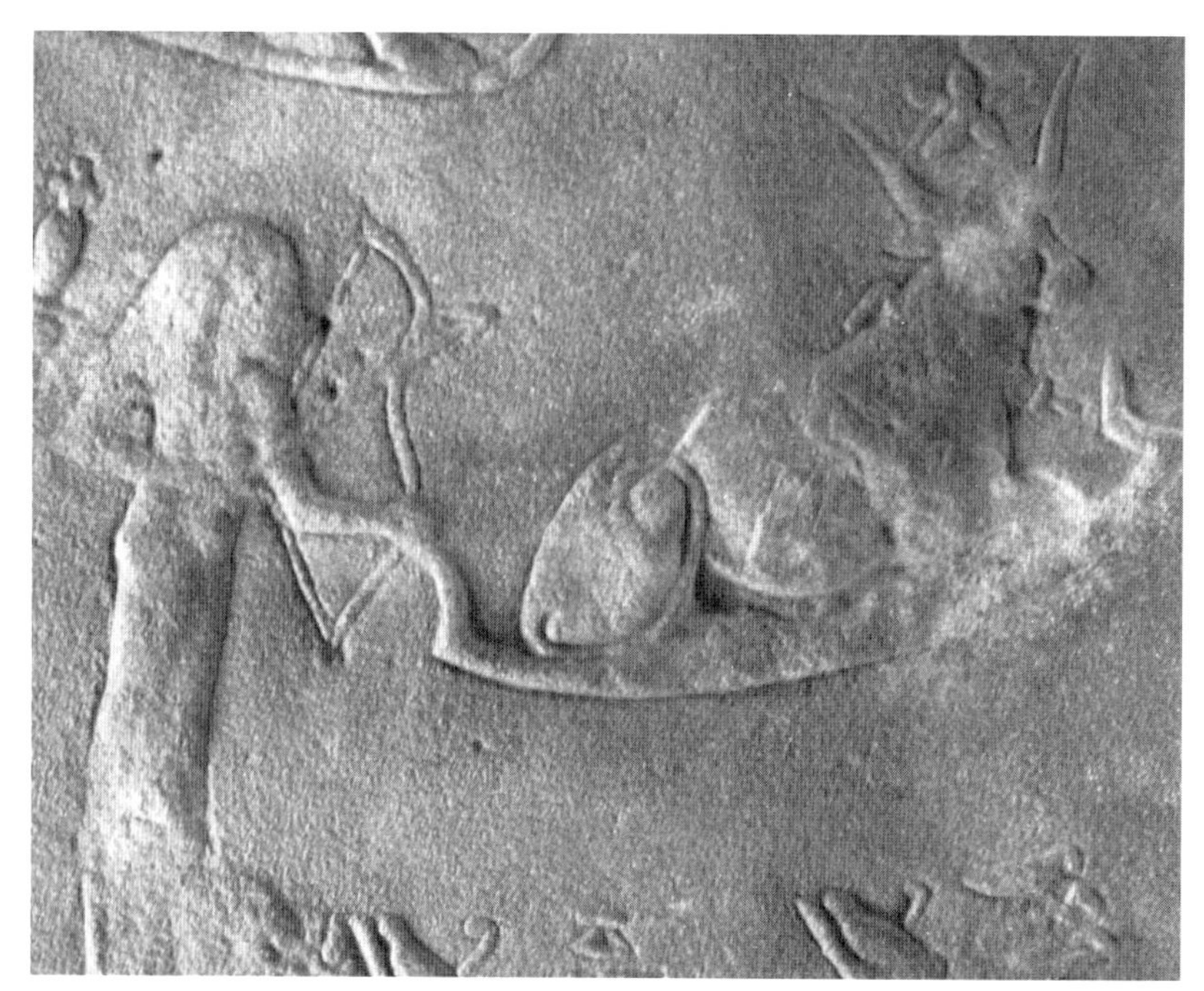

写真4-2　エジプトのデンデラ神殿の天体図に描かれた弓を持つ女性と船にうずくまる牝牛。
頭上に星を戴く牝牛は、古代エジプトのセプデト（シリウス）を表している。
女性の手には星座を表す弓と矢が握られている。前50年ころ、ルーヴル美術館蔵。

図4-3　ファン・デル・ヴェルデンによる古代バビロニアの矢と弓の星座の推定図。
（ファン・デル・ヴェルデン著 *Babylonian Astronomy. II. The Thirty-Six Stars",*
JNES Vol. 8,1949, p16を一部改変）
※Canis major：おおいぬ座、Puppis：とも座。

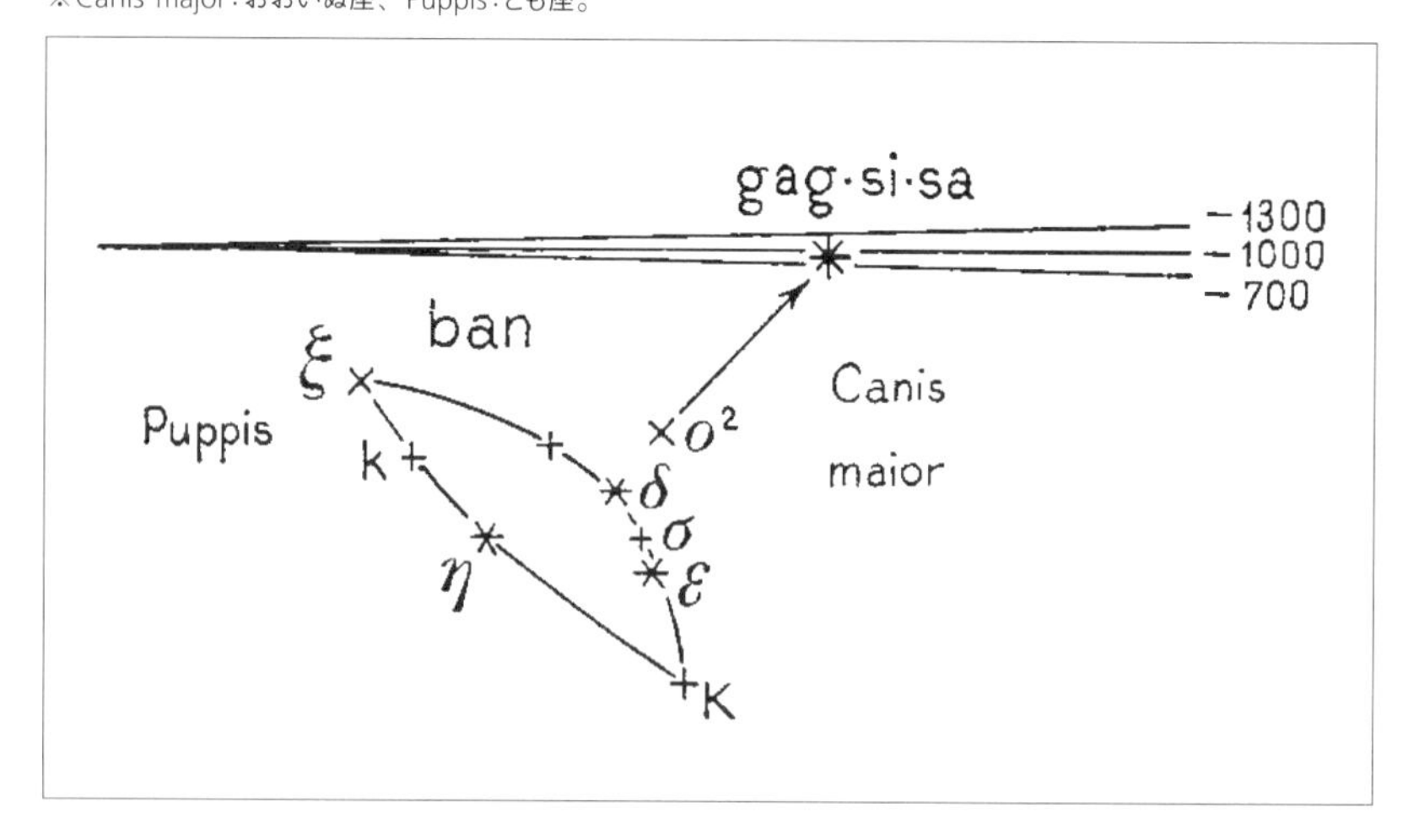

ファン・デル・ヴェルデンは、『ムル・アピン』粘土板文書では、さそり座のα星アンタレスが「エアの道」に分類されていることから、アンタレスとシリウスとの天の赤道からの距離（赤緯）の変化を計算して年代ごとに示しています（表4－1）。アンタレスは古代にはシュメール語で「サソリの胸」を意味するガバ・ギル・タブ（Gaba-gir-tab）とよばれていたようです。

おおいぬ座が「アヌの道」であるのに対し、さそり座が南の「エアの道」となっている謎を説明するために計算したわけですが、その結果、シリウスは六〇〇年間にわずか一度しか天の赤道に近付かないのに対して、アンタレスは、六〇〇年間で逆に三・一度も天の赤道から遠ざかっていくとわかりました。このことから、同氏は、『ムル・アピン』粘土板文書の星表において、シリウスの矢が、「アヌの道」に、アンタレスが「エアの道」に属している理由として、星表の成立時期が、中バビロニア時代（紀元前一六世紀初頭～前一〇三〇年ごろ）ではなく、新アッシリア時代末期の紀元前七〇〇年より新しい時期ではないかと推定したのでした。

『ムル・アピン』粘土板文書の星表は、全天の恒星を北から「エンリルの道」、「アヌの道」そして「エアの道」の三つの範囲に分けて記述しています。ただし、この境界がどのようにして決められているのかは不詳です。推定されている星座を使い、それぞれの境界を見ると、場所によっては曖昧であり、必ずしもきちんと赤緯により分けられているとは感じられません。

シュメール語で矢を意味する単語カク・シ・サ（ガグ・シ・サ）は、アッカド語で二通

表4-1　シリウスとアンタレスの前1300年ごろ、前1000年ごろ、前700年ごろにおける赤緯の変化。（ファン・デル・ヴェルデン著 *Babylonian Astronomy. II. The Thirty-Six Stars*", JNES Vol. 8,1949, p.17の表を参考に日本語で表記）

	前1300年ごろ	前1000年ごろ	前700年ごろ
シリウス	−17°.7	−17°.2	−16°.7
アンタレス	−13°.3	−14°.9	−16°.4

りに読まれます。一つは「紡錘車の先端や矢」を意味するシュクードゥ（šukūdu）で、もう一つは、「武器の矢」を意味するシルターク（šiltāḫu）の二つです。全天でもっとも明るい恒星であるシリウスは、冬天で鋭い光輝を放つ星です。その突き刺すような光を「矢」と表現したのには、なるほどと納得させられます。

このシリウスの南に、矢を放つ弓が表現されています。前述したようにエジプトのデンデラ神殿の天体図には、弓の星座にあたる部分に矢をつがえた弓を構えた女性の姿が描かれています。古代メソポタミアでは、イナンナ女神（アッカドではイシュタル女神とよばれている）が、弓矢を持って表現されています。イナンナは、戦いの女神であり、「異国の破壊者」として知られていました。また、バビロンの新年祭では、「弓星」とよばれています。

バビロンの天地創造物語である『エヌマ・エリシュ』にも次にあげるような興味深い記述が見られます。

「すべての神々に天と地における持ち場が割りあてられた。五〇柱の偉大な神々が席につき、七柱の天命評定衆の神々が三〇〇柱（の神々の部署）を（天に）定めた。主はかれの弓、かれの武器をとり、かれらの前に横たえた。かれの父祖にあたる神々はかれが自分のために作った網を見た。（また）弓を、その造りがいかに念入りであるかを見て、かれの父祖たちはかれの仕上げの手並みを讃えた。アヌは（それを）もちあげ、神々の集会で発言した。弓に口づけし、（こういった。）〝これこそわたしの娘だ〟。かれは弓の名をこうつけた。〝《長い材木》が第一の「名」で、第二の「名」は《征服者》、その第三の「名」は《弓星》だ。わたしはそれを空に輝かせるのだ〟」（後藤光一郎訳「エヌマ・エリシュ」杉勇他

訳『筑摩世界文学大系一古代オリエント集』、筑摩書房、一九七八年、一二七頁より引用）

この星座の名は、シュメール語で（ムル）・パン（Mul）Panと記されています。かつては、しばしばパンではなく、バン（Ban）と読まれていました。そのため古い時代の文献には、弓の星座をバンと記しているものが数多く存在しています。アッカド語では、狩猟や戦闘に使用する弓は、カシュトゥ（qaštu）という語で表されています。この弓の星座は、おそらく弓だけではなく、デンデラ神殿の図像に見られるようにおそらく、「女性射手」の星座（ムル）・ムヌス・パン（Mul）Munus Pan とされていたものが、この女性（Munus）を表す語が欠落してしまったことによると思われます。

キトラ古墳の「弧矢」

さて、古代バビロニアの星座である弓と矢を見ていて、私は日本のキトラ古墳の天体図を思い起こしました。奈良県明日香村のキトラ古墳の再調査によって発見された、古墳の石郭天井部に描かれたみごとな天体図です。キトラ古墳の天体図では、二八宿を含む六八の星座と約三五〇の星が描かれていました。同

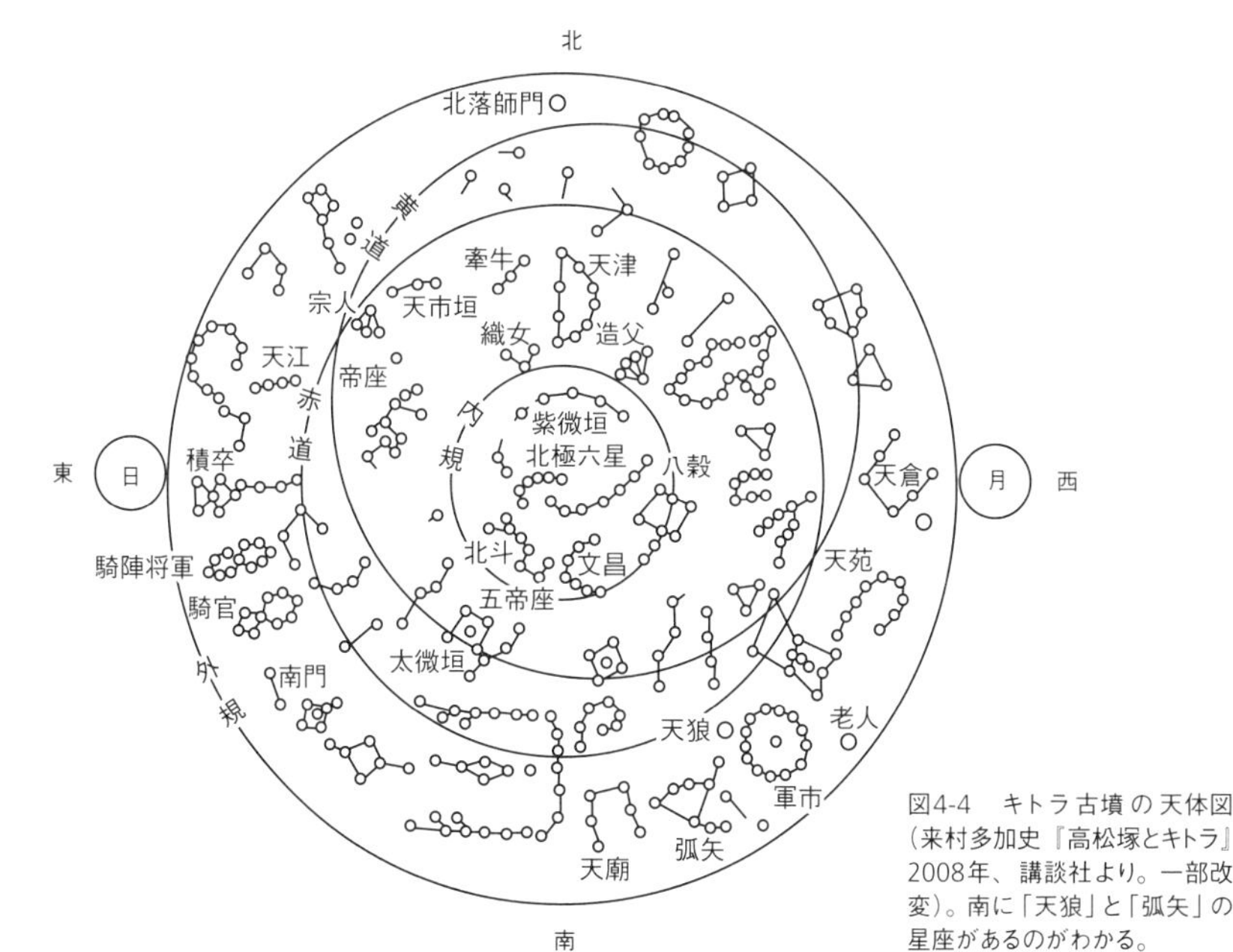

図4-4　キトラ古墳の天体図（来村多加史『高松塚とキトラ』2008年、講談社より。一部改変）。南に「天狼」と「弧矢」の星座があるのがわかる。

様な天体図は、中国や朝鮮半島からも発見されており、日本には大陸経由で招来したものです。

キトラ古墳の天体図の詳しい解説やその問題点に関しては、これまでに多くの文献が発表されているので詳細についてはそれらに譲るとして、ここではキトラ古墳の天体図にも登場する「弧矢」とよばれる星座に注目してみましょう。

前頁図4-4に示すように、キトラ古墳の天体図には、シリウス（天狼）とカノープス（老人）も描かれています。キトラ古墳に描かれた天狼と弧矢との位置関係は、まさに古代バビロニアの星座である弓と矢と一致しています。中国の星座の起源については諸説存在していますが、この弧矢に関しては古代メソポタミア起源の星座と非常に深い関係があると想像できます。

黄道一二宮以外の星座

これまでに、古代メソポタミア起源の星座の原型を探るために、古代エジプトのプトレマイオス朝（紀元前三〇四～前三〇年ごろ）の最後の支配者クレオパトラ七世（紀元前五一～前三〇年ごろ）が建造にたずさわったことで知られているデンデラのハトホル神殿の天体図を見ました。図4-5は、現在、パリのルーヴル美術館に展示されているデンデラ神殿の円形の天体図の中に示された黄道一二星座のうち、しし座からおとめ座、てんびん座、さそり座にいたる部分を示したものです。

デンデラの天体図をよく見ると、黄道一二星座の外側部分に見慣れない星座が描かれています。本章では、これらの星座を紹介していきましょう。

エリドゥの星（The Star of Eridu）

しし座の下に描かれている、両手に壺を持ち、冠を被ってイスに腰掛けている女性が「エリドゥの星」（次頁 図4-6）とよばれる星座です。同じデンデラ神殿の矩形の天体図には、両手に水が流れ出している壺を持って船の上に立っている冠を被った女性の姿として表現されています。エリドゥ(Eridu) とは、メソポタミア南部に存在したシュメール最古の都市国家であり、その起源は、紀元前六千年紀のウバイド期にまで遡るとされています。このエリドゥの星は、『ムル・アピン』粘土板文書では「エアの道」の五九番目に位置しています。この星座は、シュメール語で（ムル）・ヌン・キ（Mul) Nun-ki」と記されています。ヌン・キ（NUN[ki]）は、エリドゥ市のシュメール語名であり、「王子たちの地」あるいは「高貴な場所」という意味を持つものでした。この地に天から最初の王権が授けられた場所とされたことに由来しています。

図4-5　デンデラの天体図（部分）。しし座の下に両手に壺をもってイスに座る女性の姿がエリドゥの星、そこから左にニンマク、まぐわ、イノシシ、狂犬の星座が描かれている。
（Cauville, S. *Le Temple de Dendera: Les chapelles osiriennes,* IFAO, le Caire, 1997, pl.X-60）

図4-6　復元された「エリドゥの星」の図像。水が流れ出した壺を両手で抱えた女性の姿として表現されている。（ギャヴィン・ホワイト著 *Babylonian Star-lore*より。一部改変）

図4-7　復元された「ニンマク」の図像。子どもを抱えた女性の姿として表現されている。（ギャヴィン・ホワイト著 *Babylonian Star-lore*より。一部改変）

ニンマク（Ninmaḫ）

「ニンマク（Ninmaḫ）」という語は、シュメール語で「高貴な婦人」を意味しています。古代バビロニアの記録では、このニンマクという星座（図4-7・図4-8）のイメージは、ほとんど残されていません。しかし、デンデラ神殿の天体図では、手のひらの上に子どもを乗せイスに腰掛ける女性として具体的に表現されています。そうした意味では、デンデラ神殿の天体図は、非常に重要な資料となっています。ニンマクは地母神としての性格を持っていたようです。また、ニンマクは妊婦の守護女神でもありました。さらに、シュメールの母神であるニンフルサグ（Ninhursag）女神と同一視されることもありました。

『ムル・アピン』粘土板文書では、「エアの道」の六〇番目に位置しています。この星座はシュメール語で（ムル）・ニン・マク（Mul）Nin-maḫ」とその名前のとおり表記されています。このニンマクの星座は、現在のほ座に位置すると推定されています。

まぐわ（The Harrow）

ニンマクの隣にあり、牡牛頭で手に鍬を持つ姿が、「まぐわ」とよばれる星座です。『ムル・アピン』粘土板文書では、「エアの道」の六二番目の星座として記されているものです。

まぐわという星座は、シュメール語で、（ムル）・ギシュ・ガン・ウル（Mul）Giš-Gan-Ur と記されています。一方、アッカド語では、まぐわを意味するマシュカカートゥ（maškakātu）となります。このまぐわは、おとめ座、からす座とほぼ同じころ、夏の東天に姿を現すことになります。第二章で紹介したように、現在のおとめ座に相当する古代バビロニアの「畝」と「葉」の二つの星座は、秋の農耕と結びついていました。メソポタミアがある西アジアの地域では、主要作物であるムギは、秋に種まきをするために、夏の終わりには畑を耕す必要がありました。まぐわの名も、こうした農作業と関連するものと考えられます。

図4-8　アッカド時代の円筒印章に描かれた母なる女神の図像。
この女神の図像が、デンデラの天体図のニンマクの図像と類似しており興味深い。
（ギャヴィン・ホワイト著 *Babylonian Star-lore*より。一部改変）

イノシシ（The Wild Boar）

「イノシシ」の星座は、古代メソポタミアの星座の中でも比較的新しいもので、紀元前三〇〇〇年紀の後半に成立したものと考えられています。イノシシの星座は、それよりも前の時代には、「バイソン・マン（野牛男）」という星座であったとされています。このバイソン・マンは、おそらく古代メソポタミアでもっとも古い星座の一つと考えられています。このバイソン・マンについては、後で詳しくのべます。

デンデラの天体図（写真4－3）では、イノシシの星座の位置に舌を出したライオンのような動物が描かれています。そして、この動物の前脚の下に四角形の内部に波形のある図形が置かれています。これと同じような四角形は、第二章で紹介したうお座の原型である二匹の魚の間に同じような四角形が描かれています。これは豊かな耕作地を表しています。

ギャヴィン・ホワイトは、このライオンによく似たイメージはイノシシの誤ったイメージであると見なし、図4－9のような復元図を描いています。『ムル・アピン』粘土板文書によれば、イノシシはメソポタミア南部の都市国家であるギルス（Girsu：

写真4-3　エジプトのデンデラ神殿の天体図の一部。
右から、まぐわ、イノシシ、狂犬の星座が並んでいる。前50年ころ、ルーヴル美術館蔵。

現代名はテロー：Telloh）で崇拝されていたニヌルタ神（別名ニンギルス神）と関連するとされています。この神の名であるニンギルスとは、「ギルスの主」という意味です。当初はニヌルタ神とは別な神でしたが、性格が似ていることから同一視されるようになりました。ニヌルタ神は、エンリル神の息子であり、「大地の主」という意味を持っていることから、農耕民の神としての性格を帯びていました。

地面を鼻で掘り起こして土中の虫などの餌を食べることから、イノシシは耕作のシンボルと見なされていました。

『ムル・アピン』粘土板文書では、「エアの道」の六一番目に記されているカバシラーヌ（habaṣirānu）が、このイノシシにあたっています。このカバシラーヌは、アッカド語であり、「大きなネズミ」に由来する語です。イノシシの星座はシュメール語で（ムル）・エン・テ・ナ・バル・クム（Mul）En-te-na-bar-ḫum と記されています。このエン・テ・ナ・バル・クムは造語で、「エン・テ・ナ（冬）」と「バル・クム（房のある毛の生えた）」を組み合わせたもので、「冬の毛のふさふさした獣」を意味します。イノシシの星座は、現在のケンタウルス座、みなみじゅうじ座にあたると推定されます。

バイソン・マン（The Bison-Man）

バイソン・マン（野牛男：次頁 図4－10）は、おそらく古代メソポタミアでもっとも古い星座の一つであると考えられ、紀元前五千年紀にまで遡るものと思われます。

この星座は、シュメール語で（ムル）・グ・アリム（Mul）Gu-Alim と記されます。一方、

図4-9　ギャヴィン・ホワイトによるイノシシの星座の復元イメージ。（ギャヴィン・ホワイト著 *Babylonian Star-lore*より。一部改変）

図4-10　アッカド時代の円筒印章に描かれたバイソン・マン。
（ギャヴィン・ホワイト著 *Babylonian Star-lore*より。一部改変）

写真4-4　アッシリアのコルサバード出土のブル・マン。
牡牛の体に翼と人間の頭が付けられている。ルーヴル美術館蔵。

アッカド語では、バイソン（野牛）のイメージを意味するクサリック（kusarikku）となります。

このバイソン・マンは、しばしばブル・マン（牡牛男：写真4－4）ともよばれています。牛の下半身に人間の上半身を組み合わせて作られた星座で、イノシシ座の前身となったものです。このバイソン・マン（あるいはブル・マン）の牡牛と人間とを組み合わせた姿は、古代ギリシアの星座である「ケンタウルス座」に影響を与えていると考えられ、ケンタウルスの上半身が人間で下半身が馬となっている姿の原型と推定されています。ケンタウルス座は、プトレマイオスの四八星座にも入っています。

狂犬（The Mad Dog）

バイソン・マンの後にできたイノシシの星座の隣、南天のさそり座の隣に「狂犬」と名付けられた不思議な名前の星座があります。デンデラ神殿の天体図では、立ち上がった冠をかぶるカバの体をした図像が描かれています。「カバ男」ともよばれるものです。尻尾は、実際のカバのものよりも長く描かれています。

古代メソポタミアの狂犬は、しばしばバイソン・マンと対となって図像に登場しています（図4－11）。一見すると両者の違いは、非常にわかりにくいのですが、よく見ると足が異

図4-11　支柱のついた太陽円盤を持つ狂犬（左）とバイソン・マン（右）（ギャヴィン・ホワイト著 *Babylonian Star-lore*より。一部改変）

なっていることに気付きます。バイソン・マンの足が蹄になっているのに対して、狂犬の足は蹄ではないことから区別ができます。

『ムル・アピン』粘土板文書では、「エアの道」の六五番目に記されています。この星座は、シュメール語で（ムル）・ウル・イディム（Mul）Ur-Idimと記されています。アッカド語では、シュメール語に由来するウルイディッム（uridimmu）と書かれます。「野生の犬」あるいは「神話に出てくる獣」などの意味を持つと思われます。この星座もまた、古代ギリシアでは、初期には「野獣」などとされ、ケンタウルス座の一部と見なされていましたが、のちに独立しておおかみ座となっていきます。プトレマイオスの四八星座の一つで、この狂犬が、おおかみ座の原型となったことがうかがえます。おおかみ座（Lupus）は、三等星六つからなる暗い星座です。このようにケンタウルス座もおおかみ座も、それらの星座の起源を古代メソポタミアに求めることができるのです。

第5章

古代メソポタミアの天体観測

アンミ・ツァドゥカ王の金星粘土板

金星の女神「イシュタル」

金星は、太陽と月以外では、地球上で見えるもっとも明るい星です。最大光度がマイナス四・六等にも達し、内惑星であるために、太陽に近い明け方の東天か、夕暮れの西天に見えるため、「明けの明星」、「宵の明星」の名でも知られています。その明るく美しい姿から、世界各地で金星は女神と見なされていました。

古代メソポタミアでも同様で、シュメール人たちは「天の女主人」を意味する「イナンナ（Inanna）」を金星の女神と考えていました。その後、アッカド人は、イナンナをイシュタル（Ishtar）の名でよんでいます。

イシュタル女神は、愛と豊穣の女神でもあり、フェニキアのアシュタルト（Astarte）女神、ギリシアの愛の女神アフロディテ（Aphrodite）、そして現在の金星の名の由来となったローマのウェヌス（Venus、ヴィーナス）などの女神も同じ系譜を引くものです（写真5－1・写真5－2）。

イシュタル女神は、古代メソポタミアの神々の中でももっとも有名な女神の一人で、数多くの神話や図像にも登場しています。「イシュタルの冥界下り」とよばれる豊穣を祈願す

写真5-1　アッカド時代の円筒印章に刻されたイシュタル女神の図像。紀元前2330～前2150年ごろ。イシュタル女神は翼を持ち、背には矢が描かれ、ライオンを踏みつけている。中央には金星を表す星が大きく描かれている。シカゴ大学オリエント研究所博物館所蔵。

る神話でも有名です。

アンミ・ツァドゥカ王の金星粘土板

アンミ・ツァドゥカ（Ammi-saduqa）王は、バビロン第一王朝（紀元前一八九四〜前一五九五年ごろ）の一〇代目の王で、彼の名前は「ツァドゥカは私の叔父」という意味を持っています。有名な『ハンムラビ法典』（次頁 写真5－3）を作らせたことでも知られるハンムラビ（Hammurabi）王も、このバビロン第一王朝の六代目の王（在位、紀元前一七九二〜前一七五〇年ごろ）です。

アンミ・ツァドゥカ王の二一年間の治世に観測された金星の朝夕の見え方を記録した粘土板の写本が、新アッシリアの都・ニネヴェにあったアッシュルバニパル王（在位、紀元前六六八〜前六二七年ごろ）の王宮文書庫から発見されています（次頁 写真5－4）。

この王宮文書庫からは、『ムル・アピン』の写本のほか、数多くの貴重な楔形文字の粘土板文書が発見されました。これらニネヴェの王宮文書庫から発見された貴重な粘土板文書の多くが現在、ロンドンの大英博物館に所蔵され、その一部が、展示・公開されています。次頁 写真5－4の金星粘土板も、現在、大英博物館で展示されているものです。

それでは、なぜ、バビロン第一王朝時代のアンミ・ツァドゥカ王時代の金星の記録の写本が、約一千年も後の新アッシリア時代のアッシュルバニパル王の王宮文書庫から発見されたのでしょうか。

それは『エヌマ・アヌ・エンリル（Enuma Anu Enlil）』と称する文書が重要な役割を果

写真5-2　新アッシリア時代の円筒印章に刻されたイシュタル女神の図像。紀元前8～前7世紀ごろ。イシュタル女神は愛と豊穣の女神であり、金星の象徴としてメソポタミアでは広く崇拝されていた。イシュタル女神は弓を手にし、ライオンを踏みつけている。頭上には金星を示す星形が描かれている。大英博物館所蔵。

写真5-3　バビロン第1王朝のハンムラビ王（在位：紀元前1792 ～前1750年ごろ）が作ったハンムラビ法典。1901 ～ 1902年にフランスの調査隊により、イランのスサで発見された。玄武岩製、高さ2m、パリ、ルーヴル美術館蔵。

写真5-4　ニネヴェのアッシュルバニパル王の王宮文書庫で発見されたアンミ・ツァドゥカ王の金星粘土板の写本。現在、大英博物館で所蔵・展示されている。（WA K 160）

たしています。「エヌマ・アヌ・エンリル」とは、この文書の冒頭の部分にある言葉で、意味は、「アヌ神とエンリル神が~する時」と訳すことができます。この『エヌマ・アヌ・エンリル』は、約七〇の粘土板文書からなる「天文前兆占文書」ともいうべきもので、約七千もの前兆が記録されている占文集でした。そして、その六三番目の粘土板としてアンミ・ツァドゥカ王の金星粘土板が含まれていたのです。『エヌマ・アヌ・エンリル』の成立年代に関しては、正確な年代は現在までのところ残念ながらわかってはいませんが、バビロン第一王朝時代から約数百年の歳月を経て、紀元前一〇〇〇年ごろまでに成立したのではないかと推定されています。

金星の見え方と粘土板の内容

金星は、地球よりも太陽に近い惑星です。図5-1は金星の軌道と地球の軌道を模式的に表現した図です。金星の見かけ上の動きでは、明け方の東天に明けの明星として見えていた金星は、徐々に太陽に接近していき、Σの地点から見えなくなります。その後、太陽に一番近付く（外合）と、その後は徐々に太陽から離れていき、Ξの地点になると宵の明星として、夕方の西天に見えるようになります。その後は西天に輝いていますが太陽に急速に接近し、Ωの地点

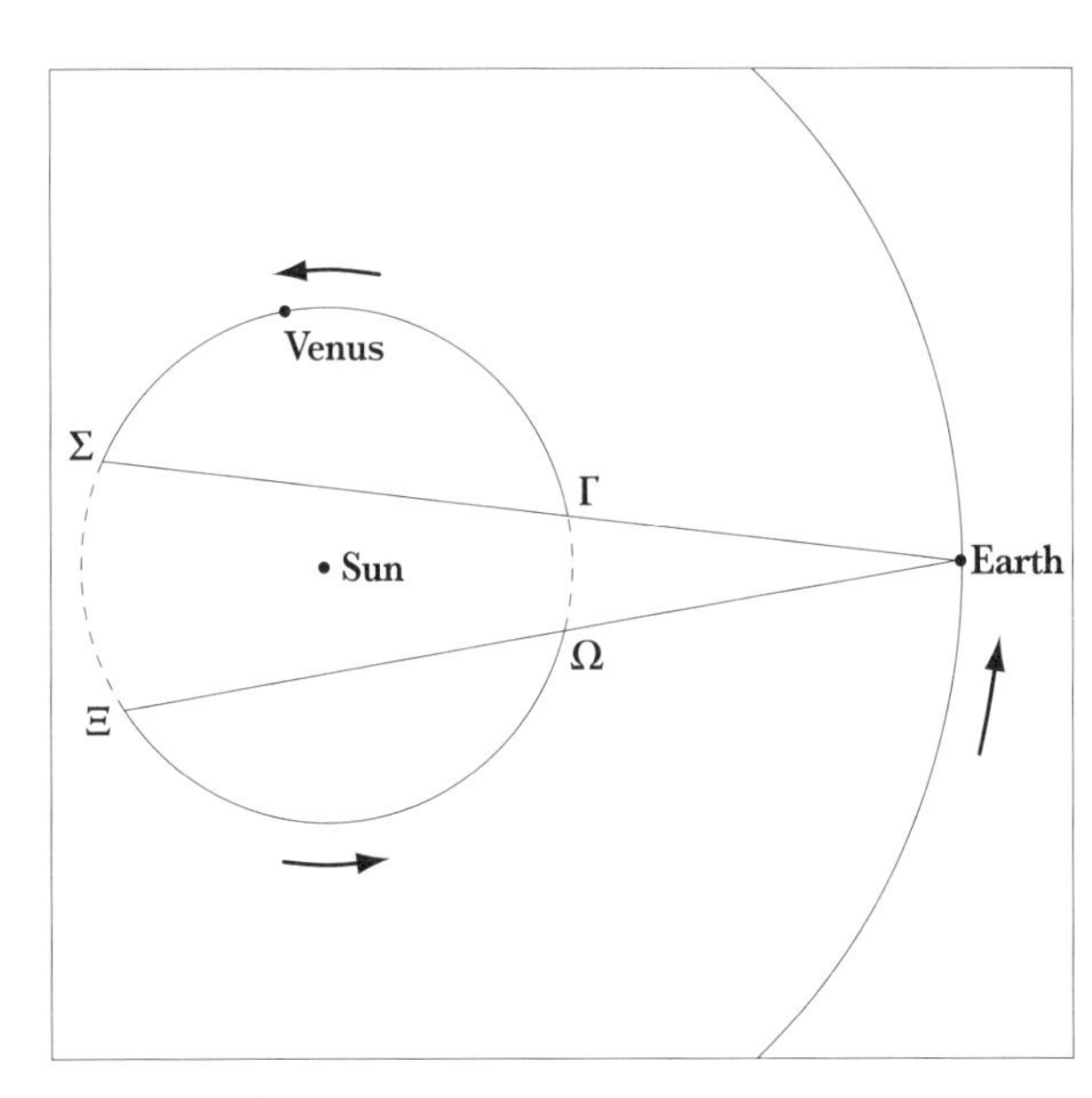

図5-1　金星と地球の軌道と位置関係の模式図。（Reiner, E., *The Venus Tablet of Ammisaduqa*, Malibu,1975.を一部改変）

見え始めるようになります。

で見えなくなり、太陽に一番近付く（内合）と再び太陽から離れ、Γでは明け方の東天に見え始めるようになります。

　このように金星がいつから見え始め、いつ見えなくなるかを観測した記録が、アンミ・ツァドゥカ王時代の金星粘土板です。バビロン第一王朝の王であるアンミ・ツァドゥカの二三年間にわたる治世における連続した金星の出現を記録したものです。

　ニネヴェの王宮文書庫から発見された粘土板は、実際に観測されたバビロン第一王朝のアンミ・ツァドゥカ王時代から、約一〇〇〇年も後に刻された写本であることから、原本である粘土板の記録と比較して、いくつかの誤り（写し間違い）が存在し、かつ原本にはない新たな情報が付け加えられているとされていますが、確実なことは判明していません。

　この粘土板（WAK160）に関しては、発見されてからそれほど時間の経っていない一八七四年にオックスフォード大学のサイス（Sayce, A. H.）によって最初の翻訳が発表されました。そして二〇世紀初頭から多くの研究がなされてきました。一九一二年にドイツ人の天文学者であるフランシス・X・クグラー（Kugler, Francis X.）は、この粘土板がバビロン第一王朝のアンミ・ツァドゥカ王と関連があることを初めて明らかにしました。実は、この粘土板には、アンミ・ツァドゥカの名前は、刻されてはいなかったのです。クグラーは、粘土板にある「黄金の玉座の年」という記述が、バビロン第一王朝のアンミ・ツァドゥカ王の治世八年にあたるとしたのでした。

　一九二八年には、オックスフォード大学からラングドン（Langdon, S.）とフォーザリンガム（Fotheringham, J. K.）、ショッホ（Schoch, C.）により、*The Venus Tablets of Ammizaduga,*

Oxford,1928. が刊行されました。この書物で使用されているデータは、第二次世界大戦まではもっとも信頼できるデータと評価を受けていました。

一九七二年に、トルコのヴェイル（Weir, John D.）が、*The Venus Tablets of Ammizaduga*, Istanbul,1972. を刊行して、それ以前の研究の成果を適切にまとめています。その後、一九七五年には、アメリカのアッシリア学者であるエリカ・レイナー(Reiner, Erica）が、アメリカの数学や天文学の歴史の研究家デイヴィッド・ピングリー(Pingree, David）の協力を得て、*The Venus Tablet of Ammisaduqa*, Malibu,1975. を刊行しています。

このアンミ・ツアドゥカ王の名前は、これまで、日本では「アミサドゥカ」や「アムミ＝サドゥガ」などと表記されていましたが、ここでは、日本オリエント学会（編）『古代オリエント事典』（岩波書店、二〇〇四年一二月）に準拠して、アンミ・ツアドゥカの表記を使用しています。

金星粘土板には、

①第一一月一五日に、ニンシアンナ（Nin-si-an-na）は、西天に消え、三日間、そのままでいた。そして、第一一月一八日に、東天に見えるようになった。春がやって来て、アダド神は雨を、エア神は洪水をもたらし、そして王は、王に和解のメッセージを送るであろう。

②第八月一一日に、ニンシアンナは、東天に消え、二ヵ月と×日間そのままでいた。そして、第一〇月×日に、西天に見えるようになった。国土の収穫がもたらされるであろう。

このように、金星が何月何日に最後に見えなくなって、次に何月何日に最初に見えるようになったのかが、記録されています。ただし、それらの日付の中には、明らかに写し間違いと思われる誤った日付も含まれています。新アッシリア時代に写本が作成されたときに、すでに原本が記録された時代から一〇〇〇年近い歳月が経過していたことなどが、その原因と考えられています。

さらに、この『アンミ・ツァドゥカ王の金星粘土板』には、八ヵ月と五日の金星が見え、次に三ヵ月間見えない期間が続き、さらに八ヵ月と五日の見える時期があり、最後に七日間見えなくなるという合計が一九ヵ月と一七日という後世の金星の会合周期の考え方が付け加えられました。一ヵ月を三〇日とすると五八七日となります。現在知られている金星の会合周期五八四日ときわめて近い関係になります。

金星の出現の記録としては、中米マヤの金星の記録が有名です。マヤの記録によると宵の明星として見える期間が二五〇日、その後、見えない期間が九〇日、そして明けの明星として見える期間が二三六日、その後、八日の見えない期間を加えると五八四日と金星の会合周期に一致しています。

古代メソポタミアの年代決定への応用

このアンミ・ツァドゥカ王の金星粘土板の記録を使用して、天文計算することにより、バビロン第一王朝の年代を推算することが実施されてきました。

早くも、前述したクグラーは、アンミ・ツァドゥカ王の治世一年を最初は、紀元前一九七七年に、その後に紀元前一八〇九年、さらに紀元前一八〇一年と推算しています。その後、多くの可能性のある年代が提示されてきましたが、現在のところ同王の治世一年を紀元前一七〇二年、紀元前一六四六年、紀元前一五八二年の三つの説が、有力な年代として提示されています。これらの年代は、それぞれ、「高年代説」、「中年代説」、「低年代説」とよばれています。

現在のところ、古代メソポタミアの年代としては、「中年代説」が一般に使用されています。しかしながら、周辺地域である古代エジプトの年代との間の整合性などを加味して、「低年代説」を採用したり、あるいは、金星粘土板の再検討や月食などの他の天体現象を使用して「高年代説」を主張するグループもあれば、反対に、もっと新しい年代（「超低年代説」）を提起する動きもあります。

このように、古代メソポタミアの実年代を決定するには、現在のところ、まだまだ困難な状況が続いています。今後、有力な天文観測データが見つかることが望まれます。

古代メソポタミアにおける日食の記録

二〇〇九年七月二二日には日本国内で見られるものとしては四六年ぶりの皆既日食が起こり、多くの人の注目を集めました。古代の人びとにとっても、太陽が月によって完全に隠される皆既日食は驚天動地の出来事でした。ここでは古代メソポタミアにおける日食の記録について紹介してみましょう。

ウガリトの皆既日食はいつ起こったのか?

シリア北部のラタキヤの北約一〇キロメートルにあるウガリト(Ugarit)は、紀元前一四世紀ごろを中心として、東地中海沿岸で交易を中心として繁栄した都市国家でした。この都市は、キプロス島の東の北緯三五度三七分、東経三五度四七分に位置しています。古代ウガリト市の遺跡であるラス・シャムラ(Ras Shamra)で、皆既日食を記録したと見られる粘土板(KTU1.78)が一九四八年に発見されました。この粘土板KTU1.78は、ラス・シャムラ遺跡の西の王宮文書庫の後期青銅器Ⅲ期(LB Ⅲ:紀元前一三五〇~一一七五年ごろ)の層から出土したものです。

イギリスのF・R・スティーヴンソン(F. R. Stephenson)は、粘土板KTU1.78に記録された日食が、紀元前一三七五年五月二日に起こったものであると科学雑誌『ネイチャー(Nature)』二二八巻(一九七〇年一一月)に発表しました。しかしながら、一九八九年になり、同じ『ネイチャー』誌の三三八巻(一九八九年三月)で、オランダのT・デ・ヨン(T. de Jong)とW・H・ファン・ソルト(W. H. van Soldt)は、粘土板KTU1.78を再検討した結果、この皆既日食が紀元前一三七五年五月二日の日食ではなく、紀元前

図5-2 レシェプ神を礼拝するウアフの石碑(UC14401)。エジプト新王国第19~20王朝時代、下エジプトでの購入品。(ロンドン大学ピートリ博物館、Stewart, H. M. *Egyptian Stelae, Reliefs and Paintings from the Petrie Collection,* Part 1,1976, Pl.35-1)

写真5-5 エジプトの石碑(OIM10596)に描かれたレシェプ神。レシェプ神は火星と同一視されていた。左手に槍と盾を持ち、右手は「pear-shaped mace」とよばれる青銅製の刃の付いた棍棒を振りかざしている。独特の冠と衣服を身に着けた姿で表される。エジプト新王国時代、アトリビス遺跡出土(シカゴ大学オリエント研究所博物館、*Lexikon der Ägyptologie,* Band V, S245,1984)

一二二三年三月五日の日食であると発表しました。その根拠として、粘土板に記された碑文の内容をあげています。粘土板KTU1.78には両面に楔形文字で次のような碑文が記されていました。

表面には「キヤール（Hiyar）月の新月の日は、面目を失った。（昼間に）太陽が、レシェプ（*Ršp*）神とともに姿を消したからである」とあり、裏面には「これは、領主が家臣により攻撃されることを意味する」とあります。碑文に登場するレシェプ神は、レシェフ（Resheph）とも表記され、シリア・パレスチナとその周辺地域（エブラ、ウガリト、エジプトなど）で崇拝された男の神でした。この神は、左手に盾と槍、右手に矛や斧を持った姿で描かれています（写真5－5・図5－2）。戦いと疫病をもたらす性格と病気を癒す性格の双方を兼ね備えた神で、冥界の神ともみなされていました。神の名前の語根*ršp*は、「火をつける、照らす」という意味を持っており、惑星の火星と同一視されています。

レシェプ神が火星を表していることから、ウガリトの粘土板KTU1.78は、「ウガリトではキヤール月の新月の日、昼間に太陽は姿を消し（日食）、火星が近くに見えた」と解釈できます。火星が日食中に太陽の近くに見えたということは、皆既日食であったと想定できます。粘土板が出土した層から考えて紀元前一四～前一二世紀の時期にウガリトで見られた皆既日食の中から、KTU1.78に記されている皆既日食を推定すると、紀元前一三七五年と前一二二三年の皆既日食が候補としてあげられます。T・デ・ヨンは、前述の『ネイチャー』三三八巻に、紀元前一二二三年の皆既日食時に、地平線上に見られた明るい星の表（表5－1）を掲載し、火星が太陽の近くに位置していたことを明らかにしています。

星の名前	方位※	高度	等級※※
太陽／月	337°	41°	
金星	22°	61°	−4.58
シリウス（αCMa）	65°	2°	−1.46
ベガ（αLyr）	231°	15°	0.03
カペラ（αAur）	99°	63°	0.08
リゲル（βOri）	49°	20°	0.12
プロキオン（αCMi）	89°	13°	0.38
ベテルギウス（αOri）	67°	29°	0.5
水星	317°	20°	0.67
アルデバラン（αTau）	51°	47°	0.85
ポルックス（αGem）	105°	29°	1.14
デネブ（αCyg）	246°	35°	1.25
火星	341°	43°	1.28

表5-1　紀元前1223年3月5日13時20分の皆既日食時におけるウガリトで地平線上に見られた明るい恒星と惑星のリスト（T. de Jong and W. H. van Soldt, "The earliest known solar eclipse record redated", *Nature* Vol.338, p.239, Table2,1989）
※この方位は真南から反時計回りに測った角度。
※※等級は*Nature* Vol.338, p.239, Table2の数値をそのまま掲載している。

表5－1から明らかになることは、紀元前一二二三年三月の日食のとき、ウガリトでは皆既中に天空には南の高度六〇度ほどに金星が輝き、太陽のすぐ左上に火星が見えたと思われます。表にある一等星以上の明るい星ぼしはどのように見えていたのか興味深いです。

アッシリアの日食記録

紀元前一二二三年三月五日のウガリトの皆既日食は、現在のところ最古の皆既日食の記録であると考えられます。この他の記録が確実なメソポタミア地域での皆既日食の記録は、新アッシリア時代（紀元前一〇〇〇～前六〇九年ごろ）から残されています。中でもアッシュル・ダン三世の治世下の紀元前七六三年六月一五日の皆既日食を記録したと思われる『年代誌』の記述（写真5－6）が存在しています。そこには次のような簡単な記事があるだけです。「グザナ（Guzana）のブル・サギル（Bur-Saggile）（に由来する年）。砦で反乱、シワン（Siwan）の月、日食が起きた」グザナとは、メソポタミア北部の現在のシリア北東部のハブール川流域にあった都市国家でテル・ハラフ（Tell Halaf）遺跡があることでも知られています。ブル・サギル（あるいはブル・サギラ）は、そのグザナの知事で紀元前七六三～前七六二年の時期の人物です。また、シワンの月というのは、ユダヤ暦における第三の月を表しており、現在の暦では、五月あるいは六月に相当します。

写真5-6　紀元前763年の皆既日食記録があるアッシリアの年代誌を写した大英博物館所蔵の粘土板文書（F. R. Stephenson, *Historical Eclipses and Earth's Rotation*, 1997, Fig.4.7）

この皆既日食は、アッシリアの北部の都市でも、皆既食になったと考えられています。後に新アッシリア王国の最後の都となったニネヴェ市でも皆既食となったとする説も存在していますが、そのことに関する確実な文字記録は残念ながら残されていません。『旧約聖書』「アモス書」の「終りの日」に記されている「わたしは真昼に太陽を沈ませ、白昼に大地を闇とする」（「アモス書」八–九、『旧約聖書』新共同訳、日本聖書協会、二〇〇一年、一四四〇頁）に、この日食があたるという説も提起されています。

さて、前述したように紀元前七六三年六月一五日の皆既日食（図5–3）は、『年代誌（Chronicle）』に記述されていますが、こうしたアッシリアの『年代誌』は、『エポニム年代誌』とよばれるもので、毎年一人の役人がエポニム（リンム：limmu またはリーム：limu）と称する、日本では「紀年職」と翻訳される職に任命されたことを記録しているものです。つまり、毎年、ある重要人物が、「年男」のようにリンム（リーム）の職に任命され、それぞれの年は、その任命された人物の名にちなんでよばれていたのです。

紀元前七六三年の皆既日食が記録されている『年代誌』は、「紀年職」にグザナの知事であるブル・サギルが任命されたことを表しています。この例のように、紀元前八〜前七世紀の新アッシリア王国では、

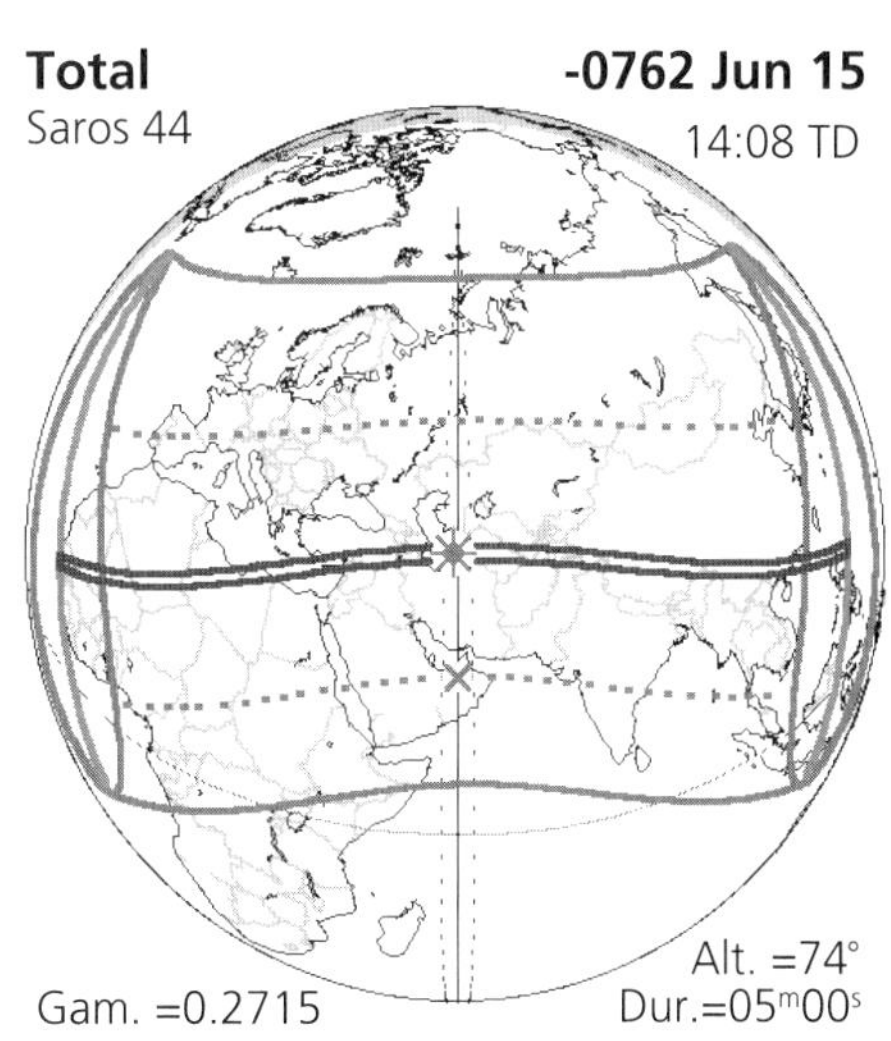

図5-3　紀元前763年6月15日の皆既日食。－762年は紀元前763年になる。中央の二重線が皆既帯。皆既帯がメソポタミア北部を通過している。（NASA Eclipse Web Siteより一部改変）

エポニム（紀年職）に地方の知事が任命されることが一般的でしたが、数人の王たちもこの職に任命されていました。

この『エポニム年代誌』では、毎年の記録は「人物Aが、紀年職に在任していた年Bに、出来事Cが起きた」と記述するものです。つまり、前述の皆既日食を記録した『年代誌』は、人物Aにブル・サギルが、年Bが紀元前七六三年、出来事Cに皆既日食が起こったことがあてはまります。

紀元前九一〇年から紀元前六四六年にいたるアッシリアの「紀年職」の完全なリストが残されています。しかしながら、通常、アッシリアの『年代誌』には、日食などの天体現象をはじめとする自然現象が記録される例は、ほとんどありませんでした。

新アッシリアでは、エサルハドン王（在位：紀元前六八〇～前六六九年）以降、日食や月食などの記録が日常の観測に基づき正確なデータとして残されています。それらは占星術テキストとして記録されています。

古代の日食はいつどこで起こったのか

古代の日食が、いつどこで起こったかを簡単に知る手段としては、アメリカ国立航空宇宙局（National Aeronautics and Space Administration）の日食のホームページ（NASA Eclipse Web Site：*http://eclipse.gsfc.nasa.gov/eclipse.html*）の五〇〇〇年日食カタログが参考になります。このカタログは紀元前二〇〇〇年から紀元後三〇〇〇年までの日食が地図とともに記されています。私たちが年代を表すときには、紀元一年（元年）の前の年は、紀

◀図5-4　1901年5月18日から2045年8月12日まで8サロス周期分の9皆既日食。約18年と11日前後のサロス周期ごとに日食が起こり、3サロス周期（54年と33日前後）に起こる日食は、ほぼ同じような経度上で起こる。2009年の7月の皆既日食も1901年5月18日、1955年6月20日のそれぞれ3サロス周期ごとに同じような経度の場所で起こっていることがわかる。（NASA Eclipse Web Siteより）

元前一年となりますが、年代を数学的に表記する場合、紀元元年はプラス一年であって〇年ではないので、紀元前一年に相当する年は〇年となります。そのためマイナス一年は紀元前二年となりますので、注意が必要です。

サロス周期とは何か?

日食と月食は、太陽と月と地球との位置関係によって起こる現象です。新アッシリア時代からの継続的で詳細な日食・月食の記録により、皆既月食や皆既日食が、ある一定の周期で繰り返し起こることに気付くようになりました。この周期を「サロス周期」といいます。サロス周期は6585.3212日であり、18年と11.3212日となります。0.3212日の端数があることで一サロス周期後の日食は、西に一一五・六度ずれた場所で起こります。すなわち、その三倍の三サロス周期後の日食は西へ三四六・八度の場所となり、五四年ごとにほぼ同じ経度付近で見られることになります。

図5-4に二〇〇九年七月二二日に起きた皆既日食と、そのサロス周期ごとの皆既日食を示しました。この図からもわかるように、二〇〇九年の皆既日食の三サロス周期前の一九五五年六月二〇日の皆既日食と、さらにその三サロス周期前の一九〇一年五月一八日の皆既日食が、ほぼ同じ経度で起こっています。同じサロス周期に起こる日食はその性質(継続時間や皆既帯の形状)がよく似たようになります。

古代アッシリアやさらに古い時代からの日食や月食の長期間にわたる実際の観測記録の積み重ねによって日食や月食の予報(予言)が行われるようになります。古代ギリシアの

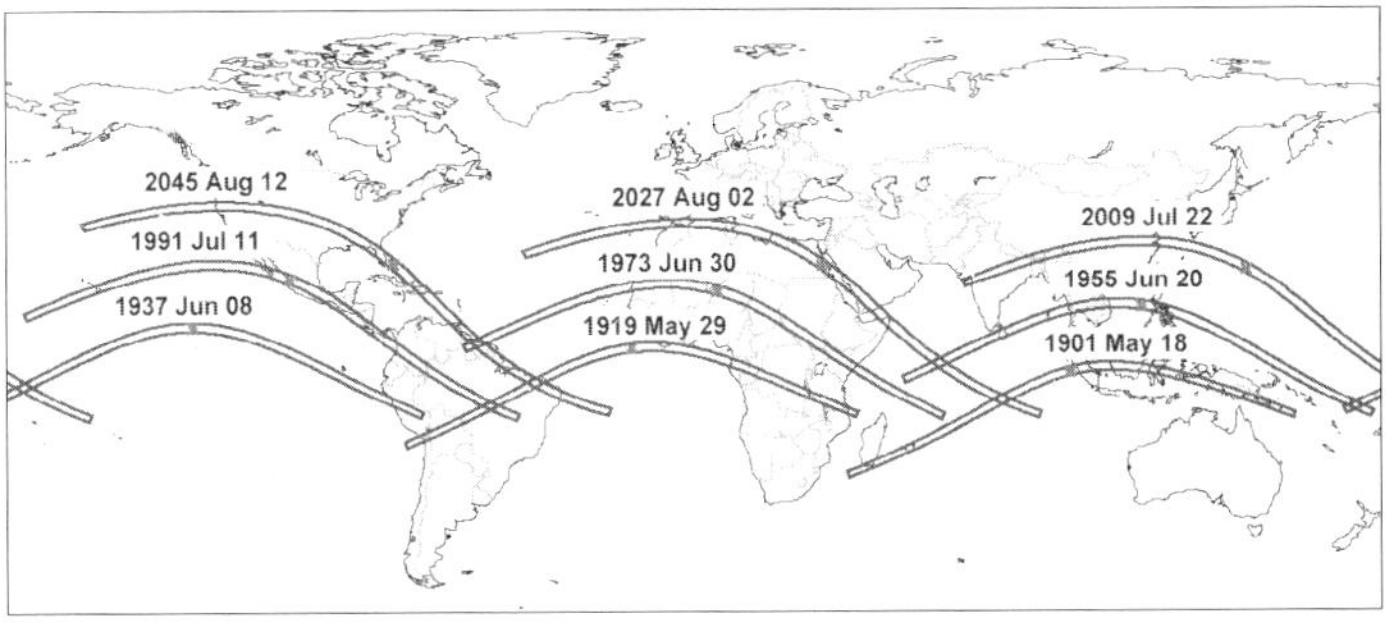

哲学者タレスが、紀元前五八五年五月二八日に起きた皆既日食を予言したとされていますが、こうした皆既日食を予言することができたのも、それ以前の古代オリエント地域における数多くの観測記録があったことを忘れてはなりません。

粘土板文書に刻まれたハレー彗星

ハレー彗星の過去の出現記録

有名なハレー彗星は、太陽の周囲を七六年ほどかけて公転する大彗星です。イギリスの天文学者で数学者、物理学者でもあったエドモンド・ハレー（Edmond Halley：一六五六年〜一七四二年　写真5－7）は、一六八二年に出現した彗星の観測記録から、この彗星が一五三一年と一六〇七年に観測されていた大彗星と同一であることに気付きました。そして、次の出現が一七五七年になることを予言したのでした。そして一七五八年にほぼ予言どおり、この大彗星の回帰が観測され、一七五九年三月に近日点を通過したのでした。このハレーの業績から、この周期彗星は、その後、彼の名を冠し「ハレー彗星」とよばれるようになったのでした。この大彗星は、ハレーが観測してから約三〇〇年後の一九八六年に前回の出現が観測されており、その前の一九一〇年の回帰時（写真5－8）には、地球との位置関係がよく、一九一〇（明治四三）年五月には、全天を横切る長大な尾が目撃さ

写真5-7　エドモンド・ハレー（Edmond Halley, 1656～1742年）。イギリスの天文学者で、数学者、物理学者、気象学者であったハレーは、1682年の彗星が過去の1531年と1607年に出現した彗星と同一であると気づき、同じ彗星が1757年に再び現れることを予言したことで、この彗星はハレー彗星とよばれるようになった。（トマス・マレイThomas Murrayによる肖像画）

れました。また、地球が、彗星の尾の中を通過するなど、多くの話題をさらったものでした。そのため、現在では「ハレー彗星」といえば、おそらく彗星を見たことがない一般の人々でも知っている、数少ない彗星となっています。

前回の一九八六年の出現は、地球と彗星の位置が悪く、残念ながら日本で雄大な姿を見ることはできませんでした。次回の二〇六一年の夏には、日本でも条件がよいので、明るく長い尾を引いた雄姿が見られると期待されていますが、あと五一年後のことで、私が見ることはできそうもなく、これまた残念なことです。

エドモンド・ハレーが、この彗星の回帰を予想する以前から、地球上で観察されていました。一〇六六年に、ノルマンディー公ウィリアムが、ヘイスティングスの戦いでイギリスを征服したときに夜空に出現した大彗星こそがハレー彗星だったのでした（写真5-9）。

古代オリエントにおける彗星の古記録

古代オリエントの天文学において、古代エジプトと古代メソポタミアの「天文学」とでは、根本的に性格が異なっていました。

古代エジプト人は、毎夜、天空を見上げながら、時々刻々と変化していく星空の動きを記録していくことで、毎年の暦や毎日の時刻を作り上げていきました。そのため、古代エジプト人は規則的に繰り返される天空の姿を見つめ続けることで、その背後にある真理や法則性を明らかにしようとしたのでした。ここでいう真理や法則性というものは、古代エジプト人がもっとも重要なものとしていたマアト（Maat）というものでした。一般にマア

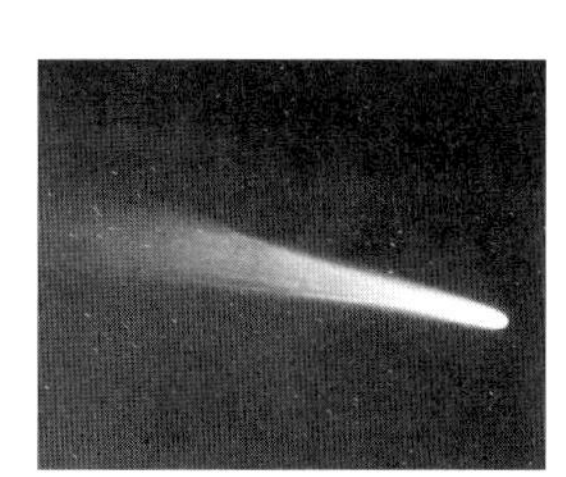

写真5-8　1910年の出現のときのハレー彗星の雄姿。

写真5-9　1066年に出現したハレー彗星を描いたバイユーのタペストリー（La Tapisserie de Bayeux）。フランスのバイユー市にあるバイユー大聖堂内のタペストリー美術館に所蔵されているフランスの国宝で、長さが70m（現在は64m）もの亜麻布に刺繍を施したもの。ノルマンディー公ウィリアムの英国征服を描いた歴史的な刺繍である。

トとは、日本では「真理」と翻訳されることが多いのですが、実際には「秩序」や「法」、「道」などと翻訳されるべきもので、この世界をつくりあげているものです。つまり、古代エジプト人が行った天体観測は、不変である世界の秩序を明らかにすることを目的としていたのです。

一方、古代メソポタミアの天文学は、古代エジプトのものとはまったく異なるものでした。古代メソポタミア人もまた、毎夜のように、星空を見つめていました。古代エジプト人が、不変なものを求めていたのに対して、彼らは天空上で変化するものに注意を払っていました。天空上での変化とは、日食や月食、掩蔽や彗星の出現、さらには天空で複雑に運行していく惑星の動きなどに重大な関心を持ち、古くから詳細な記録を残していました。古代メソポタミアでは、天空上のことは神々のつかさどる世界であり、天空の変化と地上での人間界での動きとに相関があると信じていたのです。

そして、天空上での現象が起きたときの地上、すなわち社会での動きとともに記録していったのです。神々の住む天空で起きた変化は、地上で起こるであろう何らかの前兆であると考えられていました。ふだんは見られないような現象の多くは、悪い災いと考えられていました。こうしたことから、古代メソポタミアでは、星空の動きと占いを結び付ける考え方が、初期から発達していました。

しかしながら、古代エジプトでは、不変を重要視したので不思議なことに皆既日食の古記録さえも残されてはいません。同じ古代オリエントで発達した二つの文明でも性格が大いに異なっていたのでした。

さらに古代文明の中で天文現象の古記録が数多く残されている中国においては、古代メソポタミアの天文学と共通した点が見られます。古代中国では、天空で起こる現象に対して、皇帝がいち早く対処し、不吉な要素を取り除くために年号を変えたり、特別な祈祷を実施したりしたのでした。古代中国の天文学を導入した我が国の天文観測も中国風で、中国の皇帝に相当する天皇家と結びついていました。天文観測が為政者と深く結びついていたのです。

紀元前一六四年のハレー彗星の出現記録

古代メソポタミアの彗星の古記録は、意外と新しいもので、現在のところ、紀元前二三四年二月のものが、確実な最古の彗星の記録です。この彗星は中国でも記録されています。しかしながら、粘土板文書に現れる彗星の記述は、新アッシリアの都・ニネヴェの図書館で発見されたもので紀元前七〜前八世紀ごろのものと考えられています。

「バビロニア天文日誌」の紀元前一六四〜前一六三年のものにハレー彗星の記録が残されています（図5-5・図5-6）。この回帰時の観測を記した粘土板文書が、いくつか発見されています。これらの粘土板文書は、すべてロンドンの大英博物館に所蔵されており、

◀図5-5　紀元前164年9月のハレー彗星の位置観測を楔形文字で刻した粘土板文書WA 41462（F. R. Stephenson and C. B. F. Walker（*ed.*）*Halley's Comet in history,* London,1985）。

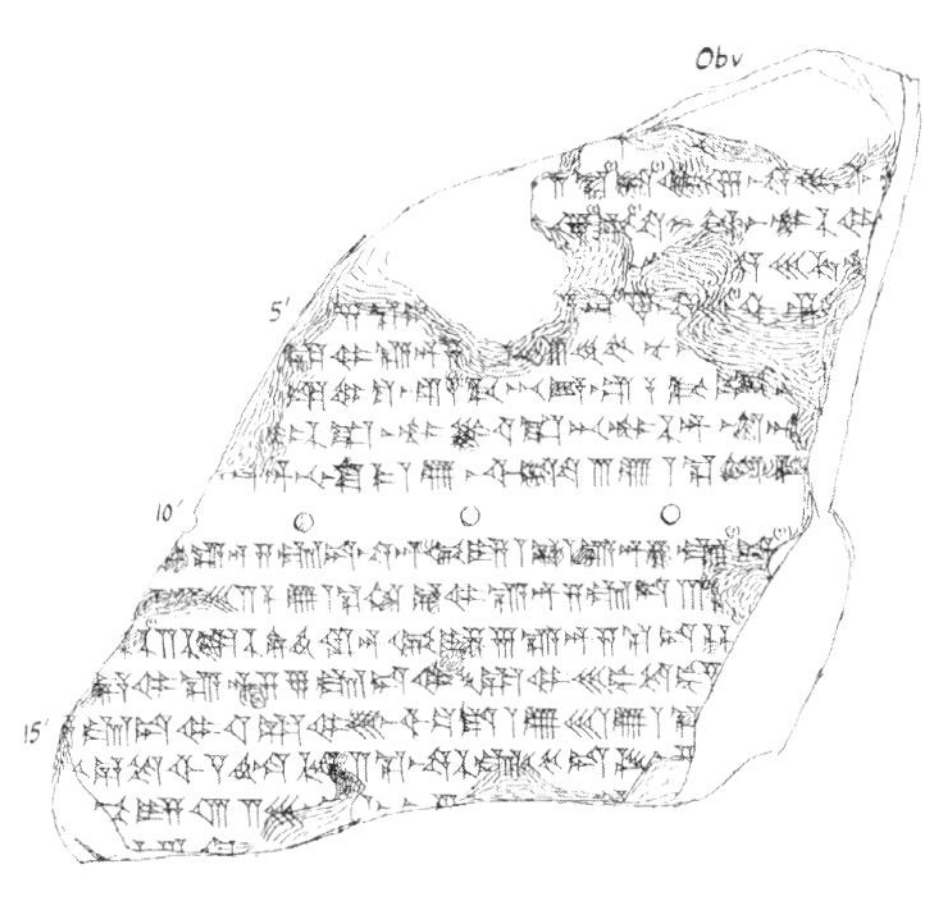

▶図5-6　紀元前164年10月のハレー彗星の位置観測を楔形文字で刻した粘土板文書WA 41628.（F. R. Stephenson and C. B. F. Walker（*ed.*）*Halley's Comet in history,* London,1985）

WA 41462とWA 41628、WA 41941などの粘土板がこれにあたります。

粘土板WA 41462には、現在の暦に換算して、紀元前一六四年九月二二日から二八日の間のハレー彗星の天空上での動きが記録されていました(図5-7)。これによると彗星は、九月二二日におうし座のα星アルデバランの近くに見え、徐々に東の地平線へと動いていきました。九月二八日には夜明け前の東天に位置していたようです。太陽に接近した後、ハレー彗星はやがて日没後の西天に見られるようになります。

この西天での観測を記録したものが、WA 41628に残されています。これによれば、ハレー彗星は前一六四年一〇月二六日の夕空にいて座の上方で目撃されました。同日のいて座には、金星と木星が並んで明るく輝いており、非常に印象的な光景であったことが予想されます(図5-8)。

バビロンにおいて、ハレー彗星の紀元前一六四年の出現が楔形粘土板文書資料として残されているのに対して、不思議なことに中国の記録では同じ年の回帰については記録が残されてはいません。

その理由としては、中国で紀元前一六四年の回帰が観測されなかったのではなく、おそらく観測され、記録も残されたものと想像されますが、その記録そのものが現存していないとされているのです。実は中国では紀元前一六四年の回帰のひとつ前の紀元前二四〇年のハレー彗星の回帰の記録が残されており、これが現存するハレー彗星の最古の出現記録とされています。

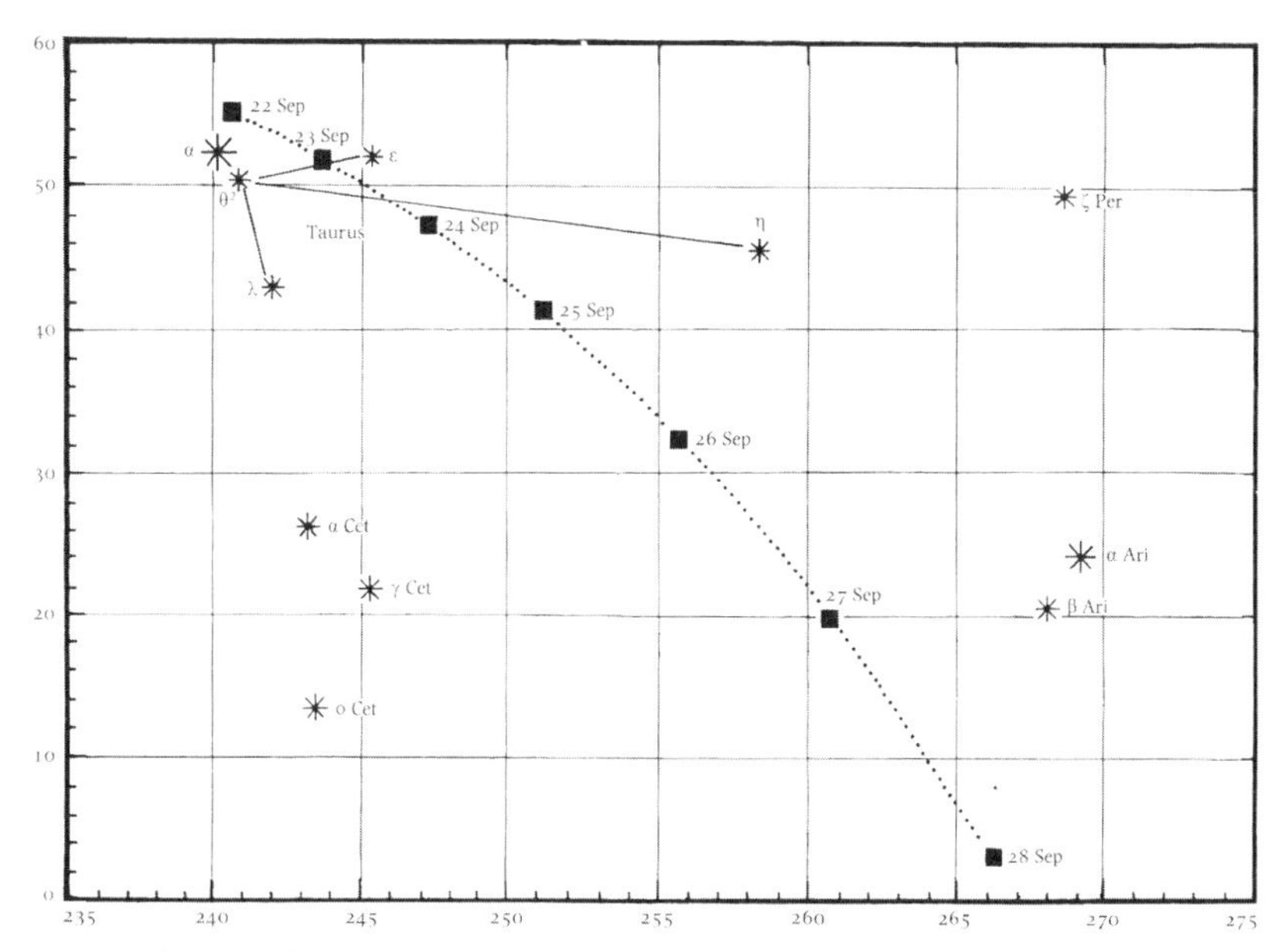

図5-7　紀元前164年9月22日～28日にかけてのハレー彗星の視位置。
粘土板WA 41462（図5-5）に刻された彗星の位置を図化したもの。
（F. R. Stephenson and C. B. F. Walker（*ed.*）*Halley' s Comet in history,* London,1985）。

図5-8　紀元前164年10月26日のハレー彗星の視位置。粘土板WA 41628（図5-6）に刻された彗星の位置を図化したもの。夕空のいて座には、金星と木星が輝いていた。
（F. R. Stephenson and C. B. F. Walker（*ed.*）*Halley's Comet in history,* London,1985）

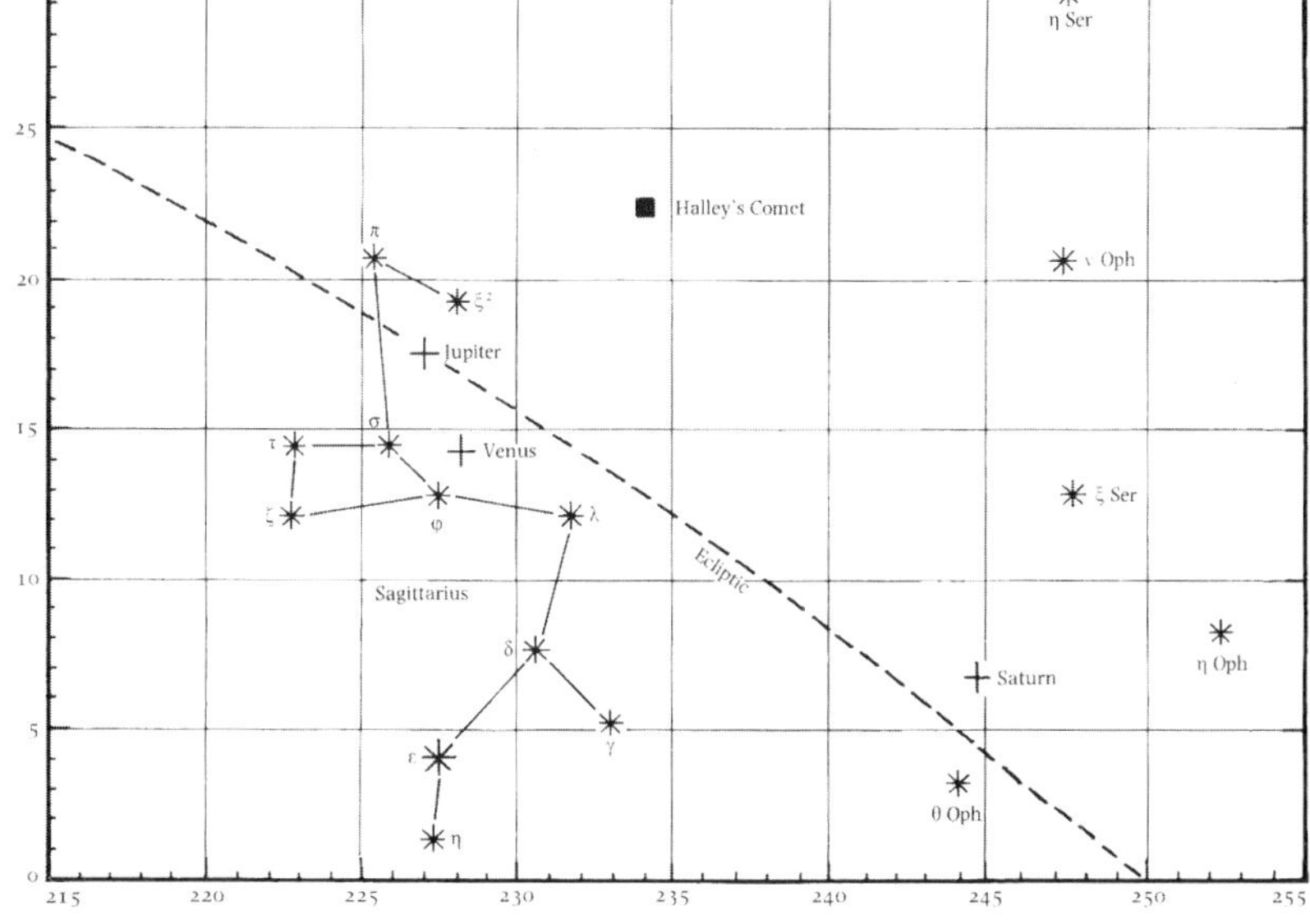

七年。彗星先出東方。見北方。五月見西方。正義彗音似歲反見顯音行練反[illegible]
經內記云彗出北斗兵大起彗在[illegible]
台臣害君彗在太微君害臣彗在天獄諸侯
作亂彗指其處大惡彗在日旁子欲殺父　將軍驁死。以攻龍孤慶都。集解[illegible]
[illegible]曰慶[illegible]
一作應正義括地志云定州恒陽縣西南四十里有白龍水又有挾龍山又定
州唐縣東北五十四里有孤山蓋都山也帝王紀云望堯母慶都所居張晏云
堯山在北堯母慶都山在南相去五十里北登堯山南望慶都山也注水經云
望都故城東有山不連陵名之曰孤孤都聲相近疑卽都山孤山及望都故城
三處
相近　還兵攻汲。彗星復見西方十六日。夏太后死。索隱莊襄王所生
母正義子楚母也

図5-9 『史記』「秦始皇本紀第六」の秦の始皇帝7年（紀元前240年）の記述。ハレー彗星の大雑把な動きを知ることができる。彗星の出現とともに、始皇帝の有能な将軍と祖母の死亡という記述がみられ、彗星の出現と不吉な凶運とを結び付けて考えていることがわかり興味深い。

紀元前二四〇年の出現記録

司馬遷が著した『史記』の「秦始皇本紀」（図5-9）には、次のような記述が見られます。「（秦の始皇帝の）七年、彗星が東方に出現し、その後、北方に見えていた。そして五月には西方に見えるようになった。（中略）（秦の将軍）蒙驁は、龍・孤・慶都を攻撃したが死亡してしまった。（中略）（そのため）兵を引きかえさせて汲を攻撃した。彗星が再び西方に出現し、（五月）一六日に（始皇帝の祖母の）夏太后が薨じた。（秦始皇本紀第六）」

近年になって、ハレー彗星の紀元前二四〇年の回帰に関し位置推算を行って検証した結果、『史記』の記述はほぼ正しく、現在の暦の前二四〇年三月～六月ごろに地球から見えていたとされています。ただし、『史記』の記述は、かなり大雑把なものであり、この記録から具体的な動きを細かく確認することはできません。

もう一つ興味深いことに、彗星の出現記録とともに始皇帝の片腕である将軍の蒙驁と皇帝の祖母の夏太后の死の記述があり、彗星の出現が不吉なことであったことを強調するものとなっています。

このハレー彗星の最古の出現記録である紀元前二四〇年のものは、残念ながら古代メソポタミアからは発見されておらず、古代中国の記録があるだけです。ただし、今後、古代メソポタミアの資料が再発見される可能性もあると考えられます。

紀元前八七年のハレー彗星の出現記録

紀元前一六四年の次の回帰である紀元前八七年の回帰の記録もバビロンの天文日誌の観測に残されています。大英博物館に所蔵されている粘土板文書WA 41018（写真5－10）のわずか一一行ほどの記述しかありませんが、一九八〇年代になって、スティーヴンソン（Stephenson, F. R.）やフンガー（Hunger, H.）によって詳しく研究され、紀元前八七年七月から八月にかけてのハレー彗星の記録であることを明らかにし、彗星の尾が一〇度ほどの長さになっていたとしています。

ハレー彗星のように明るく、そして長い尾を持つ彗星は、地球との位置関係がよい場合が多く、多くの人々によって目撃されていました。古代の人々にとって夜空に突然に出現する長い尾を持つ巨大な彗星の存在は、不気味なものであったに違いありません。毎夜、位置を変えていきながら、音もなく白い光輝を放つ彗星は不吉な前兆として考えられていました。今後、古代の天文記録を再検証することで、ハレー彗星のより古い出現記録が発見されるかもしれません。

写真5-10　紀元前87年のハレー彗星の位置観測を楔形文字で刻した粘土板文書WA 41018。
（F. R. Stephenson and C. B. F. Walker（*ed.*）*Halley's Comet in history,* London, 1985）

天体観測と占星術

占星術の起原

現在、私たちは占星術というと、個人の運命を星座によって占う行為を思い浮かべます。黄道一二宮による星占いでは、人間の運命は、その人が生まれたときの星ぼしの位置によって定められているとされており、誕生時に太陽があった黄道一二宮の星座を自らの誕生星座と位置付けています。そのため、星占いで誕生星座とされる星座は、誕生日の夜には見ることができない星座となります。たとえば、一一月二二日〜一二月二一日生まれの人の星座はいて座であり、これは初夏の星座なので、一二月に見ることはできません。同じように、八月生まれの人の星座であるしし座（七月二三日〜八月二二日生まれ）は春の星座であり、夏に見ることはできません。

このように、個人の誕生の日の太陽と星空との位置関係から個人の運命を占う星占いは、ホロスコポス（hōroskopos）とよばれています。こうしたホロスコポスは、古代メソポタミアの末期になって実施されるようになり、むしろ、ヘレニズム時代に盛んになってきます。

元来、古代メソポタミアの占星術は、天界で起きたさまざまな現象を記録し、その現象と地上界で起きている、あるいはこれから起きようとしている出来事とを関連付けて占うことでした。そして、天空に存在する諸天体を神々とみなしていて、それら天体の動きが国家の繁栄や衰退と結びついていると考えていたのです。

　そのため、毎晩、夜空を見上げながら、惑星の星座に対する動きを詳細に記録したり、あるいは日々の月の満ち欠けと月の通る道筋（白道）を観測していました。こうした観測は、占いのために実施されていたもので、現在の私たちの「科学」とは、異質のものであるといえます。古代メソポタミアの天文学は、占星術のために実施されていたといっても過言ではありませんでした。

天体観測の実施

　古代メソポタミアでは、天体の観測は国王に仕える神官によって実施されていました。神官たちは、国家的行事や宗教的行事と結びつけて、天体の観測をしていました。すなわち、古代メソポタミアでは、国家の命運や国を支配する王たちの運命を占うために観測を実施していました。

　古代メソポタミアの都市国家には、「ジッグラト（Ziggurat）」とよばれる日乾煉瓦で造られた小高い基壇建築が存在していました。ジッグラトとは、アッカド語の「山の頂上」なども意味する ziqqurratu という語に由来していますが、英語では、temple tower（日本語では聖塔）と一般的に翻訳される建造物です。こうしたジッグラトの頂部で天体観測が実施されたものと考えられています。

　ジッグラトは、明らかに高い基壇をもつ神殿建築であり、古くは紀元前三千年紀初頭のウルクのアヌ神殿の例があります。写真5－11は、シュメール人の代表的な都市国家ウルに存在しているウル第三王朝初代の王であるウルナンム（在位：紀元前二一一二～前二〇九五年ごろ）のジッグラトです。残存状態が非常に良好なジッグラトです。

このジッグラトは、ウルの主神ナンナのために築かれたもので、初期王朝時代の神殿の基部を改造して三層構造のエ・テメン・ニグル（É.TEMEN.NÍ.GÙR(U)）と称する聖塔としたのでした。その後、新バビロニア王国最後の王ナボニドス（Nabonidus）（在位：紀元前五五五～前五三九年）によって再建されたものです。基壇は六二・五メートル×四三メートルの長方形で、再建されたときには高さ一一メートルほどでしたが、創建時には二一メートルとも三〇メートル以上あったともいわれています。

図5－10は、このウルナンム王のジッグラトの復元図です。日乾煉瓦造りの巨大な神殿建築であり、正面と正面両脇の大型で長い階段が特徴的な建造物です。三層構造の上部には建物が配置されていました。おそらく、この最上部の建物の屋上などで実際の天体観測が実施されていたのでしょう。

古代メソポタミアでの天体観測は、もちろん肉眼で行われていました。そのため、こうした高さが二〇メートル以上もあったジッグラトの上からは、とりわけ地平線上に位置する惑星や月の観測に適していたと考えられます。背景である固定された星座の間を複雑に動いていく惑星の軌道は、古代人にとって非常に興味深いものでありました。そして、惑星と星座との位置関係を詳細に観測、記録することで星占いとして利用したのでした。

また、古代バビロニアをはじめ、メソポタミア地域では、古来、太陰暦が使用されてい

写真5-11　ウルのウルナンム王のジッグラト。非常に状態よく残されているジッグラト。新バビロニアのナボニドス王のもとで復元が行われたもの。

たことから、月の初めの一日は、実際に夕空に新月を観測することで決定していました。こうした実際の観測で月の初めを決めることは、その後もイスラームの暦でも伝統的に続けられてきたものです。現在でも、断食を実施するラマダン月の始まりは、基本的には実地観測によって決定されているのです。

太陰暦の月初めを決めることは、夕空の地平線付近に日没後に見える細い月を観測する必要がありました。そのため、ジッグラトのような高さがある建物は観測に適していたのです。さらにメソポタミアのように、都市址は、「テル（遺丘）」とよばれる小高い丘の上に位置していました。また、都市に建てられた神殿や住居などはほとんどが日乾煉瓦で造られていたので、建造物の補修や増改築などのためにそれらが堆積し、都市のレベル（標高）は歳月とともに高くなっていきました。そのため、現在の遺跡の外観からもわかるように、都市址は一般に小高い丘になっています。古代の都市の姿も、おそらくは緩やかな丘状の上部に位置していたと考えられます。その中央部にジッグラトがあり、より遠くを見通すことが可能であったと思われます。古代メソポタミアでは、ジッグラトは最適な「天文台」であったと想像できます。

古代エジプトでも神殿で天体観測が行われていましたが、これも高さがあり、地平線を見通せることができたためと考えられます。

「エヌマ・アヌ・エンリル（Enuma Anu Enlil）」

古代メソポタミアには、「エヌマ・アヌ・エンリル（Enuma Anu Enlil）」という名の天文

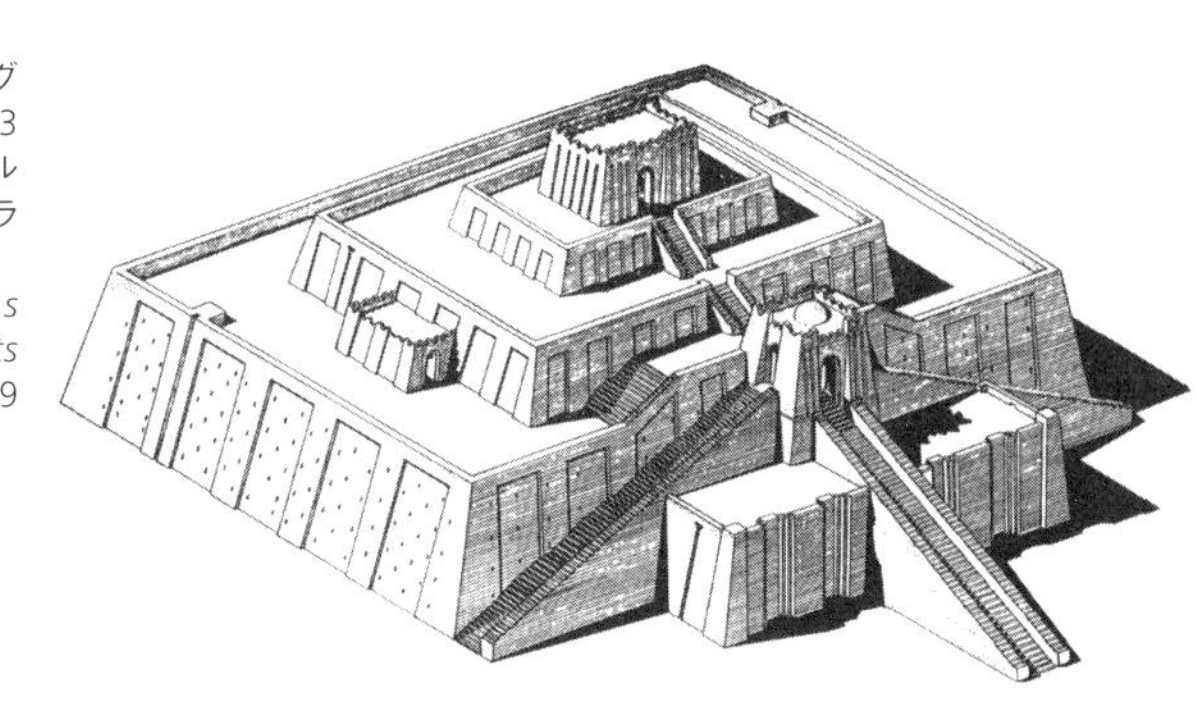

図5-10　ウルナンム王のジッグラトの復元図。シュメール第3王朝初代の王ウルナンムがウル（Ur）に建造した巨大なジッグラトは3層構造になっていた。（Wooly, L.*Ur Excavations vol.V, The Ziggurat and Its Surroundings,*London, 1939より。）

前兆占文書（写真5−12）が存在しています。

この『エヌマ・アヌ・エンリル』に関しては、三三三頁で紹介したアンミ・ツァドゥカ王の金星粘土板の中でも説明したように、冒頭に「エヌマ・アヌ・エンリル（アヌ神とエンリル神が～するとき）」という言葉があることから、この名前がついています。

現存する粘土板文書の多くが、新アッシリアの都が置かれたニネヴェのアッシュルバニパル（Ashurbanipal）王（在位：紀元前六六八～前六二七年）の王宮文書庫から発見されたもので、現在、大英博物館に所蔵されています。

『エヌマ・アヌ・エンリル』は、約七〇の粘土板文書からなるもので、全部で約七〇〇〇もの前兆が記録されている古代メソポタミアを代表する占星文書です。

『エヌマ・アヌ・エンリル』は、四部にわかれており、それぞれ、月神のシン神、太陽神のシャマシュ神、金星の女神であるイシュタル女神、そして天候神で嵐の神であるアダト神の四神にあてられています。アンミ・ツァドゥカ王の金星粘土板が、この「エヌマ・アヌ・エンリル」の六三番目の粘土板であることから、その起源は、少なくともバビロン第一王朝のアンミ・ツァドゥカ王（在位：紀元前一六四六～前一六二六年ごろ）の時代にまで遡るといわれています。

そして、新アッシリア時代に至るまでの天文観測を加えることによって、七〇〇〇もの天文現象とその解釈とを編纂することが可能となったのでした。そのため『エヌマ・アヌ・エンリル』は、古代オリエント世界における最初の占星術の手引書の役割を果たしていたと考えられます。

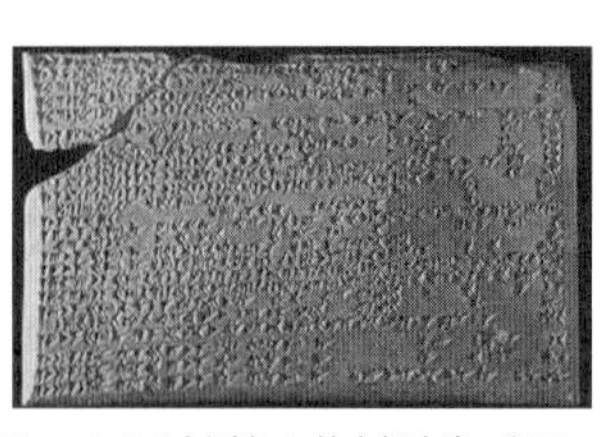
写真5-12　『エヌマ・アヌ・エンリル』を刻した粘土板文書。新アッシリアの都であったニネヴェの発掘によって、アッシュルバニパル王の文書庫が発見され、膨大な量の粘土板文書が出土した。これらの『エヌマ・アヌ・エンリル』を刻した粘土板文書は約70種類発見され、全部で7000もの前兆現象が集成されている。大英博物館所蔵。

それは、新アッシリアの時期に注目すべき役職名があることからも明らかとなっています。新アッシリアのエサルハドン（Esarhaddon）王（在位：紀元前六八〇〜前六六九年）や、アッシュルバニパル王の治世には、トゥプシャル・エヌマ・アヌ・エンリル（tupšar Enuma Anu Enlil）とよばれる称号を持つ人々が存在していました。トゥプシャル（tupšar）とは、アッカド語の「書記」を意味するトゥプシャル（tupšarru）に由来しており、この称号は「エヌマ・アヌ・エンリルの書記」という意味になります。そして、驚くべきことに彼らは、ある特有な天体現象が起こると、『エヌマ・アヌ・エンリル』を使用して、関連があると見られる前兆現象が記された部分を探し出してきて、専門に占星術を行っていたと推定されています。

このように古代メソポタミアでは、少なくとも古代バビロニアのバビロン第一王朝（紀元前一八九四〜前一五九五年ごろ）時代から、天文現象を占星術として使用することが行われ始めていました。このことは、古代バビロニアの代表的な天文書である『ムル・アピン』粘土板文書もまた、同様の起源を持つと考えられており、ほぼ紀元前一〇〇〇年ごろまでに成立し、まとめられていたものと想像できます。

新アッシリア王国の時代には、数多くの写本が残されているように、前時代の、とりわけバビロン第一王朝以降の天文観測やそれを前兆現象と考える事象に関して、他の記録とともに集成されたのでした。

そうした過去の観測記録や前兆現象の集成が、この占星術の手引書である『エヌマ・アヌ・エンリル』を誕生させたと考えられます。そして、新アッシリア時代の人びとは、自ら観測した天体現象を『エヌマ・アヌ・エンリル』の七〇〇〇もある前兆現象と見くらべて決定し、占いを実施していたのでした。このようにトゥプシャル・エヌマ・アヌ・エンリル（エヌマ・アヌ・エンリルの書記の意）という称号からもわかるように、『エヌマ・アヌ・エンリル』粘土板文書は、古代メソポタミアの占星術にとっては、非常に特別なものであったことを示しています。

実際の占星術

古代メソポタミアでは、長年にわたって詳細な天文観測を積み重ねることにより、数多くの天体の前兆現象を記録することできました。それによって、国家や民族の運命を予想する占星術が実施されていました。それは、天空で繰り広げられる天体ショーが、地上の国家や民族の運命を決める非常に重要な前兆現象であると考えていたからでした。神々である天体が、示している兆候を逃さずに見つめることで、予言を行ったのでした。

新アッシリア時代には、『エヌマ・アヌ・エンリル』を手引書として、観測される前兆現象をもとに占星術が行われていました。

古代メソポタミアにおいては、月と惑星がおもな対象となる天体でした。そのため、月の満ち欠けの記録や星座間を複雑に運動する惑星の動きを詳細に観測記録していました。また、月食や日食といった非常に特徴的な天体現象も重要なものとして記録していました。

惑星に関しては、その複雑な動きと星座との位置関係も重要な要素でしたが、惑星の光度もよく使われました。すなわち、どの惑星も、その光度が暗くなると、影響力が弱くなると考えられていたのでした。とくにその惑星が象徴する国王は悪い兆候を受けると考えられていました。

たとえば、「金星がアイアル月に東方に出現し…（中略）…金星が暗くなると、エラム国王は病気となり、生命の危険が及ぶようになる」という占文では、金星がメソポタミアの東隣に位置したエラム（イラン西部のスーサを中心とする地域にあったエラム人の国家）の国王を象徴していて、金星の光輝が暗くなることで、エラム国王の健康に影響を与えるという予言となっています。こうした予言の背景には、エラムは常にメソポタミアに敵対する強国で、たびたびイラン西方からメソポタミアに侵入、略奪などをしていたことから作られたものであったと思われます。

同じようにエラムに関する占文には、次のようなものもあります。「第一四日に月食が起こるであろう。この現象はエラムとアムルにとっては凶運であり、わが国王にとっては吉運である。国王に平和に休息してもらおう」、「かさが月を取り巻いて、スドゥンがその中にとどまるとき、ある国王は死に、彼の国土は減少するだろう。…（中略）…エラム王は死ぬであろう。スドゥンは火星であり、アムルの星である。アムルとエラムにとり凶運となる。土星はアッカドの星で、我が国王にとって、吉運となる」というものです。

同様に、木星もアッカドの国王の星と見なされており、「火星と木星が接近すると、アムルはアッカドに圧力をかけようとする」などの占文が残ります。アムルはメソポタミアの西に位置していました。

国家の占星術から個人の占星術へ

これまで見てきたように、古代メソポタミアでは天体観測は密接に占星術と結びついていました。そして、それは極端にいえば、占星術のために詳細な天体観測が実施されていたともいえます。古代の天文学は現在の天文学とは異なり、私たちが考える「科学」とは別の領域に属していました。天体の動きなどは、地上世界の変化の前兆であり、それによって地上の国家や民族の命運を左右すると考えられていました。

やがて、国家や民族の行く末を占っていた占星術も徐々に、個人の運命を占う今日の占星術へと変化していきました。現在のような、個人の運勢を占う占星術、すなわちホロスコポスの最古のものは、紀元前四一〇年ごろのものです。アケメネス（ハカーマニシュ）朝ペルシア時代のものであり、メソポタミア地域がペルシアの支配下にくみこまれた時代なので、メソポタミアの国家や民族の命運を占う必然性がなかったことも、こうした占星術が個人の占星術へと転換するきっかけとなったと思われます。実際に、個人の命運を予言する個人の占星術（ホロスコポス）が急速に普及するのは、ヘレニズム時代以降のことになります。

第6章

古代メソポタミアから、ギリシア、アラビアへ

古代バビロニアの星座の成り立ち

古代バビロニアの星座のイメージ

第二章から四章で、古代メソポタミアに起源を持つ星座を紹介しましたが、メソポタミアで生まれた多くの星座の存在はわかりましたが、星座の成立や変遷に関してはいまだ明らかとはいえません。ここではメソポタミアの星座の歴史的な変遷について紹介しましょう。

『ムル・アピン』粘土板文書では、全天を「エンリルの道」、「アヌの道」、「エアの道」の三つの領域に分け、全部で七一もの星と星座のリストが刻されています。このリストには、水星、金星、火星、木星、土星の五惑星も記されており、北極付近の六つの星座をふくむ六六の星と星座が記載されています。

しかしながら、星座のリストはあるにもかかわらず、その図像資料に関しては、全体像を知ることができるものはほとんど残されていません。このことが、古代メソポタミアや古代バビロニアの星座の真の姿を正確に再現できない原因の一つとなっています。

もっとも『ムル・アピン』粘土板文書自体に関しても、現存するものは紀元前七世紀ごろの新アッシリア時代や紀元前五〇〇年ごろのアケメネス朝ペルシア時代と後世の写本の形で残されているものであり、その原本がいつの時代にまで遡るのかについては、正確にはわかっていません。ただ、紀元前一〇〇〇年ごろまで遡ることができるとされています。しかし、紀元前一〇〇〇年ごろのものとしても、粘土板文書に刻された楔形文字の資料と実際の星空とを具体的に結びつける資料がないために、その実態を描くことは、非常に困難な作業となっています。

本書でも、古代バビロニアの星座の姿を考える際のヒントとして、ヘレニズム時代の図像資料を紹介してきました。セレウコス朝シリア（紀元前三一二〜前六三年）の印章に描かれた星座と関連する図像であったり、エジプトのデンデラにあるハトホル神殿の屋上に造営されたオシリス神の礼拝堂の天井にある、紀元前五〇年ごろに製作されたプトレマイオス朝エジプトのデンデラの円形天体図などの図像資料です。

古代バビロニアの星座に関し、こうしたヘレニズム時代の図像資料は、古代の星座を復元するときにはきわめて有効な資料となっています。

「目には目を、歯には歯を」のハンムラビ法典で有名なバビロン第一王朝のハンムラビ王（在位、紀元前一七九二〜前一七五〇年ごろ）の時代とデンデラの天体図が成立したプトレマイオス朝エジプトのクレオパトラ七世（在位、前五一〜前三〇年）の時代とは一七〇〇年もの年代の違いがあります。そのために、デンデラの円形天体図に描かれている古代メソポタミアに由来する星座の痕跡から古代バビロニアの星座を復元することは、非常に無理があります。しかし、プトレマイオス朝時代のエジプトで描かれた星座の図を使用しなければ、古代バビロニアの星座の姿を浮かび上がらせることができないことが、大きな問題点であるといえます。

すなわち、古代メソポタミアの天文関係の文字資料でも、残存する多くの粘土板に刻された楔形文書が、原本ではなく後の時代の写本であることにもよります。また、たとえ詳細な文字資料が残されていたとしても、星座の場合は、文字で記されている星と星座が実際の天空のどの星座と対応するのかを明らかにすることは相当むずかしいと考えられます。

図像資料が豊富な古代エジプトの場合と異なり、古代バビロニアや古代アッシリアなどのメソポタミア地域では、明確な形で描かれた天体図は、ほとんど残されてはいないのです。

古代バビロニアの星座の復元

古代メソポタミアで星座が考案されたのは、少なくとも紀元前三〇〇〇年紀後半のシュメールの都市国家の時代（紀元前二五〇〇～前二一一三年ごろ）にまで遡るものと思われます。しかし、シュメールやアッカド王朝の時代（紀元前二三三四～前二二七九年ごろ）にも具体的な図像資料は、ほとんど残されていないのが現状です。

もっとも古い図像資料としては、クドゥル（境界石：図6－1）があります。古代メソポタミアのカッシート王朝時代（紀元前一五五〇〜前一一五五年ごろ）に出現するもので、最古のクドゥルは紀元前一四世紀ごろのものとされています。その後、クドゥルは、紀元前七世紀ごろまで、七〇〇年間にわたって作られています。クドゥルは、その表面に刻された土地とその土地の所有権を神々の保護下に置くため神殿に安置されていました。そのため、土地に関する文章と神々のシンボルが刻されたのです。

このクドゥルと星座の問題に関しても第一章ですでにのべたように、こうしたクドゥルに見られる神々のシンボルは、私たちがよく知っている星座の図像と非常に似ています。そのことから、クドゥルに描かれた神々のシンボルが、古代メソポタミアにおける星座の起源となったとの意見がありますが、これは、おそらく誤った説と考えられます。

最古のクドゥルの年代が紀元前一四世紀であることを考えると、それ以前に星座はすでに確立したと推定できるからです。メソポタミアの西隣りのエジプトでは、すでにクドゥルが作られた時代よりも七〇〇年も前の第一中間期から中王国時代の木棺の蓋の裏に、北斗七星を表現したメスケティウという星座の図像資料が残されています。このようなことからも、古代メソポタミア地域では、遅くともバビロン第一王朝（紀元前一八九四〜前一五九〇年ごろ）までには成立したと想像されます。今後、メソポタミアでも図像資料が発見されていく可能性はあります。

クドゥルに残された神々のシンボルのような、古い時代から新しい時代へと星座の変遷を追っていくことは、これまでに述べてきたようにきわめて困難なことです。そこでギャ

▶図6-1　古代メソポタミアのクドゥル（境界石）。バビロンの宝石工房址から発見されたこのクドゥルの表面に描かれた図像と星座との関係については今後のより詳細な検討が期待される。（ギャヴィン・ホワイト著 *Babylonian Star-Lore*より。一部改変）

図6-2　復元されたエジプト、デンデラ・ハトホル神殿の円形天体図。プトレマイオス朝時代（前50年）ころ。元の天体図では、星座をデフォルメしているため、位置がずれていたが全体的に星座の大きさを小さく修正し、実際の配置に近付けた図。（ギャヴィン・ホワイト著 *Babylonian Star-Lore* より。一部改変）

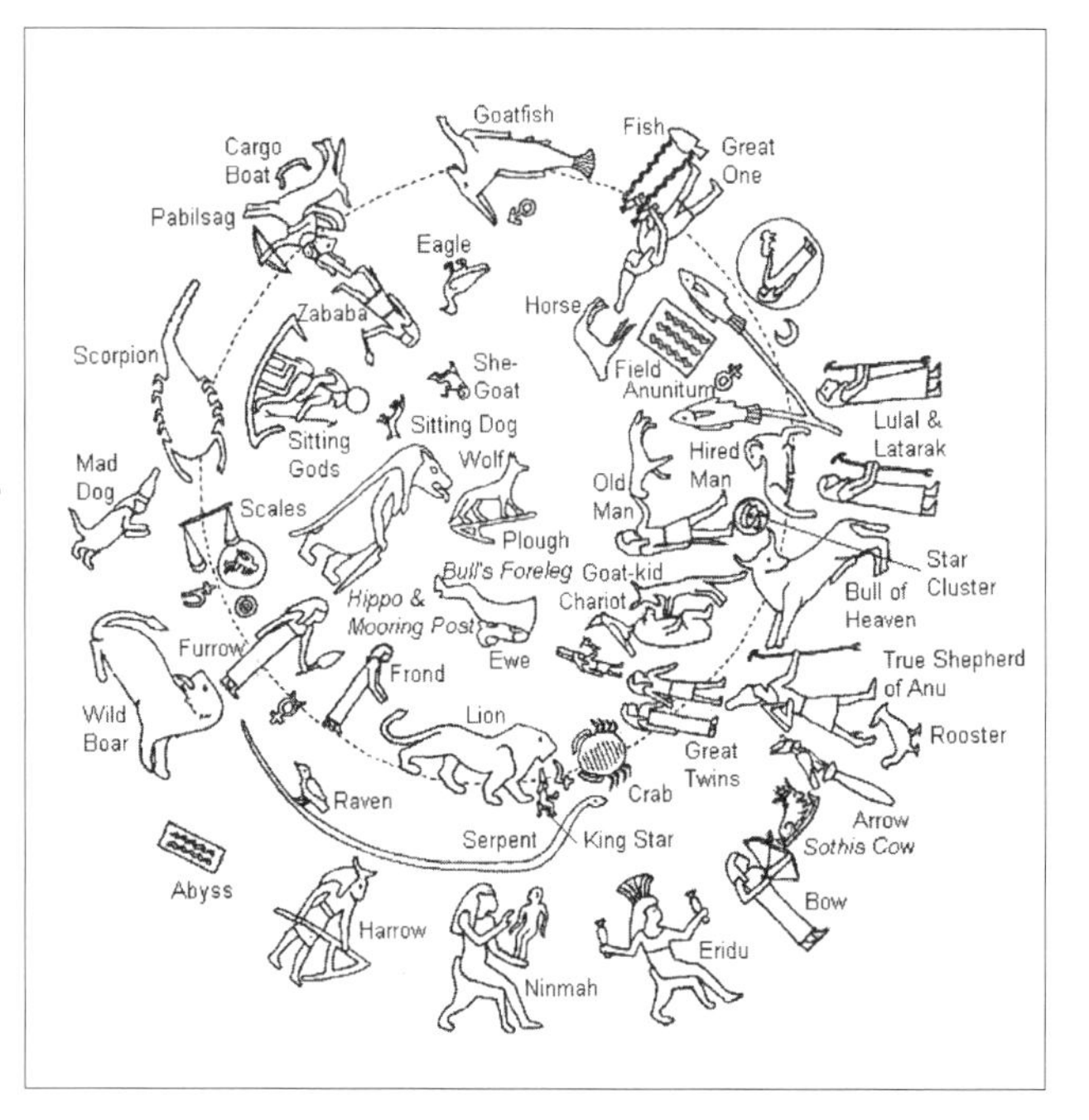

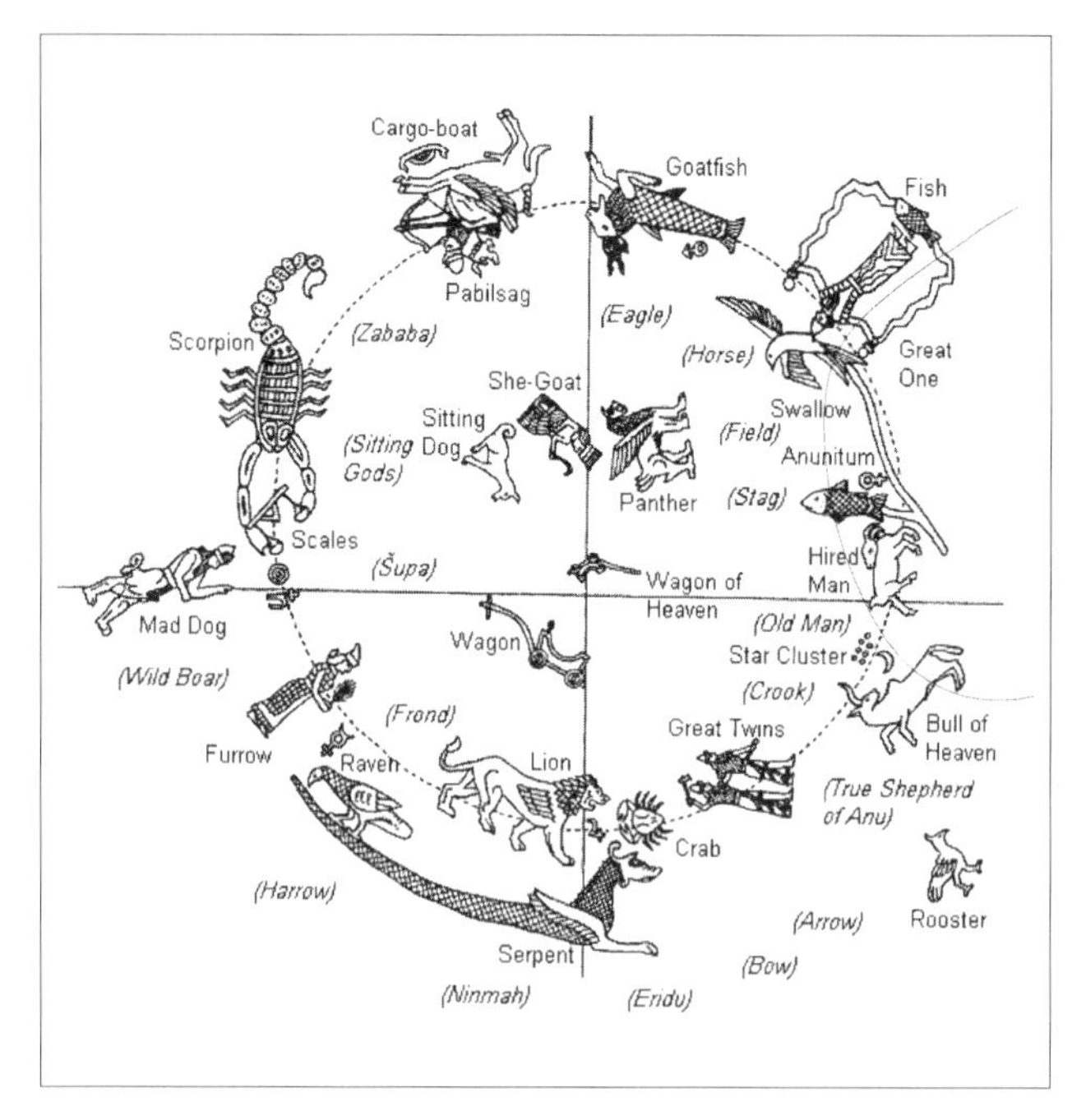

図6-3　デンデラの円形天体図から古代エジプト固有の星座を除去し、さらに新しいと思われる星座を取り除いて想定された古代バビロニアの星座。黄道12宮と北天の周囲の星座で構成された古代バビロニアの主要星座の配置。（ギャヴィン・ホワイト著 *Babylonian Star-Lore* より。一部改変）

ヴィン・ホワイトは、「古いものから新しいもの」を考えるのではなく、「新しいものから古いもの」へと時代を遡り、古代バビロニアの星座を復元することを試みました。

その最初のステップとして選んだものが、エジプトのデンデラ・ハトホル神殿にあったプトレマイオス朝エジプトの円形天体図でした。現在、パリのルーヴル美術館に所蔵・展示されている、この有名な天体図は、メソポタミア（バビロニア）の黄道一二宮が配置され、古代エジプト固有の星座だけでなく、古代バビロニアで作られた星座もふくまれています。そこでホワイトは、デンデラ・ハトホル神殿の円形天体図を使い、まず、古代エジプト固有の星座をそこから外し、次に古代バビロニアの星座の時代を遡るとともに、図像を置き換えて推定していく方法を採ったのです。

次に、デンデラの円形天体図も、実際の星空の配置とは若干異なるものとなっていたため、現在の星座配置を利用して、星の位置を修正しました（図6－2）。デンデラの天体図（第二章 二五九頁 図2－23）と図6－2とをくらべてみるといくつかの星座の配置が異なっていることに気付きます。

おうし座（図6－2：Bull of Heaven）の向きが反対を向いています。また、かに座（図6－2：Crab）とうみへび座（図6－2：Serpent）といった、しし座（図6－2：Lion）の周囲の星座が移動して描かれています。また、円形天体図では大きく描かれていた、てんびん座（図6－2：Scales）も実際の大きさに近く小さく描かれていることに気付きます。

そして、このような位置修正を施した図6－2の天体図から古代エジプト固有の星座やメソポタミア固有の星座のうち、比較的新しい星座を除去したものが図6－3になります。

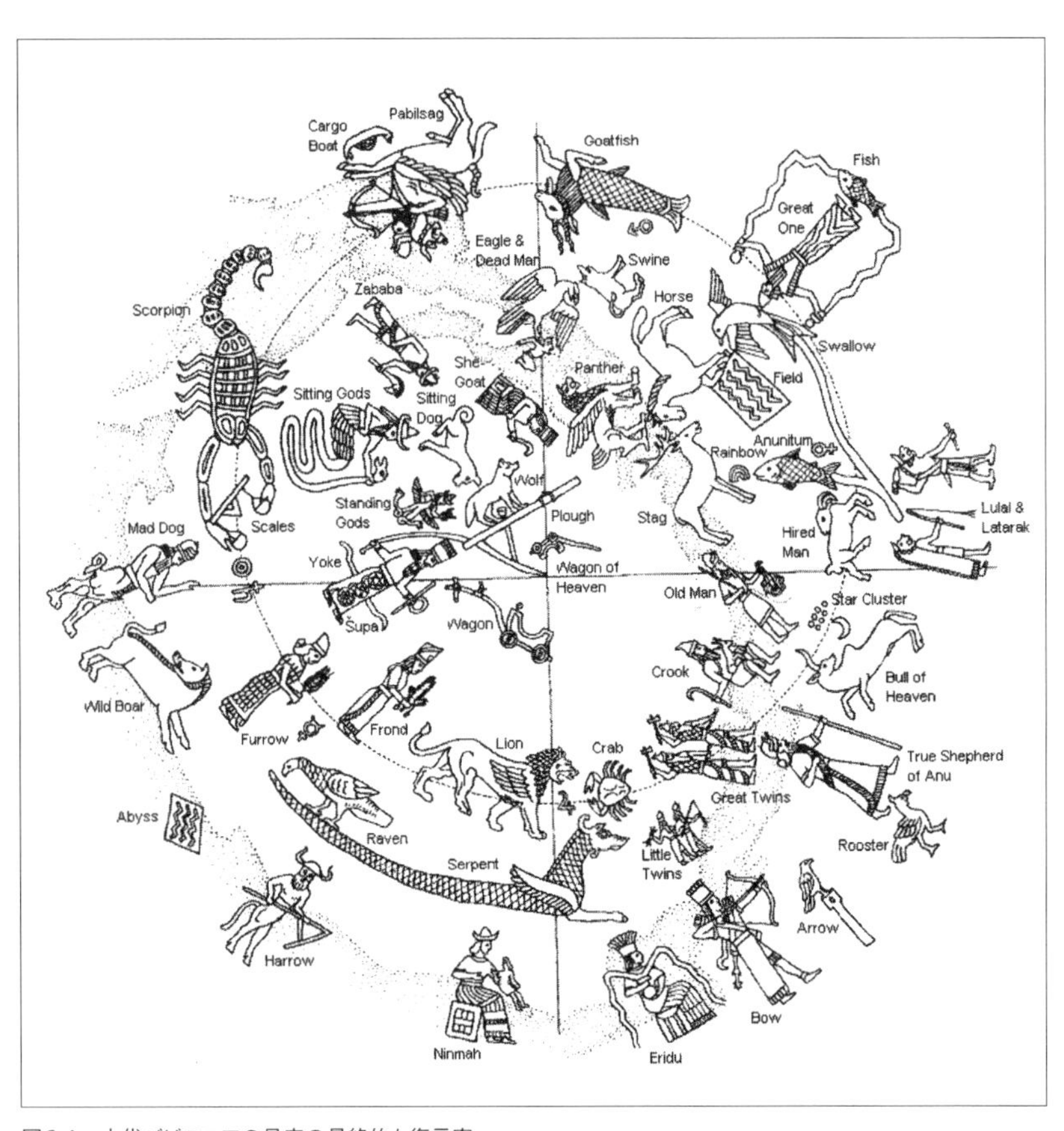

図6-4　古代バビロニアの星座の最終的な復元案。
図6-3に新しい時期の星座を付け加えたもの。
（ギャヴィン・ホワイト著 *Babylonian Star-Lore*より。一部改変）

これが基本となる古代バビロニアの天体図、星座図となります。おもに黄道一二宮と北天の周囲を取り巻く星座とで構成される星座群です。

この三六六頁 図6－3の星座配置では、まだ星座と星座との間が空間が大きくあいている印象を受けます。そこで図6－3に新しい星座も加えて天体図を完成させたのが図6－4になります。図6－4は古代バビロニア星座の最終形ということができます。ホワイトはこの形が古代バビロニアの星座とそれを受け継いだ時代の最終的な古代の星座の復元案として提示しています。

古代メソポタミアの星座の起源

図6－4で古代バビロニアの星座の最終的な復元案を提示したホワイトは、さらにより古い時代の星座を復元しようとしました。そして図6－4で完成した最終的な古代バビロニアの星座の復元案から新しい要素を取り除くことを試みました。次頁 図6－5の斜線の部分が比較的新しいと考えられる要素です。そして、この次頁 図6－5の斜線部を除外したものに、より古いとされる要素を加えたものが次頁 図6－6になります。

ホワイトは、古代メソポタミアの星座の起源は、少なくとも紀元前五千年紀にまで遡るとしています。ホワイトが最終的に提示した次頁 図6－6は紀元前五千年紀の古代メソポタミアの星座の復元案を示しています。ホワイト自身も認めているように、この復元案はまだ不完全なもので、今後の研究の進展が待たれます。

図6-5　斜線部は比較的新しいバビロニアの星座を示している。（ギャヴィン・ホワイト著 *Babylonian Star-Lore* より。一部改変）

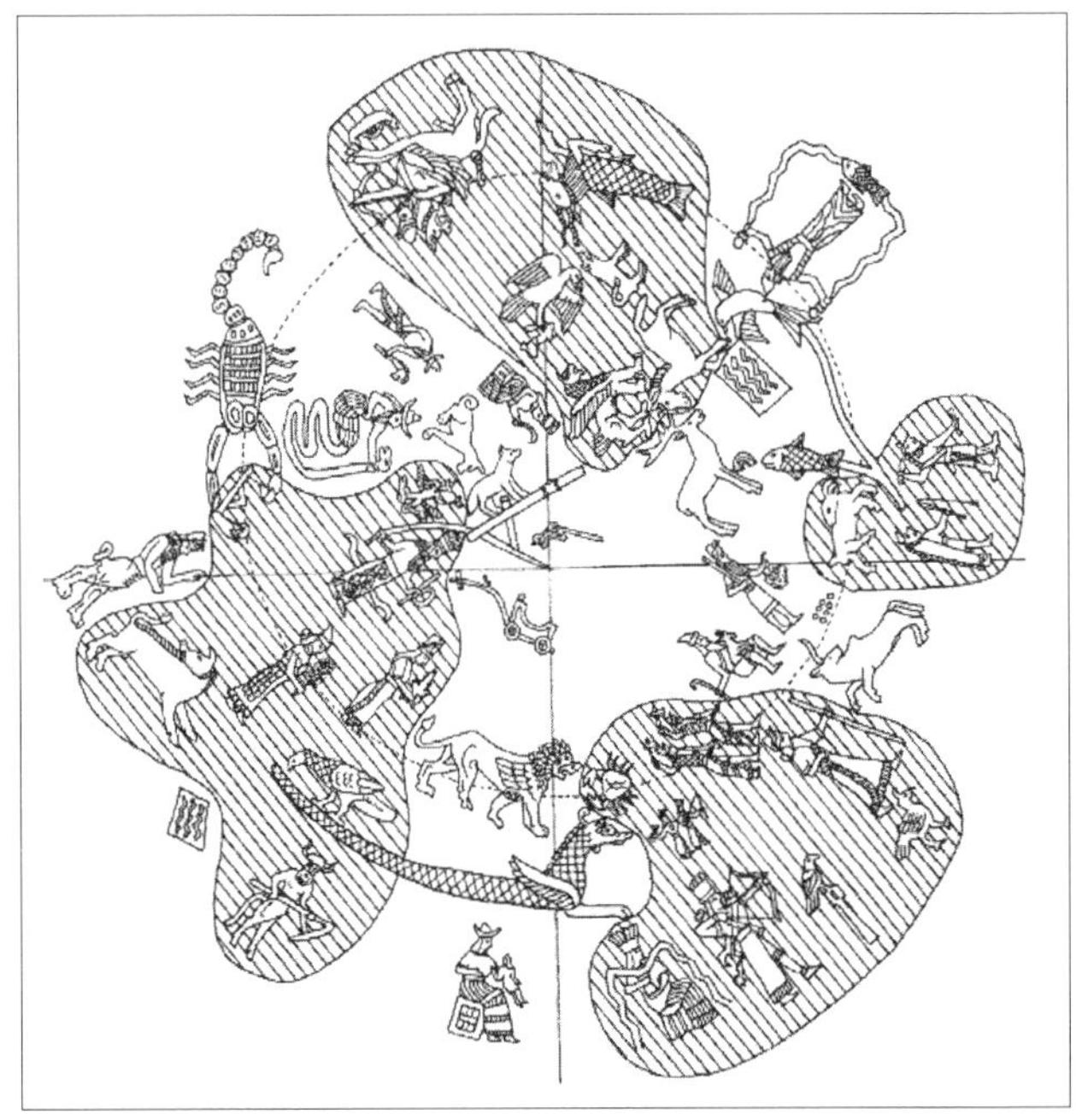

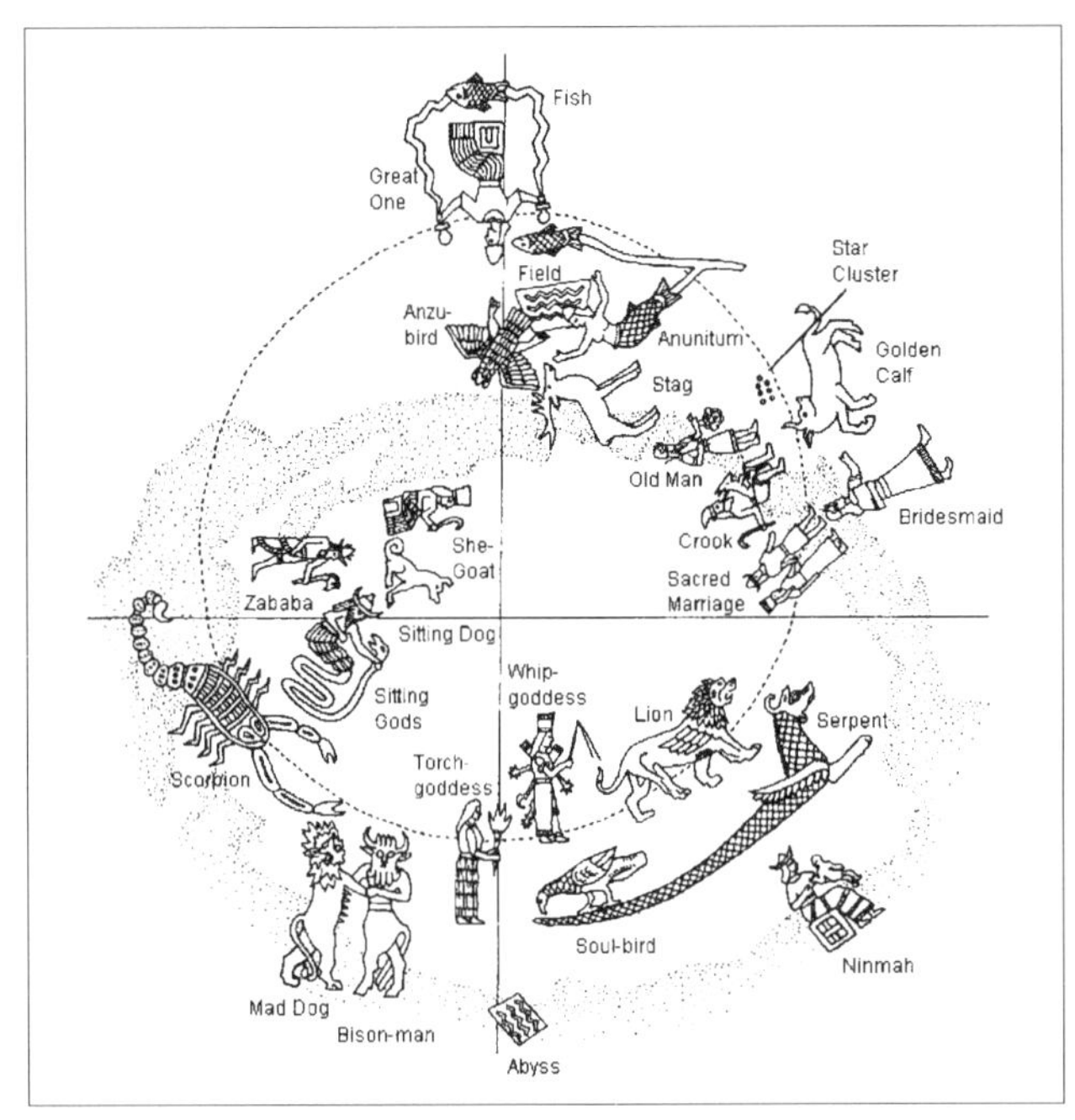

図6-6　ホワイトによる紀元前5000年紀の古代メソポタミアの星座の不完全な復元。図6-5の斜線部を除き、より古いと考えられる星座を加えたもの。（ギャヴィン・ホワイト著 *Babylonian Star-Lore* より。一部改変）

メソポタミアからギリシア、そしてアラビアへ

古代バビロニアの星座

古代メソポタミアに起源を持つ星座に関して、これまで紹介してきましたが、その結果、「獣帯」とよばれる黄道一二宮の星座だけでなく、現在の私たちにとってもなじみの深い星座がいくつか存在していたことが判明しました。

従来、星座の起源といえば古代ギリシア、あるいはギリシア神話によるとされてきました。しかしながら、古代メソポタミアに現在の私たちが使っている星座の起源があることが、確認できたといえます。かつて、野尻抱影氏が述べた「カルデア人の羊飼い説」には、問題が存在していることがわかりました。

紀元前七世紀の新アッシリア時代の写本が残されている『ムル・アピン』粘土板文書は、少なくとも紀元前一〇〇〇年ごろまで遡るものと推定されています。『ムル・アピン』の星のリストを見ると、その後の星座の骨格を形作っているといっても過言ではありません。

ただし、古代メソポタミアにおける星座の起源を具体的に遡ろうとするとき、バビロン第一王朝時代（紀元前一八九四～前一五九五年ごろ）よりも前の時代であるイシン・ラルサ王朝時代（紀元前二〇二五～前一七六三年ごろ）、ウル第三王朝時代（紀元前二一一二～

前二〇〇四年ごろ）、アッカド王朝時代（紀元前二三三四～前二一五四年ごろ）、さらにはシュメール都市国家時代（紀元前二五〇〇～前二一一三年ごろ）などの時代の確実な資料に関しては、いまだに、その多くが不詳であるといってよいでしょう。しかしながら、シュメール語で「犂座」を意味する「ムル・アピン（MUL.APIN）」の名前が示すように、星座の起源は古代シュメール人と関連していることを示唆しているようです。

古代ギリシアの星座

古代メソポタミアから古代ギリシアへ星座の体系が非常に強い影響を与えていることは疑うべくもありません。古代ギリシアの星座の起源としては、メソポタミアやシリア、ヒッタイト、エジプトなどの古代オリエント地域のほか、クレタ島やキプロス島、キクラデス諸島などの島嶼部、ギリシア本土のミケーネなどこの地域の古代文化の影響が考えられます。

とくにエーゲ海のクレタ島に栄えたミノア文明（紀元前三〇〇〇～前一二〇〇年ごろ：写真6－1）やギリシア本土のミケーネ文明（前一四五〇～前一二〇〇年ごろ：写真6－2）など、ポリスを中心とする古代ギリシアの前身となった諸文明からの影響も大きかったとする説もあります。

古代ギリシアの天文学としては、小アジア沿岸部のミレトスにいたタレス（Thales：紀元前六二五～前五四五年ごろ）が初期の人物として知られています。タレスは、彼の父親の祖先がフェニキア人であったと伝えられています。彼は、古代ギリシアで最初の自然学

写真6-1　クレタ島のクノッソス宮殿のイルカの壁画。中期ミノア期（紀元前2000～前1500年ごろ）のものであり、幾何学文様で装飾されている。

者とされています。タレスは「万物の原素は水である」という説を提唱しました。また、彼は、数学や物理学などにも優れた才能を発揮していました。

天文の分野で、タレスは、こぐま座の発見者とされています。また、タレスは歩きながら星を眺めていて溝に落ちたとの逸話も残されています。タレスと天文の話で常に紹介されるエピソードに、彼が皆既日食の正確な予言を行ったことがあります。タレスの皆既日食の予言に関しては、ヘロドトスの『歴史』に次のような記述があります。

「(前略)その後、キュアクサレスがそれらのスキュタイ人の引き渡しを要求したのに、アリュアッテスが応じなかったので、リュディアとメディアの間に戦争が起こり五年におよんだが、この間勝敗はしばしば処をかえた。あるときなどは一種の夜戦を戦ったこともあった。戦争は互角に進んで六年目に入ったときのことである。ある合戦のおり、戦いさなかに突然真昼から夜になってしまった。このときの日の転換は、ミレトスのタレスが、現にその転換の起こった年まで正確にあげてイオニアの人々に予言していたことであった。リュディア、メディア両軍とも、昼が夜に変わったのを見ると戦いをやめ、双方ともいやがうえに和平を急ぐ気持ちになった。このとき、両者の間に立って和平の調停をしたのは、キリキアのシュエンネシスとバビロンのラビュネトスの二人で、両者に和平の誓約をさせ、婚姻の交換をとり決めたのであった。そしてアリュアッテスが娘のアリュエニスをキュアクサレスの子アステュアゲスに嫁入りさせることを決めた」(参考文献:ヘロドトス、『歴史』、巻一-七四、岩波文庫、上巻、一九七一年)

このミレトスのタレスが予言したと伝えられる皆既日食は、紀元前五八五年五月二八日

写真6-2　ギリシア本土のミケーネ遺跡の「ライオン門」。紀元前1250年ごろ。古代ギリシアのポリスが繁栄する以前に、すでにこの地には優れた文明が誕生していた。

に小アジアで起きたものです。この予言は、一説には「サロス周期」を使用して皆既日食をタレスが予言したとされています。しかし、古代の天文学の権威であるO・ノイゲバウアー（Otto Neugebauer）は、サロス周期は、紀元前六〇〇年ごろまでは知られておらず、実際に使用されたのは、セレウコス朝シリアの紀元前二八〇年以降になってからとしています。このことから、タレスの日食の予言は、サロス周期などを使用して厳密に計算されたものではなく、きわめて幸運なものであったと考えられています。

タレスが、現在のトルコである小アジアの西に位置するミレトスの人物で、しかも、フェニキア人の子孫であることなどを考えると、彼の皆既日食の予言は、サロス周期を知らなかったとしても、古代オリエント天文学の基礎の上に成り立っていたことは、ほぼ間違いないことです。

このタレスの次に登場する自然学者としては、同じミレトスの出身であるアナクシマンドロス（紀元前六一〇～前五四五年ごろ）がいます。アナクシマンドロスは、宇宙論の他、日時計や世界地図などにおいて卓越した業績を残したとされていますが、その詳細は不明な点が多くあります。しかし、古代ギリシア科学の基礎的概念に影響を与えたとされています。この小アジアのミレトスは、紀元前六世紀中ごろのヘカタイオスやアナクシメネスなどの学者も輩出しています。アナクシメネスも宇宙論を提起していますが、不思議なことに、その前にあったアナクシマンドロスの宇宙論よりも後退したものとなっています。

さて、その後の古代ギリシアでも、宇宙論や原子論、原素説といったものが中心的で、具体的な天体観測や星座などに関しての当時の知識については具体的な資料は残されていません。

紀元前四六〇年ごろに活躍したキオスのオイノピデスと紀元前四三〇年ごろのメトンの二人が暦に関して重要な業績を残しています。オイノピデスは、黄道の傾斜を初めて発見した人物とされていますが、すでにこうした知識は、古代バビロニアでは知られていたことでした。また、メトンは、より正確な暦を作成するために、紀元前四三三〜前四三二年にアテネで夏至と冬至とを観測したことが知られています。その結果、一年の長さや後に「メトン周期」とよばれる一九年七閏の法を提案したのでした。

ヘレニズム時代の天文学

アルキメデスの友人であったサモスのコノン（紀元前三世紀後半）は、有名な数学者でしたが、天文学者としては、『天文表』の編集や、プトレマイオス三世（在位：紀元前二四六〜前二二一年）の王妃ベレニケにちなみ、かみのけ座をベレニケと名付けました。これは、王妃が、セレウコス朝シリアとの戦争で出征中であった王の安全を祈願して、彼女の自慢の髪の毛を切って神に捧げたことに起因しているとされています。

また、ソロイの詩人アラトス（紀元前三世紀前半）は、『天文現象（Phainomena）』と題する教訓詩を著しましたが、この書物では、神話と関連させながら約四五の星座や惑星、黄道について書かれています。この書物は、エウドクソス（紀元前四〇八〜前三五五年）が著した『天文現象（Phainomenon）』を元にして詩の形としたものでした。

エウドクソスの『天文現象』ではなく、それを参考にしたアラトスの『天文現象』が、多くの影響を後世に与えています。後述するヒッパルコスも注釈を著しており、また、ローマの有名な政治家で、哲学者であったキケロ（紀元前一〇六〜前四三年）がラテン語に翻訳したことにより、ウェルギリウスなどにも強い影響を与えました。

小アジアにあるニカイアのヒッパルコス（紀元前一九〇〜前一二〇年ごろ）が、観測に基づいた天文学を行った人物として知られています。彼の天体観測の大部分は、ニカイアではなくロードス島で実施していたようです。ヒッパルコスの観測や著作などは、ほとんど残されていないため、ほかの学者たちが著した文献から、彼の業績を推定するしかありません。

ヒッパルコスから約三〇〇年後に、クラウディオス・プトレマイオスは『アルマゲスト（天文学大全）』を著しましたが、この中には四八星座と一〇二二個の恒星目録が掲載されていました。この一〇二二個の恒星のうち、実に約八五〇個もの恒星がヒッパルコスによってすでに発見されていたとされています。また、ヒッパルコスは、初めて恒星の位置を経度と緯度によって表記した人物であるとされています。

ヒッパルコスの優れた天体観測は、古代バビロニアの観測資料を大いに利用していたと考えられています。

クラウディオス・プトレマイオスの『アルマゲスト（天文学大全）』は、元来はギリシア語によって記されたものでしたが、九世紀にイスラームの科学者たちによってアラビア語に翻訳された際に、『偉大な書（キターブ・アル＝ミジスティー）』とされたことで、今日では『アルマゲスト』の名前で知られるようになっています。この書は、ヘレニズム時代の天文学の集大成と言えるものです、『アルマゲスト』が、アラビア語に翻訳されたことで、ヘレニズム時代の天文学は、失われることなく伝承されていきました。ギリシア語の星座や星の名前などもアラビア語に翻訳されていきました。

アラビア語に翻訳されたギリシア科学

西ヨーロッパ諸国では、一一世紀末にキリスト教の聖地であるイェルサレムの奪還を目指した十字軍活動が起こり、人々の東方世界への関心が高まっていきました。ローマ教皇による十字軍運動は、必ずしも良好な結果をもたらしたわけではありませんでしたが、その過程でイタリアやスペインなどを中心にして、大量のアラビア語文書が西ヨーロッパに流入していきます。

その後の宗教改革やルネサンス運動により、古典古代の作品の多くが、アラビア語に翻訳されていたことが判明しています。そしてアラビア語から、ラテン語や西ヨーロッパの言語に翻訳されるようになっていきました。その結果、私たちが現在使用している固有の恒星の名前は、多くがアラビア語に翻訳された形のままで使用されるようになっていきました。

古代ギリシアで作られた星座は、イスラーム世界の学者たちによって、アラブ風の姿をとるようになり、名前もアラビア語へと翻訳されていきました（次頁 図6-7）。そうしたイスラーム経由の星座は、西ヨーロッパに導入されることで再びギリシア・ローマ風のものへと姿をもどしていきましたが、固有の恒星の名前などは、翻訳されたアラビア語の単語のままで使用されることが多く、元来の名前とは多少ずれた名称である場合や、実際の意味からは大きくかけ離れたものも存在しています。また、アラビア語の固有名詞を誤って導入したことで、アラビア語では意味をとることができない恒星の名前などが存在しています。

図6-7　古代ギリシアの星座をアラビア風にアレンジした天体図。（ギャヴィン・ホワイト著 *Babylonian Star-Lore*より。一部改変）

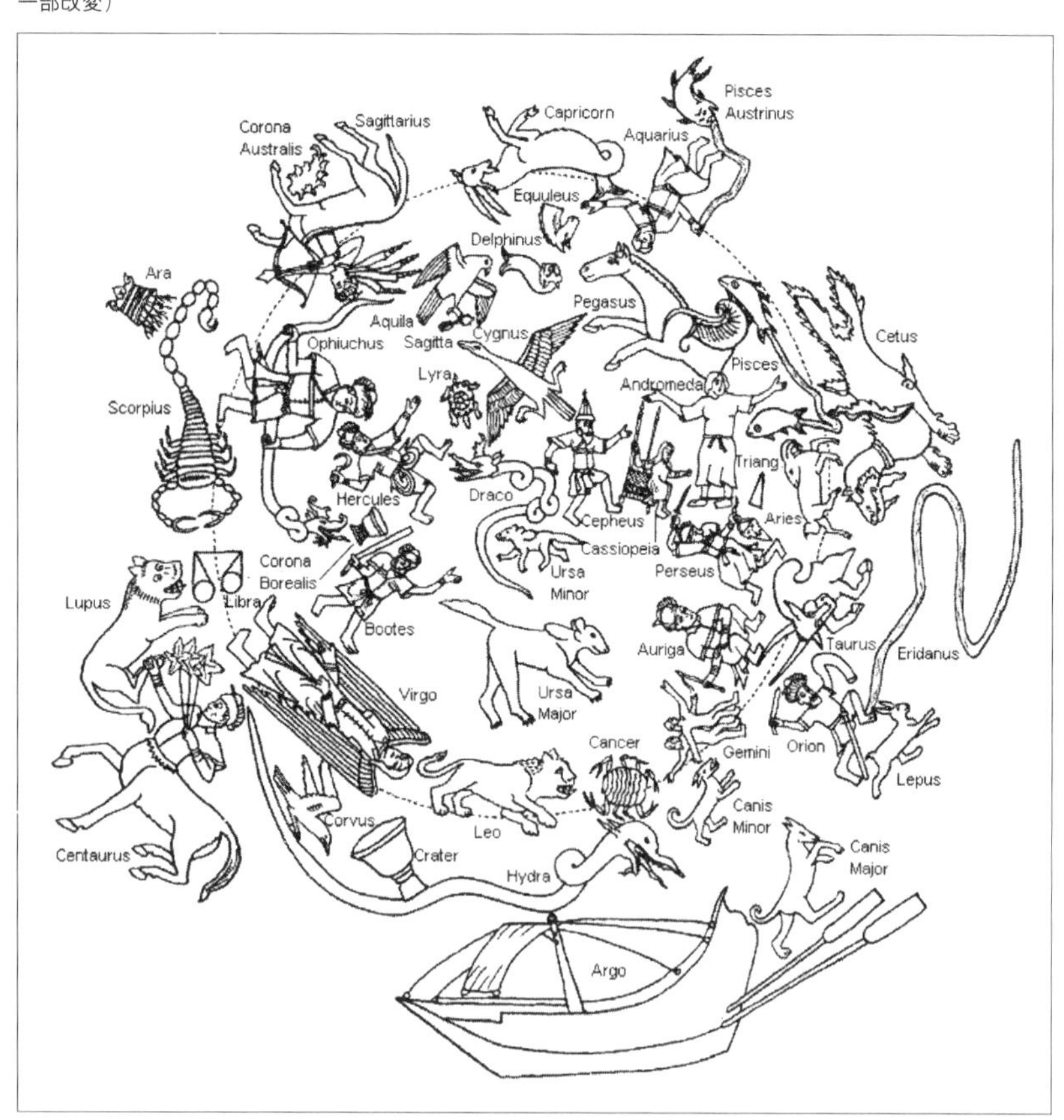

資料

古代メソポタミア史年表

時代区分	年代	主な出来事
先土器新石器時代	前八〇〇〇年頃	チグリス・ユーフラテス両川地域を囲むように広がる「肥沃な三日月地帯」の各地で麦類の栽培と牛・羊の飼育を主体とした生産経済がはじまる。
ハッスーナ期	前六〇〇〇年頃	最古の農耕集落の発生。
ウバイド期	前五五〇〇年頃	ウバイド文化が起こる(~前三三〇〇年頃)灌漑を使用した農耕の発達。
ウルク期	前三五〇〇年頃	メソポタミアに都市文明成立。文字の発明。
ジェムデト・ナスル期	前三一〇〇年頃	文化が西アジア全体に拡大。
初期王朝時代	前二九〇〇年頃	
	前二五〇〇年頃	キシュ市の王メシリム、覇者となる。都市国家の抗争時代。
	前二四〇〇年頃	ウルク王ルガルザゲシ、シュメールを統一。
アッカド王朝	前二三五〇年頃	アッカドのサルゴン、シュメールとアッカドを統一。
	前二三〇〇年頃	ナラム・シン、アッカド王朝の版図を最大に広げる。アッカド王朝終末期の混乱。
ウル第三王朝	前二一〇〇年頃	シュルギ、国家制度を整備。

イシン・ラルサ朝

前二〇〇四年　イッビ・シンの時、エラムの侵攻とウル第三王朝滅亡。
シュメール時代の終焉。
諸都市国家の成立。
イシンによる覇権確立(シュメール地方)
前一九五〇年頃　アッシュル商人の交易活動(一七五〇年頃まで)。
ラルサによる覇権の優位(シュメール地方)。

バビロン第一王朝

前一八九四年頃　バビロン第一王朝創設。
前一八五〇年頃　マリ、エシュヌンナ、アッシュルなどの都市国家の興隆。
前一八〇〇年頃　シャムシ・アダド一世によるメソポタミア北部統一。
列強による覇権争いの激化。
前一七五〇年頃　ハンムラビ王による統一国家創設。
カッシート人による最初の侵攻。
前一五九五年頃　ヒッタイトの侵攻とバビロン第一王朝の滅亡。

カッシート王朝

前一五五〇年頃　カッシート王朝によるバビロニア統一。
前一四五〇年頃　ミタンニ最盛期。
前一四〇〇年頃　ヒッタイト王国成立。
アッシリアの台頭。
前一三四〇年頃　ヒッタイトによるミタンニ征服と属国化。
前一二八六年　カデシュの戦い。
前一二六九年　エジプト・ヒッタイト平和条約締結。
前一二二五年　アッシリアによるバビロニア侵略。
前一二〇〇年　「海の民」襲来(?)。ヒッタイト滅亡。
前一一五〇年　カッシート王朝滅亡。

時代区分	年代	主な出来事
新アッシリア時代	前一一〇〇年	アッシリアの勢力回復。大飢饉とアラム人侵入。
	前一〇二六年	イシン第二王朝滅亡。
	前九三〇年頃	アッシリア王国の勢力回復はじまる。
	前八八〇年頃	アッシュル・ナツィルパル二世新首都カルフ建設に着手。
	前八五八年～八二九年	シャルマネセル三世の西方遠征。
	前八五〇年頃	ウラルトゥ王国の台頭。
	前七四五年頃	ティグラト・ピレセル三世即位。アッシリア帝国の始まり。
	前七二二年頃	サルゴン二世即位。
	前六八九年	センナケリブ、バビロンを破壊。
	前六七一年	エサルハドン、下エジプトを統一。
	前六六三年	アッシュルバニパル、テーベ占領。
	前六五二年～六四八年	アッシュルバニパル、シャマシュ・シュマ・ウキンの兄弟戦争。
新バビロニア時代	前六二五年	ナボポラッサル、バビロニア王に即位。
	前六一二年	新バビロニア・メディア連合軍によりニネヴェ陥落。新アッシリア帝国の終焉。
	前五九七年、五八二年	ネブカドネツァル二世、ユダ王国を滅ぼし、バビロン補囚を行う。
アケメネス朝	前五三九年	キュロス二世がバビロンに無血入城し、新バビロニア帝国が滅びる。
	前五二五年	カンビュセス二世、エジプトを征服。
	前五二一年	ダレイオス一世がギリシアに遠征、ペルシア戦争の開始。
	前三三五年	ダレイオス三世の即位。
	前三三三年	イッソスの戦いでダレイオス三世、アレクサンドロス大王に敗北。
	前三三一年	アケメネス朝滅亡。

関 連 文 献

Black, Jeremy A. and Anthony Green (1992)
Gods, Demons and Symbols of Ancient Mesopotamia, Austin.
Cauville, S. (1997)
Le Temple de Dendera: les chapelles osiriennes, IFAO, le Caire.
Horowitz, Wayne (2005)
"Some Thoughts on Sumerian Star-Names and Sumerian Astronomy", (ed by Y. Sefati et al.) in *An Experienced*
Scribe who neglects Nothing: Ancient Near Eastern Studies in Honor of Jacob Klein, Bethesda, pp.163-178.
Hunger, Hermann and David Pingree (1989)
MUL.APIN: An Astronomical Compendium in Cuneiform, AfO Supplement 24.
Hunger, Hermann and David Pingree (1999)
Astral Sciences in Mesopotamia, Brill, Leiden.
King, L. W. (1912)
Cuneiform Texts from Babylonian Tablets in the British Museum, Part XXXIII, London
Koch, Johannes (1989)
Neue Untersuchungen zur Topographie des babylonischen Fixsternhimmels, Wiesbaden.
Neugebauer, Otto (1956)
Astronomical Cuneiform Texts. 3 vols. London.
Neugebauer, Otto (1975)
A History of Ancient Mathematical Astronomy. 3 Vols, Berlin.
Reiner, Erica and David Pingree (1975)
Babylonian Planetary Omens. Part 1. The Venus Tablet of Ammisaduqa, Malibu.
Seidl, Ursula (1989)
Die Babylonischen Kudurru Reliefs, Göttingen.
Stephenson, F. R. (1970)
"The Earliest Known Record of a Solar Eclipse", *Nature* Vol.228, pp.651-652.
Stephenson, F. R. and C. B. F. Walker (1985)
Halley's Comet in History, London.
Stephenson, F. R. (1997)
Historical Eclipses and Earth's Rotation, Cambridge.
van der Waerden, B. L. (1949)
"Babylonian Astronomy II", JNES Vol.8, Chicago, pp.6-26.
Wallenfels, Ronald (1994)
Uruk: Hellenistic Seal Impressions in the Yale Babylonian Collection, vol. 1, Mainz am Rhein
Weir, J. D. (1972)
The Venus Tablets of Ammizaduga, Istanbul.
White, Gavin (2008)
Babylonian Star-lore and Constellations of Ancient Babylonia, London.
de Jong, T. and W. H. van Soldt (1989)
"The Earliest Known Solar Eclipse Record Redated", *Nature* Vol.338, pp.238-240.
クリストファー・ウォーカー 編、山本啓二・川和田晶子 訳　杉 勇(他) 訳(1978)
『筑摩世界文学大系1　古代オリエント集』筑摩書房
月本昭男(2010)　『古代メソポタミアの神話と儀礼』岩波書店
日本オリエント学会編(2004)　『古代オリエント事典』岩波書店
野尻抱影(1955)　『星の神話・傳説集成』恒星社
前田 徹 他(2000)　『歴史学の現在　古代オリエント』山川出版社
矢島文夫(2000)　『占星術の起源』ちくま学芸文庫

初版　あとがき

本書は[※]、「月刊天文ガイド」二〇〇九年三月号から二〇一〇年八月号まで、全一八回にわたって連載された「古代オリエントの天文学―メソポタミア星物語」をまとめなおし一冊にしたものです。二〇一〇年五月に刊行した『わかってきた星座神話の起源―エジプト・ナイルの星座』の続編として企画されたものです。

二〇〇七年一二月に「古代オリエントの天文学―エジプト・ナイル星物語」の連載をはじめた時には、これほど長く続くとは思ってはいませんでした。「エジプト・ナイル星物語」が一五回、そして「メソポタミア星物語」が一八回、そして二〇一〇年九月号からは「イスラーム星物語」として連載を継続しています（編注：二〇一二年三月号完結）。このように古代オリエントの天文学に関して、これほど長期にわたり毎月四頁ずつの連載の機会を与えていただいた天文ガイド編集部に感謝したいと思います。

私の専門は、エジプト学であり、ナイル川流域の遺跡や古代文化のことは多少ともわかるのですが、本書の主題となった古代メソポタミアの分野では、エジプトとは異なり、非常に知識にも乏しく、多くの誤解や間違いをおかしているかもしれないと心配しています。入手が困難であったフンガーとピングリーが著した*MUL.APIN*, 1989を快くお譲りいただいた早稲田大学文学学術院教授の前田　徹先生には明記して感謝したいと思います。

（二〇一〇年一一月）

※初版『わかってきた星座神話の起源―古代メソポタミアの星座』（二〇一〇年一二月）の「あとがき」を一部改定し掲載しています。

対談

古代オリエントの星座を求めて

近藤二郎（こんどう・じろう）

本書著者。一九五一年生まれ。考古学者。早稲田大学エジプト学研究所所長。少年時代より流星や彗星の観測、軌道計算に熱中。古代オリエントの星座の研究をライフワークとする。

出雲晶子（いずも・あきこ）

一九六二年生まれ。プラネタリウム館勤務を経て、フリーランスとして独立。天文民俗学、世界の星にまつわる文化史を研究。『星の文化史事典［増補新版］』（白水社）ほか著書多数。

進行：「月刊 天文ガイド」編集部

◉日本で知られていなかった古代オリエントの星座

――本日は対談にご参加いただきありがとうございます。本書で紹介している古代オリエントの星座は、かつて日本ではほとんど知られておらず、ギリシア神話由来の星座と星座神話が普及していました。ここでは、古代オリエントの星座が日本国内でどの程度知られていたのか、という話を皮切りに、近藤先生と出雲さんに古代オリエントの星座の日本での受容などについて、お話しいただきたいと思います。まず、世界のさまざまな地域の星や星座について研究されてきた出雲さんにうかがいたいのですが、古代オリエントの星座について知ったきっかけを教えていただけますか？

出雲　私は大学では天文学研究室に入り、天文学の研究と観測に明け暮れていました。その後、横浜こども科学館（現：はまぎん こども宇宙科学館）というプラネタリウムに就職し、今度は毎日、星座や星座神話の話をすることになって、もともと子どものころから好きだった星座や星座神話を勉強するようになりました。

当時は資料となる本がなく、原恵（※1）先生とか、草下英明（※2）先生とか、村山定男（※3）先生の本などを資料としていたのですが、ギリシア神話由来の星座神話は紹介されているものの、ギリシア以外の星や星座については、ほんの少し触れられている程度。野尻抱影（※4）先生の本には、ギリシアの星座以外も紹介されていました。当時の星座関連の本に、本書でも紹介されている、メソポタミアのクドゥル（境界石）の図が掲載されていました。ですが、クドゥルに記載されている模様が何を示すのかまでは紹介されていなかったので、興味を持ち、自分で調べるようになりました。しかし当時は洋書しかなく、現在の星座と照らし合わせるのはむずかしかったですね。本書の初版が二〇一〇年に刊行され、日本語で読めるようになり、古代オリエントの星座について知られるようになったのは、本当によかったと思っています。近藤先生はどのような経緯だったのですか？

近藤　私は中学生の時には〝天文漬け〟というような天文少年でした。一九六五年のある明け方に東の空を観測していたのですが、ちょうどその日のその時刻に池谷・関彗星（旧符号1965f）が発見された。東京は雲が多く彗星は見えませんでしたが、その気で探していたら…と思ったことがきっかけで、天体観測にのめりこみました。同じ年のおうし座流星群で、満月ぐらいの火球を庭で観測し、その報告をしたことで、日本流星委員会（現・日本流星研究会）の会員になり、星の広場というアマチュア天文家の団体にも入りました。現在、軌道計算で著名な中野主一（※5）さんと流星の同時観測をしたりといった日々で、将来、天文の道に進むことも考えたりしたのですが、早稲田大学では西洋史に進みました。科学史をやっていた平田寛（古代エジプト編初版あとがき参照）先生のもとで勉強をし、その後はほとんどエジプトで発掘をしていました。そして、エジプトで発掘をしながら、カイロ大学で勉強をしていると、星や星座に関して、日本で聞いていたことと、ずいぶんちがっていることが多かったのです。それで、天文少年時代から興味はあったので、古代オリエントの星や星座を調べるようになったんですね。

　その後、出雲さんがご自身のホームページで、同じようなことを紹介していることを知った、というのが、出雲さんとの交流のきっかけなのですが、このころに、メソポタミアの「ムル・アピン」（古代メソポタミア編第一章参照）を紹介した英語の本がドイツで刊行され、少しずつ、この分野について知識を得ていきました。二〇〇〇年代にエジプトのデンデラ神殿の天体図とメソポタミアの星座を紹介した本がイギリスで刊行され、大変に興味深い内容でした。そうして得られた知識を「月刊 天文ガイド」の連載で紹介しました。

——かつては、日本国内では古代オリエントの星座についてまったくと言ってよいほど知られておらず、資料としては洋書しかなかったということですね。

出雲 メソポタミアのクドゥルの写真だけは、星座の本や図鑑には掲載されていたものもありました。だから日本の天文ファンは写真だけなら見たことがある人もいると思います。ですが、しっかりした解説はなかった。そもそもクドゥルがなぜ星座の本に掲載されているかというと、野尻抱影先生や研究者の方が、星座が誕生したのはメソポタミアである、ということを海外の論文をもとに書かれていて、そこから「星座の原型はメソポタミア」という紹介が日本で定着したからです。

——本書でも紹介されていますが、野尻先生は、カルデア人の羊飼いが夜空を見上げて星座を作った、というエピソードも紹介されています（古代メソポタミア編第二章参照）。詳細については本編に譲ってここでは触れませんが、プラネタリウムなどでは、よくこういった紹介がありますよね。

出雲 プラネタリウムでは、カルデア人の羊飼いたちが夜空を見上げて作った星座が、やがてギリシアに伝わり、長い時を経て現在の私たちにまで伝わっています、という解説が、かつては定番の紹介でしたね。

——日本ではそのような状況だったわけですが、欧米などではギリシア神話以前の星座の起源といった知識は普及しているのでしょうか。

近藤 欧米でもあまり普及していないですね。そもそも一般の人は、聖書などに出てくるそういうものでしか、星について知らないですよね。ヨーロッパに伝わった星の名前がアラビア語起源のものが多い、ということも知らないでしょう。エジプトの一般の人たちも、星や星座の知識はないですよね。そもそも金星も木星も土星も、〝明るい星〟という意味の「カウカブ」という名称です。つまり、星はおしなべて「星」なんですね。

◉古代の星座を同定するむずかしさ

近藤 欧米の研究書で紹介されてきた内容も、エジプトの星座を説明した本は、20世紀初頭くらいからあるのですが、星を見たことがない学者が解説していることがすぐにわかる。十字の形があるとはくちょう座だとか、Wの形があるとカシオペア座だとか、やはり実際の星空を見ていないと大きさやスケールの見当がおかしくなります。オリオン座の三ツ星を伸ばすとシリウスが見つかるとか、そういう感覚がないとわからないですよね。

出雲 カシオペアをWの字にたとえるようになったのも、二〇世紀の後のほうです。一九世紀のカシオペア座は必ずしもWの字ではない。W以外のいろいろなものにたとえていますね。現代の私たちからすると、Wの字以外にたとえるというのが新鮮です。しかし、初めて星を見る人は、私たちが知っているような当たり前の形にたどるわけではない。とすれば、古代の人々がどのように星を結んで星座としていたのかを知るのは、むずかしいことですね。

近藤 たとえば、一九八〇年代に出たムル・アピンのきちんとした英訳本では、黄道十二宮の星座など、わかりやすいものはきちんと紹介されています。しかし「アピン」という星座は「犂（すき）座」ですが、それをさんかく座と規定していて、これは誤りなのですが、研究している人たちがさんかく座をわかっていないために、こういうことが起きる。メソポタミアの星座については、楔形文字の文字資料しかないということもあり、黄道十二宮はわかっても、ほかの星座の場所がわからないのです。

そういう状況が長く続いていたわけですが、本書で私が紹介したのが、ギャヴィン・ホワイトの方法（古代メソポタミア編第二章参照）で、エジプトのデンデラ神殿の天体図にある星座を使って、それ以前のメソポタミアの星座を考えていく方法でした。メソポタミアの星座は、楔形文字などの文字資料は山のようにあるのに、図像資料がなく同定をできない。エジプトのデンデラ神殿の天体図というのは黄道十二宮も描かれてあり、真ん中に天の北極もあるので、それぞれの星座が実際の空のどのあたりかというのがある程度わかります。デンデラ神殿の天体図を使ってメソポタミアの星座を考えていったわけです。

★

◉古代メソポタミア、エジプトの星座と宇宙観

——画期的な方法だったわけですね。今話題に出たデン

デラ神殿の天体図に関しては、出雲さんはどういうところに興味を持っていますか。

出雲 クドゥルと同じく、日本では、デンデラ神殿の天体図の図像を掲載した本もありましたが、詳しい解説はありませんでした。ほかに、本書で紹介されているセティ一世の王墓の天体図にあるカバとワニの星座はイメージとして知られていましたが、それが何を表しているのかわからない。ぜひそれを知りたいわけです。でも当時、日本語で紹介した本はありませんでした。本書では細かいところまで紹介されていて、それを日本語で読めるというのが本当にありがたいですね。

デンデラ神殿の天体図では、すごく小さいエリアにも星座が描かれていて、メソポタミアの星座らしきものも描かれている、というのが大変おもしろいと思います。古代のメソポタミアの人もエジプトの人も、よく全天を網羅して星座を作ったものだな、と思いますよね。世界のいろいろな地域で、たとえばオリオン座、北斗七星、さそり座、シリウスなどの星や星座、それにまつわる話などは多くの地域にありますが、主だった星座以外、しかも全天にわたって星座を作ったのは、メソポタミアとエジプト、ギリシア、あとは中国ぐらいではないでしょうか。

——全天にわたって星座を作っている、ということは、古代メソポタミアやエジプトの人々がどのように星を見ていたか、つまり彼らの宇宙観などにも通じるのでしょうか。たとえば、メソポタミアでは、星を観測することが重視されていましたね。

近藤 メソポタミアは観測という側面と、占いという側面がありますね。星座を作っているのは、惑星がどういうふうに動いていくかとか、それまで見えなかった新星や彗星がどこに現れたのかを記録する必要があって、星座が作られていたわけです。星座の中を惑星がどのように動いて、その時に戦争が起きたとか、そういうことを細かく天文日誌といったものに記録した。それが占いの起源になっています。これは中国でも同じですね。天文現象と天変地異や実際の歴史を結びつけていく。だから、中国の星や宇宙観などは、メソポタミア（バビロニア）からの影響が入っているのではないかと私は考えています。中国の影響を受けた日本も同じですよね。推古天皇のころの時代に、日本書紀に皆既日食の最初の記録が残っていますが、実際には、この時、飛鳥では皆既日食になっていないことがわかっています。しかし、皆既日食のすぐ後に推古天皇の死を位置づけ、象徴的に書いている。非常におもしろいですね。

古代エジプトでは、彗星の記録もなければ、驚くことに皆既日食や皆既月食の記録もないのです。固定化された星座がどういうふうな時間で動いていくかということばかり計算していたので、時刻の測定や、暦の日数などばかりで、実用的な使われ方だったんでしょうね。だから、メンタリティも含めて、メソポタミアとはかなりちがいますよね。

◉古代オリエントの星座の新たな知見を求めて

出雲 この本で紹介していただいたこと以外にも古代オリエントの星や星座について、さまざまな研究があると思うのですが、近藤先生は、最近ではどのようなことに興味を持っていらっしゃいますか。

近藤 一つは、エジプトの天体図がミラーイメージで描かれている、ということです。エジプトの北斗七星は本書でも紹介したメスケティウという牛の前脚を表した星座（古代エジプト編第三章参照）なのですが、実際の星空での並びとは裏返し、つまりミラーイメージということがわかると思います。出雲さんの著書にも出てきますが、古代エジプトのタウセレト女王の星座が（今、私はそこを発掘していますが）やはり裏返しのイメージで、デンデラ神殿の天体図と同じ方向で描かれています。ほかにもセティ一世の王墓の天体図（古代エジプト編第二章参照）も同様です。これは「天球図」と同じで、地上からではなく、天から見た並びを描いているわけですよね。つまり、神の目から地球を見ているということではないかと。これはどういったことなのかな、ということを考えています。「文化と星」という世界的なグループがあり、そこの会長を務めていた天文学者でベルモンテという人がいます（古代エジプト編第五章参照）。彼は考古学者になりたかった天文学者なので、私と立場が逆のような人ですが、彼にこの話をしたら意気投合して、今いろいろなことを進めています。

出雲 ヨーロッパの天体図でもそういった裏返しの描き方

のものがありますね。あれも神の目から見ているということなのでしょうか。日本の星図と見くらべると逆なので驚きますが、ヨーロッパでは古代からポピュラーな天体図の描き方ですね。

近藤　ヨーロッパも同様ですね。もう一つは、先ほどのさんかく座の話と関連しているのですが、天の北極の星座についてです。デンデラ神殿の天体図の真ん中に犂に乗ったオオカミが描かれているのですが、メソポタミアのムル・アピンのリストでも一番最初の星座が「犂」で、その次がオオカミです。つまり、デンデラ神殿の天体図で真ん中に描かれているということは、おそらくこの犂やオオカミの星座は天の北極の星座なのだと思います。ですから、ムル・アピンのリストは、さんかく座などから始まるのではなく、天の北極から始まったと考えたほうが、はるかに説得力もあると思います。この話をメソポタミアの星座とか文化史をやっている研究者と話したら、それはおもしろいと言われたので、きちんとまとめようかと考えています。

出雲　まだまだおもしろいことがありそうですね。本書で紹介された内容は、今では多くのプラネタリムでも紹介されるようになりました。プラネタリウムで話されるということは多くの人が知ることができるということで、メソポタミアの星座やエジプトの星座が、一部の研究者だけが知っているものではなくなったというのは、本当にすばらしいことですよね。今後もぜひ新しい知識をご紹介いただけると嬉しいです。

――本日はありがとうございました。

（二〇二〇年十二月　オンライン収録）

※1　原 恵（はら・めぐみ）：一九二七年生まれ。アマチュア天文家として天文雑誌に多数の記事を執筆。旧・天文博物館五島プラネタリウムの学芸委員となり閉館まで運営に携わる。『星座の神話 星座史と星名の意味』（恒星社厚生閣）など著書多数。

※2　草下英明（くさか・ひであき）：一九二四年〜一九九一年。科学ジャーナリスト。誠文堂新光社「子供の科学」編集部などを経て、旧・天文博物館五島プラネタリウム解説員となる。テレビ、ラジオなどの科学解説でも活躍。『星座を見つけよう』（福音館書店）の翻訳をはじめ、著訳書多数。

※3　村山定男（むらやま・さだお）：一九二四年〜二〇〇三年。国立科学博物館理化学研究部長、天文博物館五島プラネタリウム館長を歴任。火星の観測、隕石の研究を専門とする。テレビ出演や公演、文筆を通じた天文普及活動で、後進に大きな影響を与えた。

※4　野尻抱影（のじり・ほうえい）：一八八五年〜一九七七年。英文学者、天文民俗学者。星座、星名を研究。海外文献の星や星座に関する知識を広く紹介。星の和名の研究でも著名。『星と伝説』（偕成社）をはじめ著書多数。

※5　中野主一（なかの・しゅいち）：一九四七年生まれ。軌道計算の分野で世界的に活躍。日本国内の新天体捜索者から観測報告を受け、その発見の精査、確認観測、報告などを行い、日本の新天体発見のサポートに大きく貢献。

【た】

【な】

【は】

【ま】

【や】

【ら】

【か】

【さ】

◉ その他の用語(資料、遺跡、人名など) ◉

【や】

【ら】

【わ】

◉ 神名、神話 ◉

【あ】

【か】

索 引

◉ 星座、星、天体の動き ◉

【あ】

【か】

あとがき

このたび、『星座の起源―古代エジプト・メソポタミアにたどる星座の歴史』の書名のもとで刊行されることになった本書は、今から十年前の二〇一〇年五月と同年十二月に相次いで刊行された『わかってきた星座神話の起源―エジプト・ナイルの星座』と『わかってきた星座神話の起源―古代メソポタミアの星座』の二冊を合わせ、新版としたものです。これら二冊の書籍が刊行され、古代オリエント（エジプト・メソポタミア）地域で誕生した星座の様相を初めて具体的にまとめることができたと思います。もちろん、内容的にまだまだ充分とは言えない部分も多く残されています。刊行から十年が経過して入手が困難になってきたため、今回新版が計画され、古代オリエント地域のエジプトとメソポタミアの両地域を一冊の書籍としてまとめて刊行することになりました。

私は中学生のころから熱心な天文ファンでした。天体観測や天体の軌道計算に熱中したこと、大学では西洋史に進んで科学史を学び、その後、考古学の道に入ったことは、本書の古代エジプト編「初版あとがき」で触れた通りです。一九七六年、第六次マルカタ南遺跡の調査隊のメンバーとして、初めてエジプトの地を踏み、それから毎年のように、冬季にエジプトに出かけて発掘調査を経験してきました。発掘地のエジプトのルクソールは、北緯二十五度四〇分ほどで、日本では沖縄本島と宮古島の間ほどの場所なので、カノープスも南中時に高く明るく見えます。また、エジプトでは、ほぼ毎日が晴天なので、毎晩、月や惑星、星座などを観察していました。十二月から一月の発掘シーズンでは、日没時に夏の大三角形が西の地平線近くに見え、夜明け時には、さそり座が垂直に昇ってきます。エジプト考古学の道に進み、一時、空を見上げることも、天文計算することもまったくしない時期がありましたが、エジプトに発掘に行くことで、星空への興味がよみがえってきました。早大エジプト調査隊の初代隊長であった川村喜一先生が、一九七八年十二月に四十八歳で永眠するというショックな出来事もありましたが、一九八一年から二年間、文部省（現在の文部科学省）のアジア諸国等派遣留学生として、カイロ大学考古学部に入学する機会を得ました。この二年間は、毎日、アル＝タハリール広場のカイロ・エジプト博物館に通い、館内の展示品を見て歩きました。カイロ大学では、エジプト学の授業に出るかたわら、大学の隣にあるギザ動物園にも訪れて、たくさんの動物を間近で眺める日々を過ごしていました。このカイロ大学にいた二年間は、エジプトの博物誌に興味を持たせてくれるとともに、アラビア語に対する興味も増大させてくれた時期でもありました。

このような紆余曲折の上で、古代エジプトや古代メソポタミアの星座の本を書くことができたことは、大きな喜びでした。初版が刊行された後、いくつかのプラネタリウムで、古代の星座の話をする機会があり、多くのプラネタリウム解説者の方々が、初版を読まれていることに驚かされました。まだまだ不備な箇所もあり、今後もより良い星座の起源を調べていこうと思います。最後に「月刊 天文ガイド」の連載から初版の書籍刊行、そして今回の新版化に際して、担当していただいた、編集部の佐々木夏さんに心から感謝したいと思います。

近藤二郎
こんどう・じろう

1951年生まれ。早稲田大学文学学術院教授。早稲田大学エジプト学研究所 所長。（一社）日本オリエント学会 会長。専攻はエジプト学、考古学。著書に『星の名前のはじまり』（誠文堂新光社）、『エジプトの考古学』（同成社）、『ものの始まり50話』（岩波ジュニア新書）など。

◉ブックデザイン：小川 純（オガワデザイン）
◉図版：プラスアルファ、佐々木葉月
◉協力：中野博子

古代エジプト・メソポタミアにたどる星座の歴史
星座の起源

2021年1月25日　発　行　　NDC440
2023年1月16日　第2刷

著　者　近藤二郎
発行者　小川雄一
発行所　株式会社 誠文堂新光社
〒113-0033 東京都文京区本郷 3-3-11
電話 03-5800-5780
https://www.seibundo-shinkosha.net/
印刷所　広研印刷 株式会社
製本所　和光堂 株式会社

ISBN978-4-416-52159-5